NEW AGE

Buch

Geheimnisvoller und schwerer zu erforschen als die Tiefen des Weltalls, obwohl aus den gleichen Elementarteilchen bestehend, welche die Wolken des interstellaren Raumes zusammensetzen, stellt das Gehirn des Menschen das komplizierteste Objekt des Universums dar. Seit Einstein angenommen hat, daß zirka 80% der Funktionsfähigkeit dieses Gehirns noch brachliegen, bestätigen die Ergebnisse der Gehirnforschung seine Vermutung Schritt für Schritt.

Das muß Medizin, Psychologie, Anthropologie, Soziologie, ja sogar Politologie und Religion revolutionieren. Die Fähigkeit des menschlichen Gehirns, sich noch unermeßlich weiterzuentfalten – im Guten wie im Bösen –, bedeutet eine Hoffnung für das Überleben in unserer äußerst gefährdeten Epoche – wenigstens dann, wenn alle Anstrengungen unternommen werden, die geistige Entwicklung des Menschen in Richtung auf die Rettung und Förderung des positiv Menschlichen voranzutreiben.

Autorin

Marilyn Ferguson, Los Angeles, verheiratet, drei Kinder, ist Herausgeberin der internationalen Zweimonats-Zeitschrift *Brain/Mind Bulletin,* die in 42 Ländern erscheint und die gleichen Themenkreise behandelt wie das vorliegende Buch. Die Autorin hat an der Universität von Colorado, ihrem Geburtsort, studiert und zahlreiche Beiträge in verschiedenen Magazinen sowie das Buch «Die sanfte Verschwörung. Persönliche und gesellschaftliche Transformation im Zeitalter des Wassermanns» (Sphinx Verlag, Basel) publiziert.

MARILYN
FERGUSON

GEIST UND EVOLUTION

GOLDMANN
VERLAG

Aus dem Amerikanischen übertragen von Hainer Kober.
Titel der Originalausgabe: The Brain Revolution. The Frontiers of Mind Research.
Originaltitel der 1981 im Walter Verlag AG, Olten, erschienenen deutschen Erstausgabe: Die Revolution der Gehirnforschung. Geheimnisse und Gefahren.
Dieses Taschenbuch ist ein unveränderter Nachdruck der deutschen Erstausgabe im Walter Verlag AG, Olten.

Made in Germany · 1/86 · 1. Auflage
Genehmigte Taschenbuchausgabe

Umschlagentwurf: Design Team München
Umschlagillustration: Design Team München
Druck: Elsnerdruck, Berlin
Verlagsnummer: 14011
Lektorat: Peter Wilfert · Herstellung: Gisela Ernst
ISBN 3-442-14011-0

Inhalt

III
DAS VERWUNDBARE GEHIRN

IV
SUPERGEHIRN

V
BEWUSSTSEIN UND ÜBERBEWUSSTSEIN

Einführung

Vielleicht zweihundert Jahre lang war eine rationale Wissenschaft ängstlich bemüht, Zauberei und Aberglauben in der zivilisierten Welt den Garaus zu machen. Eine Zeitlang schienen die Vertreter dieser Richtung auch auf dem besten Wege zu sein, ein mechanistisches Universum auf eine verstehbare Gleichung zu reduzieren. Dann kam Einstein mit seiner heiligen Neugier, und Physiker begannen über gekrümmten Raum zu reden, über Antimaterie, relative Zeit und die nicht-wirkliche Welt. In jüngerer Zeit haben die Entdeckungen der Wissenschaft zu einem so vielschichtigen Bild des Menschen beigetragen, daß es wundersamer nicht von der Science-Fiction-Literatur ersonnen werden kann.

Die erstaunlichste Wirklichkeit überhaupt scheint das Vermögen des menschlichen Gehirns zu sein. Natur- und Geisteswissenschaften haben sich einander in höchst unerwarteter Weise angenähert. In dem Bemühen, die Wunder zu beschreiben, auf die sie gestoßen sind, haben Gehirnforscher damit begonnen, Buddha und William Blake zu zitieren. Und Dichter und Mystiker, die lange Zeit befürchteten, die Wissenschaft könnte dem Menschen sein eigentliches Wesen rauben, zitieren heute Laborberichte, um zu belegen, was sie intuitiv schon seit langem erkannt haben. Wenngleich die große Veränderung, die sich hier vollzieht, Bewußtseinsbewegung heißt, so ist doch der Ausdruck «Bewußtsein» zu häufig mißbraucht worden und das Wort «Bewegung» nicht geeignet, um die Wirkung einer wissenschaftlichen Revolution wiederzugeben.

Dieses Buch wird die Laborbefunde und ihre Bedeutung in den Blick rücken. Wie Abraham Maslow festgestellt hat, mögen die Einsichten unserer visionären Künstler und Mystiker zwar zutreffen, doch werden sie das Gros der Menschheit nie überzeugen. «Wissenschaft», so schrieb er, «ist die einzige Möglichkeit, um die Menschen dazu zu bringen, die Wahrheit trotz aller Widerstände zu schlucken.»

Die Ergebnisse der Gehirnforschung und verwandter Disziplinen haben wissenschaftliche Theorie und Gesellschaft revolutioniert. Sie haben Kettenreaktionen in Medizin, Psychiatrie und Erziehungswesen ausgelöst. Theorien über die Natur von Intelligenz sind auf den Kopf gestellt worden. Das wissenschaftliche Interesse an Verfahren, die noch vor knapp zehn Jahren als Scharlatanerie abgetan wurden – an veränderten Bewußtseinszuständen, unorthodoxen Heilpraktiken und Parapsychologie –, hat einen gewaltigen Aufschwung genommen. So viele unwahrscheinliche Theorien haben sich als zutreffende Einsichten erwiesen, daß ein bekannter Wissenschaftler die Schlußfolgerung, die ihm ein Kollege vortrug, mit den Worten kritisieren konnte: «Sie ist nicht verrückt genug, um wahr zu sein.»

Die Spezialisten haben ihre erstaunlichen Entdeckungen nicht in ausreichendem Maße der Öffentlichkeit zur Kenntnis gebracht. Häufig wurden die Neuigkeiten, die durchsikkerten, allzusehr vereinfacht oder entstellt, so daß ihre tatsächliche Bedeutung verlorenging. Wenn man die Ergebnisse verschiedener Spezialdisziplinen zusammenfügt, so entsteht ein Bild von den Möglichkeiten und der Vielschichtigkeit des Menschen, das der alltäglichen Vorstellung, die man sich von ihm macht, so wenig gleicht wie die Sonne einer 100-Watt-Birne. Aufgabe dieses Buches ist es, das in einer solchen Zusammenschau sichtbar werdende Konzept zusammenhängend darzustellen. Das Material stammt aus Interviews, Seminaren, Konferenzen, Vorträgen, Fachpublikationen und

Korrespondenzen. Es ist das Ergebnis von Forschungsarbeiten, welche Tausende von Wissenschaftlern in vielen Ländern beschäftigt haben.

Einige populäre Darstellungen frisierten diese Explosion wissenschaftlicher Erkenntnisse ein bißchen zu «schöner neuer Welt» auf. Da prophezeite man Kopftransplantationen, die Erzeugung von Supergehirnen durch Genmanipulation und Sex mittels elektrischer Reizung des Gehirns. Das ist romantischer Unsinn – und nicht verrückt genug, um wahr zu sein.

Wir haben das Supergehirn bereits. Wir hatten es schon immer. Um nichts anderes geht es in der Gehirnrevolution.

I
Der Strudel

«Des Menschen… Körper und sein stolzes Gehirn sind Mosaiken aus den gleichen Elementarteilchen, welche die dunklen, treibenden Wolken des interstellaren Raumes zusammensetzen.»

LINCOLN BARNETT

Die Phänomene

«Wir sind über eines jener Paradoxa der Natur gestolpert, welche die sichersten Anzeichen für verborgene Wahrheit sind.»
W. GREY WALTER (The Living Brain)

Das ausgewachsene menschliche Gehirn ähnelt einer überdimensionierten rötlich-grauen Walnuß und wiegt weniger als drei Pfund. Man hat es als «das komplizierteste Stück Materie im Universum» bezeichnet. Ein Computer, der hochentwickelt genug wäre, um die Funktionen der zehn Milliarden Zellen eines einzigen Gehirns wahrzunehmen, wäre auf der Oberfläche der Erde nicht unterzubringen. Geheimnisvoller als der Mars, schwerer auszuloten als die Mindanao-Tiefen, ist das Gehirn kartographisch erst sehr provisorisch erfaßt.
Wie die ersten Entdecker der Neuen Welt haben unsere hervorragendsten Hirnforscher kaum erst die Gipfel und Küstenlinien erfaßt. Obgleich sie nur vermuten können, was sie im Landesinneren erwartet, sind sie sich jetzt schon sicher, auf ein Gebiet gestoßen zu sein, das größer und fremdartiger ist, als ihre kühnsten Träume hätten ahnen lassen: «Dieses Unterfangen wird kein Ende finden, zumindest in den nächsten Jahrhunderten nicht», sagte Sir John Eccles, der australische Neurophysiologe, der 1963 mit dem Nobelpreis ausgezeichnet wurde.
Mit expandierender Forschungstätigkeit vermehren sich die Phänomene in geometrischer Progression. Das zwingt zur ständigen Revision der vorhandenen Theorien. Die Forscher

müssen in irgendeiner Weise mit den neuen Daten zu Rande kommen – eine Aufgabe, die sich mit jeder neuen Entdekkung als schwieriger erweist. Ein Wissenschaftler hat den Fortschritt einmal mit der Rodung eines riesigen Waldes verglichen. Je größer die gerodete Lichtung, desto umfangreicher die Berührung mit dem Unbekannten. Nirgends in der Wissenschaft zeigt sich das deutlicher als bei der Erforschung des menschlichen Gehirns.

Freiwillige Versuchspersonen lernen in Biofeedback-Labors die bewußte Kontrolle von Gehirnwellen, von Transpiration, Blutdruck, Absonderung von Verdauungssäften und Herzfrequenz. Ratten haben noch exotischere Kunststücke gelernt, wie zum Beispiel die Fähigkeit, mit einem Ohr zu erröten. Andere Ratten lernten – belohnt durch Reizung der Lustzentren des Gehirns – ihre Herzfrequenz so herabzusetzen, daß etliche Tiere an Herzstillstand starben.

In anderen Laboratorien haben ärztliche Forscher festgestellt, daß es in manchen Fällen besser ist, die Schmerzsignale zu steigern, statt sie zu dämpfen, weil das Gehirn einen Teil des Schmerzes automatisch unterdrückt, sobald er ein bestimmtes Ausmaß erreicht hat. Und in Fällen hartnäckigen Schmerzes stören implantierte Transistoren die Signale und führen das Gehirn so hinters Licht, daß es die Nervenbotschaft als Prickeln interpretiert.

Zwanzig Minuten Meditation, jener alten östlichen Technik passiver Konzentration, verändern Sauerstoffverbrauch und Kreislauf und können zu einer erheblichen Reduktion des Blutlaktats führen, einer Substanz, die mit Angstsymptomen in Verbindung steht. Unmittelbar nach einer solchen Meditationsphase erweist sich die Reaktionszeit als kürzer und die auditive Wahrnehmung als meßbar geschärft.

Patienten, die unter Vollnarkose einem chirurgischen Eingriff unterzogen werden, hören, was im Operationssaal gesprochen wird. Werden sie nach der Operation hypnotisiert, können sie häufig die Unterhaltung des Operationsteams rekonstruieren. Andere Studien haben gezeigt, daß das Bewußtsein selbst bis in den Tiefschlaf reicht. In einem Experiment waren einige Versuchspersonen ständig in der Lage, ohne Hilfe von Umweltsignalen auf zehn Minuten genau zu einer bestimmten Zielzeit aufzuwachen.

Bei Injektion von Stubstanzen, die man aus dem Urin von Schizophrenen gewonnen hatte, begannen Versuchspersonen im Labor zu halluzinieren. Soziopathen – Personen, deren kriminelle Akte gegen die Gesellschaft pathologischen Ursprungs sind – lassen ein bestimmtes Gehirnwellenmuster vermissen, das mit Erwartung verknüpft ist und sich im Elektroenzephalogramm aller normalen Personen findet.

Das menschliche Gehirn ist sensibel gegenüber kaum feststellbaren magnetischen Feldern und reagiert auch auf Reize, die so schwach sind, daß sie vom Bewußtsein nicht registriert werden. Es kann buchstäblich Lichtquellen hören und Lautschwingungen als visuelle Reize wahrnehmen. Geistige Aktivitäten können einen Strahlenkranz von Energie verändern, der in einem hochfrequenten elektrischen Feld sichtbar gemacht werden kann. Diese funkelnde Umrandung, von russischen Forschern Bioplasma genannt, ist auch unter der Bezeichnung Kirlian-Effekt bekannt.

In tschechischen, später auch in New Yorker parapsychologischen Laboratorien haben Wissenschaftler nachgewiesen, daß Menschen physisch auf die geistigen Aktivitäten solcher Personen reagieren, zu denen sie starke emotionale oder biologische Bindungen unterhalten. In einem Experiment saß ein junger Mann eine Zeitlang ruhig da. Dann zeigte man ihm schweigend eine mathematische Aufgabe. Als er im Kopf die Lösung errechnete, verzeichneten die Geräte in einem anderen Raum einen plötzlichen Anstieg des Blutvolumens in den Kapillargefäßen der Mutter.

Forscher auf dem Gebiet frühen Lernens haben experimentelle Evidenz dafür erbracht, daß Säuglinge über eine angeborene Präferenz für Muster verfügen und komplexe Muster einfarbigen Farbflächen vorziehen. Neurologen haben die Hypothese geäußert, daß das menschliche Gehirn über eine Abtastvorrichtung verfüge, einen Mechanismus, der nach Mustern sucht, wie das Radargerät die Umwelt abtastet.

Sich selbst überlassen, lernen Kinder überall auf der Welt mit dreißig Monaten laufen. Doch die Frauen eines ostafrikanischen Eingeborenenstammes schenken dem Explorationsdrang ihrer Kinder von alters her besondere Aufmerksamkeit. Sie helfen ihnen, sich aufzusetzen oder hinzustellen. Das Baby beginnt in der Regel mit sieben Monaten zu laufen und verwendet Sätze mehrere Monate früher als europäische oder amerikanische Kinder. Doch ist das kein genetischer Glücksfall. Babys dieses Stammes zeigen, wenn sie bei Europäern oder europäisierten Eingeborenen aufwachsen, keine Anzeichen einer beschleunigten Entwicklung.

Ein Wissenschaftler hat sich einmal auf die Feststellung eines Kollegen berufen, derzufolge die DNS* in den Zellen eines einzigen Menschen aneinandergereiht das ganze Sonnensystem umspannen würde, und gesagt: «Das Potential, das einer solchen genetischen Ausstattung innewohnt, übersteigt alle Vorstellungskraft.» Doch das Leben auf molekularer Ebene ist unseren alltäglichen Begriffen so fremd, daß das Gehirn vor seinen eigenen, der Anschauung entzogenen Verrichtungen zurückscheut. Erwin Schrödinger, Nobelpreisträger für Physik, wies im Jahre 1951 warnend darauf hin, daß es kein Modell gäbe, das der Wirklichkeit gerecht werde: «Wir können sie uns vorstellen, doch wie immer unsere Vorstellung auch ausfallen mag, sie muß falsch sein. Vielleicht nicht ganz so sinnlos wie ein ‹dreieckiger Kreis›, aber

* Desoxyribonukleinsäure, die Moleküle, die den genetischen Kode enthalten.

? sicher anders gemeint: Anzahl der Informationsgehalte verglichen mit der " " Materie im Sonnensystem!

weit sinnloser als ein ‹geflügelter Löwe›.» Je weiter unser Auge in immer kleinere Abstände und immer kürzere Zeitintervalle eindringt, desto fremdartiger wird – so meint Schrödinger – das Verhalten der Natur.

Schrödinger fürchtete, es könnte noch fünfzig Jahre dauern, bis dem gebildeten Laien die Bedeutung der modernen Wissenschaft aufginge, daß nämlich die Wirklichkeit nichts als eine bequeme Fiktion sei. Er sagte: «Immer werden die Auffassungen der unterrichteten Menschen von den Auffassungen, die die breite Öffentlichkeit bezüglich der Auffassungen dieser unterrichteten Menschen hegt, durch einen gewissen zeitlichen Abstand getrennt sein.»

Über den verbreiteten, jedoch naiven Reduktionismus hat Arthur Köstler gesagt: «Man kann ihn stets an der Wendung ‹nichts als› erkennen. Der Mensch ist nichts als ein komplexes biochemisches System oder nichts als ein Computer. Die ganze Vorstellung ist ein Überbleibsel der Physik des 19. Jahrhunderts, welches von Physikern längst aufgegeben worden ist.» Obgleich die meisten von uns annehmen, daß die Wissenschaft des Unbekannten Herr werden wird, sind ihre Vertreter sich darüber einig, daß das Gehirn des Menschen so komplex ist, daß keine Hoffnung besteht, es je ganz zu verstehen. Doch die Forschungsarbeiten, die in den folgenden Kapiteln beschrieben werden, bezeugen, daß es mehr an froher Botschaft gibt, als wir zu hoffen wagten.

Erste Zugänge zum Strudel

«... alles läuft auf diesen
ungeheuren elektronischen Tanz hinaus.»
ALAN WATTS

«Oh, es tut mir leid – ich habe euch umgebracht!» sagte Loren Eiseley spontan zu dem Blut, das ihm aus dem Munde strömte und eine Lache auf dem Bürgersteig bildete, nachdem er schwer zu Fall gekommen war. «Ich war völlig bei Sinnen», meinte Eiseley, «nur auf eine merkwürdig losgelöste Weise, denn ich sprach zu den Blutzellen, Phagozyten, Blutplättchen..., die auf dem heißen Pflaster starben wie Fische auf dem Trockenen. Ich hatte in dem Universum, das ich bewohnte, einen so vielfältigen Tod heraufbeschworen wie die Explosion einer Supernova im Kosmos.»
Wenn wir die Körperdynamik auf der Zellebene nachzeichnen, können wir besser begreifen, wie das Gehirn seine fast allmächtige Kontrolle über das physiologische Geschehen ausüben und gleichzeitig anfällig sein kann für Trauma, Unterernährung, Licht und geomagnetische Felder. Ein Physiker hat vorgeschlagen, wir sollten uns in einem Meer von Strahlung sehen – von Schall-, Gravitations- und elektromagnetischen Wellen. Und jeder von uns ist ein Mikrokosmos in diesem Meer, ein sich verlagerndes, explodierendes, zerfallendes Universum.
Wenn der Körper wirklich ein festes Gebilde wäre, ließe sich nicht verstehen, wie Geist Materie beeinflussen kann und

umgekehrt. Doch immer deutlicher zeigt sich, daß sich zwischen Psyche und Soma, zwischen Geist und Körper, keine Trennungslinie ziehen läßt. Ein Kontinuum, eine Flut sinnverwirrender Komplexität schält sich heraus. Mit den Worten John Pfeiffers: «Dein Körper enthält nicht ein einziges der Moleküle, aus denen du vor sieben Jahren bestanden hast.»
Pfeiffer und andere Wissenschaftler haben den Körper mit einem Strudel verglichen. Der kreisende Trichter des Strudels behält rein äußerlich seine Form, aber die Elemente, aus denen er sich zusammensetzt, wechseln unablässig. Drei Millionen rote Blutkörperchen werden im Menschen pro Sekunde durch neue ersetzt. Nach Auskunft der Wissenschaftler Howard Rasmussen und Maurice Pechet werden sogar die Knochen erneuert, «als sei jeder Knochen ein kompliziertes gotisches Bauwerk, in dem ein Ingenieur haust, welcher je nach Belastung ständig die Erneuerung von Stützbogen veranlaßt, wobei jeweils etwas andere Stabilitätsverhältnisse entstehen».

Ob der auslösende Reiz ein Temperaturabfall im Januar oder der Anstieg der Harnsäure ist, in jedem Falle werden die komplexen Reaktionen des Menschen vom Gehirn aus gesteuert. Das Gehirn ist eine Kontrollstation, die immer auf dem Posten ist. Viele Gehirnzellen sind im Schlaf aktiver als im wachen Zustand. Die geheimnisvolle Steuerfunktion des Gehirns veranlaßt die Bewegung von Molekülen. Durch die Tausende von Hormonen, Enzymen und Überträgersubstanzen, die ihm zu Gebote stehen, versucht das Gehirn Homöostasis, einen Zustand physiologischen Geichgewichtes, zu bewahren. Es kontrolliert Atmung und Herzfrequenz. Ganz allein das Gehirn entscheidet, wann der Eisprung bei der Frau erfolgt, wann der Mann seine Testosteronproduktion zu steigern hat. Es regt das Körperwachstum an oder hemmt es.

Doch enthält man ihm seinen einzigen Brennstoff – den

Zucker – vor, so veranlaßt das Gehirn bizarres Verhalten, das sich von psychotischen Manifestationen nicht unterscheiden läßt. Schon bei einer geringfügigen Stoffwechselstörung im chemischen Haushalt des Gehirns kann sein Besitzer ins Koma fallen. Wenn einer Katze im Labor bestimmte Gehirnzellen entfernt werden, wird sie keinen Schlaf mehr finden, bis sie vor Erschöpfung tot umfällt.

Der Mensch, dieser Strudel aus Elektronen, ist auch erstaunlich anfällig in bezug auf Licht, magnetische Felder, freie Elektrizität und außerirdische Kräfte. Sein Gehirn reagiert auf ein Meer von Strahlung und steuert mittels dieser Reaktionen jede seiner Reaktionen. Es ist ein Energiefeld, das sich innerhalb eines größeren, fluktuierenden Energiesystems bewegt. Ein Beispiel für diese Anfälligkeit: Im Jahre 1968 begann man in den Krankenhäusern überall in den USA gelbsüchtige Neugeborene durch fast pausenlose Bestrahlung mit Licht zu behandeln. Das helle Licht auf dem unbekleideten Körper der Babys half, ihnen Bilirubin zu entziehen, eine Substanz, die bei ausreichender Konzentration das Gehirn schädigt. Da die traditionelle Behandlungsmethode einen Blutaustausch vorsah, haben fast alle amerikanischen Krankenhäuser die Lichttherapie vorgezogen.

Aber im Jahre 1971 wurden die Kinderärzte landesweit warnend darauf hingewiesen, daß die lichtbehandelten Babys alle Anzeichen eines verzögerten Wachstums aufwiesen. Das stetige Licht, achtzehn Stunden am Tag, und das etwa eine Woche lang, brachte offensichtlich empfindliche Rhythmen durcheinander, die auf dem Wechsel von Licht und Dunkelheit beruhen. Joan Hodgman, die Leiterin der Säuglingsstation am südkalifornischen Medical Center der County University von Los Angeles, hat berichtet, daß der Schädelumfang dieser Kinder geringer und ihre Gewichtszunahme unzureichend war. Gerard Odell von der John-Hopkins-Universität erinnerte die Kinderärzte daran, daß «die Energie des sichtbaren Lichtes zum selben Spektrum gehört wie Röntgen- und kosmische Strahlen».

Einen Hinweis auf die Bedeutung dieser mit dem Licht in Zusammenhang stehenden Erscheinungen könnte die Zirbeldrüse, das legendäre Dritte Auge, geben. Bei Säugern erhält sie ihre Information über das visuelle System. Beispielsweise schränkt sie die Aktivität der Geschlechtshormone ein, wie etwa ein Deich den Fluß eindämmt. Wird die Zirbeldrüse eines Kleinkindes von einem Tumor befallen, kann sexuelle Frühreife das Ergebnis sein. (Mädchen mit angeborener Blindheit haben ihre erste Menstruation im Durchschnitt zwei Jahre früher als Mädchen, die sehen können, vermutlich weil ihre Zirbeldrüse, des Lichtes beraubt, die Entwicklung nicht hemmt.)

Auch das Gehirn *selbst* ist zur Lichtwahrnehmung fähig. Diese Vermutung kam erstmals in umstrittenen Berichten während der dreißiger Jahre zum Ausdruck. Sie wurde vor kurzem in Austin an der Universität von Texas bestätigt. Bestimmte Verhaltensweisen bei Vögeln hängen von Schwankungen des Lichtes und der Dunkelheit ab. Michael Menaker blendete Spatzen, um festzustellen, ob diese Verhaltensweisen daraufhin ausblieben. Sie taten es nicht. Selbst durch die Federn und Hautschichten auf ihrem Kopf nahmen ihre Gehirne Licht in einer Stärke wahr, die der von hellem Mondlicht entspricht.

Künstliche Lichtzyklen können die biologischen Rhythmen eines Vogels so beschleunigen, daß er nach Norden fliegt, wenn er nach Süden fliegen sollte. Permanentes Licht hemmt den Eisprung bei Ratten und kann Kaninchen in ständiger Brunst halten. Da es den Anschein hat, als könne Licht auch den Eisprung bei Frauen beeinflussen, untersuchen Forscher gegenwärtig, ob sich die Lichttherapie als Empfängnisverhütung einsetzen läßt – oder als Mittel zur Steigerung der Fruchtbarkeit.

Die Beziehung zwischen chemischem Körperhaushalt des Menschen und Licht zeigt sich auch bei Personen, die von grauem Star befallen sind. Einer deutschen Untersuchung zufolge leiden solche Menschen unter einer Reihe von Stoffwechselstörungen. Wenn sie ihr Augenlicht zurückerhalten, normalisieren sich ihre Körperrhythmen. Selbst bei Personen mit normaler Sehfähigkeit werden die täglichen Rhythmen der Nebennierenhormone gestört, wenn im Labor die Bedingungen ständigen Lichtes oder ständiger Dunkelheit geschaffen werden.*

Die Gruppe von Wissenschaftlern, die sich mit Theorien über die Rhythmen des Menschen befassen, zerfällt in zwei Lager. Eine Schule vertritt die Auffassung, daß eine innere Uhr die Rhythmen bestimme. Die andere Schule, die auf den annähernd vierundzwanzigstündigen Rhythmus vieler Zyklen und die Einflüsse von Mond und Sonnenflecken hinweist, führt unsere Rhythmen auf Schwankungen des magnetischen Feldes der Erde und planetarischer Feldkräfte zurück. Die rasch anwachsende Evidenz läßt darauf schließen, daß beide Theorien teilweise recht haben.

Der Gedanke einer inneren biologischen Uhr ist nicht gerade neu. Um die Jahrhundertwende warteten zwei unabhängig voneinander arbeitende Forscher mit der Theorie auf, daß Körperkraft und Gefühlsleben des Menschen einem 23- oder 28tägigen Zyklus gehorche und daß das Zeitmaß des Zyklus mit der Geburt festgelegt werde. Wilhelm Fliess, ein Arzt und enger Freund Freuds, und Herman Swoboda von der Universität Wien glaubten, daß die vielen plötzlichen Veränderungen, die durch den traumatischen Augenblick der Geburt bewirkt würden, eine völlig neue Serie von

* Eingehender werden diese Fragen von Gay Gaer Luce in ihrem Buch *Body Time* erörtert, einer umfassenden Darstellung der biologischen Rhythmen.

Rhythmen in Gang setze: «...die massive Reizung aller Sinnesorgane und des Nervensystems und die plötzliche und gründliche Veränderung aller Lebensfunktionen. Nie wieder im späteren Leben wird der Mensch eine so tiefreichende und rasche Anpassung erleben. Der Körper wird gequetscht, gestoßen und gezogen, vielleicht sogar geschlagen... Jäh strömt Luft in die Lungen, wodurch die empfindlichen Schleimhäute ausgetrocknet und abgekühlt werden. Der Körper bekommt Gewicht; helles Licht, mißtönende Geräusche... alle Funktionen, die die Plazenta ausübte, müssen von den Organen des Säuglings übernommen werden.»*

Die moderne Biologie hat den 23- und 28tägigen Zyklus als naiv und wohl grob vereinfacht verworfen, läßt jedoch einen Kern von Wahrheit an der biorhythmischen Theorie gelten. Forscher an der Humboldt-Universität in Berlin haben die biorhythmischen Berechnungen von Fliess zugrunde gelegt und herausgefunden, daß ein Viertel der Unfälle, die Arbeiter an landwirtschaftlichen Maschinen erleiden, an einem in dreifacher Hinsicht kritischen Tag passieren. Solch ein Tag ist eine Konstellation biorhythmischer Zyklen, die im Durchschnitt einmal im Jahr auftritt.

Angeborene Rhythmen mag es zwar geben, doch wird das Leben auch entscheidend von den Energiefeldern der Umgebung beeinflußt. Selbst wenn sie in geschlossenen Räumen gehalten werden, sind Geschöpfe wie Ratten, Austern und Winkerkrabben eingestimmt auf die Veränderungen lunarischer und geomagnetischer Felder. Vögel und Insekten reagieren sensibel auf das schwache magnetische Feld der Erde. Nach Auskunft russischer Wissenschaftler kann die telepathische Fähigkeit von Menschen durch eine Verstärkung des magnetischen Feldes gesteigert werden. Sonnenflecken und Gewitter interferieren – so die russische Wissenschaft – mit

* *Is this Your Day?* von George Thommen.

telepathischer Leistung. Es gibt Grund zu der Annahme, daß die Blutung während und nach chirurgischen Eingriffen bei Vollmond stärker ist. Sonnenfleckenaktivität wirkt auf das Blutserum des Menschen ein, ein Phänomen, das Miki Takata, einen japanischen Forscher, zu der Bemerkung veranlaßte, der Mensch sei «eine lebende Sonnenuhr».

Ein französischer Wissenschaftler hat eine monumentale Studie zusammengetragen, die eine geradezu ungeheuerliche Möglichkeit in den Bereich des Denkbaren rückt. Michel Gauquelin glaubt, daß Menschen von ihren Eltern eine Sensibilität gegenüber bestimmten Himmelskonstellationen erben können. Er ist an sich kein Parteigänger der Astrologie, meint aber, daß der genetische Kode eines jeden Menschen einen Auslöser enthalte – einen Mechanismus, welcher körperliche Anstrengung und auch Geburt in Gang setzt –, welcher durch eine bestimmte Konfiguration der planetarischen Feldkräfte eher aktiviert werden kann als durch eine andere. Er berichtet von einer Übereinstimmung zwischen dem «Geburtshimmel» bei Eltern und Kindern, die so auffällig ist, daß die Chancen für eine zufällige Übereinstimmung 500000:1 stehen. Gemeint ist damit, daß an den Geburtstagen von Elternteil und Kind die Anordnung der planetarischen Feldkräfte sehr ähnlich war. *Today's Health*, das von der American Medical Association herausgegeben wird, stellt fest: «Wenn Gauquelins absurde Statistik auch nie erklärt worden ist, so ist sie auch nie forterklärt worden.»

Franz Messmer vertrat 1766 die Auffassung, daß Himmelskörper auf das irdische Leben einwirken. Messmer sprach in seiner Hypothese von einer der Wahrnehmung entzogenen Flüssigkeit, die überraschende Ähnlichkeit mit dem von der modernen Physik behaupteten Plasmazustand der Materie aufweist. Messmer glaubte, daß es im menschlichen Körper «mannigfaltige und gegensätzliche Pole gibt, die miteinander in Verbindung gebracht, verändert, zerstört und verstärkt werden können». Messmers Theorien waren grob, aber vielleicht hellsichtig. Die merkwürdigen elektrischen und elektronischen Eigenschaften des Menschen finden heute das besondere Interesse der Wissenschaft. Viele Forscher machen sich Sorgen über die möglicherweise schädlichen Auswirkungen elektrischer Umwelteinflüsse – der freien Elektrizität, die ein Abfallprodukt städtischer Generatoren ist. Andere untersuchen, welche Heilmöglichkeiten künstliche Energiefelder bieten.

Die extreme Sensibilität des Menschen für elektromagnetische und magnetische Energie ist in zahlreichen Studien nachgewiesen worden. Burton Milburn, damals an der Universität von Kalifornien in Los Angeles, hat die Köpfe von Versuchspersonen in schwache magnetische Felder gebracht, die regelmäßigen Schwankungen unterlagen. Nach einer gewissen Zeit konnten einige der Versuchspersonen diese Veränderungen zuverlässig feststellen, die im Abstand von einer Minute erfolgten und nur viermal stärker als das schwache magnetische Feld der Erde selbst waren. Die Versuchspersonen, die dazu in der Lage waren, gaben an, daß sie ein leichtes Prickeln in der Region von Nase und Oberlippe spürten, wenn das magnetische Pulsen begann. In einer anderen Studie lernten menschliche Versuchspersonen einzuschlafen, wenn sie eine Veränderung des magnetischen Feldes spürten.

Wissenschaftler können die Wirkung des Erdfeldes außer Kraft setzen und so erzeugen, was sie ein Nullfeld nennen. Eine solche Umwelt hat bizarre Auswirkungen auf den Menschen. Beispielsweise nimmt man Bilder, die sich bewegen, gewöhnlich separat – das heißt flackernd – wahr, bis sie eine Frequenz von zwanzig Bildern erreichen. In einem magnetischen Nullfeld verschmilzt das Flackern zu einem kontinuierlichen Bild bei einer Frequenz von *zehn* Bildern pro Sekunde. Unsere visuelle Wahrnehmung verliert also an

Genauigkeit, wenn uns das schwache magnetische Feld der Erde entzogen wird. Bei Mäusen verursacht das Nullfeld frühzeitigen Tod, frühzeitiges Altern, Inaktivität und kannibalische Tendenzen gegenüber Neugeborenen.

Forschungsarbeiten der Army's Advanced Material Concepts Agency in Alexandria, Virginia, legen die Vermutung nahe, daß die alte Kunst der Wünschelrutengängerei sich unter Umständen die menschliche Sensibilität für niedrige elektromagnetische Felder zunutze macht. Eine solche Sensibilität befähigt den Wünschelrutengänger, Wasser, in der Erde verborgenes Metall oder in der Erde verborgene elektrische Leitungen ausfindig zu machen. In einer Studie – so wird berichtet – hatten achtzig Prozent der Versuchspersonen Erfolg, wenn sie beim Wünschelrutengehen eine L-förmige Rute benutzten, während es bei einem gegabelten Zweig nur zwanzig Prozent waren.
1972 hat das Verteidigungsministerium endlich eine Studie aus seinen Geheimtresoren geholt, die während des Koreakonfliktes im Regierungsauftrag an der Duke University durchgeführt worden war. Man hatte die Truppe erfolgreich darin ausgebildet, Landminen mit Hilfe von Wünschelruten aufzuspüren. Ähnliche Wünschelrutenpraktiken sind auch in Vietnam verwandt worden. Dort haben zivile Geologen und Angestellte öffentlicher Stellen nach Wasser und Metall gesucht; sie fanden die Arbeit mit Wünschelruten gelegentlich leichter und genauer als die Verwendug von Metalldetektoren.
Die gelegentlich «Radiästhesie» genannte merkwürdige Fähigkeit mancher Menschen, elektromagnetische Energie zu entdecken, hat das Interesse von Physikern und Elektroingenieuren in der ganzen Welt gefunden. James Beal vom Raumflugzentrum der NASA stellt fest: «Wir haben uns alle darauf geworfen...» Beal weist darauf hin, daß Energie aus

der Außenwelt einen tiefergehenden Effekt haben kann als angenommen, weil jede Zelle ein winziges, komplexes System ist. Russische Forscher berichten, daß der Hypothalamus von allen Hirnregionen am empfindlichsten auf elektromagnetische Felder reagiert. Sie meinen auch, daß Läsionen des Hypothalamus diese Sensibilität noch erhöhen.

Der Hypothalamus gehört zum limbischen System oder zum sogenannten emotionalen Gehirn und wirkt in so wichtige Bereiche wie Sexualität, Appetit, Schmerz und Lust hinein. Funktionsstörungen seines chemischen Haushaltes sind für Geisteskrankheiten verantwortlich gemacht worden. Die dieser Hirnregion nachgesagte Sensibilität für Energiefelder könnte an einem anderen aufsehenerregenden Forschungsbefund beteiligt sein. Nach der Untersuchung der Krankengeschichten von 28000 Insassen psychiatrischer Anstalten kam ein Forschungsteam des Upstate Medical Centers von der State University New York zu einer auffälligen Korrelation zwischen akuter Psychose und Veränderungen in der Intensität des magnetischen Feldes. Die Chancen für eine zufällige Übereinstimmung standen 10000 zu 1!

Auch scheinen magnetische Stürme die Selbstmordrate zu beeinflussen. Verhaltensstörungen bei Schizophrenen scheinen mit Veränderungen der kosmischen Strahlung zu schwanken, die ihrerseits aus Sonnenausbrüchen resultiert. Arnold Lieber an der Universität von Miami berichtet, die Durchsicht der Dade-County-Statistiken für einen Zeitraum von fünfzehn Jahren habe eine «wissenschaftlich gesicherte» Beziehung zwischen Mondphasen und Mordhäufigkeit erbracht. Lieber sagt: «Ich glaube, wir werden schließlich zeigen können, daß der Organismus – ob Mensch oder Tier – integraler Bestandteil des Universums ist und auf solche Veränderungen wie Variationen im Sonnen- und Mondzyklus reagiert.» Er weist darauf hin, daß der menschliche Körper und die Erdoberfläche eine vergleichbare Zusammensetzung aufweisen: achtzig Prozent Wasser, zwanzig Prozent Mineral. Andere Wissenschaftler haben vermutet, daß unser Körper ein eigenes Gezeitensystem habe.

Ist der Mensch transistorisiert? Eine Solarzelle? Nach gründlicher Untersuchung der vorliegenden Forschungsdaten und den Ergebnissen seiner eigenen Experimente hat Robert O. Becker eine Theorie über die Funktionsweise des Gehirns aufgestellt, die eine Menge von Erscheinungen erklären könnte, vor denen die Wissenschaft heute noch ratlos steht. Wenn Becker und viele andere Forscher mit ihm recht haben, beruht die Arbeitsweise unseres Nervensystems nicht allein auf den schwachen, langsamen elektrischen Impulsen von Zelle zu Zelle. Dann weist es die Merkmale eines Halbleiters auf – das heißt, es verhält sich in vielerlei Hinsicht wie ein Transistor oder eine Solarzelle. Vielleicht verhalten sich die Gliazellen des Nervensystems tatsächlich wie Flüssigkristalle, also in Einklang mit umliegenden Energiefeldern. Trifft das zu, so ist das Nervensystem in der Lage, elektrische Effekte um mehr als das Millionenfache zu verstärken.

Becker, ein in der Forschung tätiger Orthopäde an der State University von New York, stützt sich auf die Arbeit im eigenen Laboratorium, wenn er meint, diese Elektronenleitung nach Art von Halbleitern sei ein entscheidender Faktor zur Bestimmung der Sensibilität von Nervenzellen – die Schwelle, welche überschritten werden müsse, damit die Zellen reagieren. (Die Arbeit der zehn Milliarden Nervenzellen des Gehirns beruht darauf, daß sie winzige elektrische Impulse weitergeben. Jede Zelle ist ein Miniaturgenerator, der so viel elektrische Energie erzeugt, wie notwendig ist, um einen Impuls an die nächste Zelle weiterzugeben.)

Becker glaubt, daß das Gehirn eine Mittelregion enthält, welche ein stärkeres Gleichstromfeld besitzt als das übrige Nervensystem. Weiter glaubt er, daß Intensität und vielleicht auch Polarität dieses Stroms die Bewußtseinsebene unmittelbar bestimmen. Becker löschte das Bewußtsein von Tieren, indem er ein magnetisches Feld schuf, das rechtwinklig zum Hirnstamm der Versuchstiere verlief. Ihr Hirnwellenmuster zeigte, daß sie aus wachem Zustand ins Koma fielen. Dieser Prozeß erwies sich als umkehrbar. Indem er die Stirnregion des Gehirns unter Gleichstrom setzte, konnte Becker chemisch narkotisierte Tiere aufwecken. So als hätte er einen Schalter entdeckt, mit dem er Bewußtsein an- und ausknipsen konnte.

Die Daten unserer unbemannten Satelliten lassen darauf schließen, daß der Planet selbst als Gleichstromgenerator wirkt. James Van Allen, der Entdecker der Strahlungsgürtel, hat gesagt, die Wirkung könne bis zu 50000 Volt betragen. Zahlreiche Wissenschaftler haben die Vermutung geäußert, es sei kein Zufall, daß der vorherrschende Rhythmus des Gehirns – die Frequenz seiner elektrischen Impulse – zwischen acht und zwölf Hz beträgt, also der Frequenz des Erdmagnetfeldes in etwa entspricht, die zwischen acht und sechzehn Hz liegt, wobei der häufigste Wert zehn Hz ist. Man glaubt, daß die niederfrequente Strahlung des Planeten das Gehirn biologisch beeinflußt habe. Da das Leben auf der Erde in einem elektromagnetischen Feld entstanden ist, sind diese Energien möglicherweise unser natürliches genetisches Medium.

Becker hat die Vermutung geäußert, das gleichmäßige bioelektrische Energiefeld des Gehirns könnte einst als Kommunikationssystem gedient haben. Dieses Feld – so sagt er – sei bereits mit Wachstum, Geweberegeneration, Tumoren, Schlaf und menschlichem Verhalten korreliert worden. Vielleicht stelle es ein zentrales Nachrichtennetz dar, das spüre, wenn Zellen verletzt werden, und Regenerationsanweisungen aussende. Sollten andere Wissenschaftler Beckers Ergebnisse bestätigen, so könnten wir die Rolle des Gehirns für Heilprozesse besser verstehen.

In einem Experiment, das die wissenschaftliche Gemeinschaft in Erstaunen setzte, bewies Becker, daß eine Beziehung zwischen Regeneration und elektrischer Energie besteht. Viele niedere Organismen können ein amputiertes Glied regenerieren. Becker war der Meinung, Säugetiere seien ebenfalls dazu fähig, wenn am Amputationspunkt genügend Energie vorhanden wäre. Er schnitt Ratten die Vorderbeine bis zu den Schultern ab. Dann leitete er einen genau dosierten elektrischen Strom auf die Stümpfe. *Die Ratten bildeten ihre Beine bis über die Knie hinaus nach.*

In anderen Experimenten hat elektrische Energie, die über Elektroden in den Magen geleitet wurde, die Heilung von Geschwüren beschleunigt. Elektrische Stimulation hat zur raschen Regeneration von Knochen geführt, die zuvor einfach nicht heilen wollten. (Becker selbst rät von solchen Experimenten am Menschen ab, weil er ein gewisses Krebsrisiko sieht.)

Die Beziehung von Energiefeldern und Krankheiten ist verblüffend. Es hat den Anschein, als könnten künstliche Felder den Gesundungsprozeß fördern oder schwere Schäden hervorrufen. Madeleine und J.M. Barnothy von der Universität von Illinois injizierten zweiundzwanzig Mäusen eine sehr bösartige Krebsart. Dann behandelten sie die Hälfte der Mäuse mit intensiven magnetischen Feldern. Fünf der behandelten Mäuse bildeten darauf die bereits deutlich ausgeprägten Tumore zurück. Vier wurden völlig geheilt. Bei Wiederholung des Experimentes überlebte zwar keines der Versuchstiere, aber die behandelten Mäuse lebten länger als die nicht behandelten. Obgleich ihre Tumore auch nach Behandlungsbeginn weiterwuchsen, gab es keine Anhaltspunkte für Metastasen, die Aussaat neuer Krankheitsherde in anderen Körperregionen, welche die Crux der Krebstherapie sind. Die Barnothys glauben, daß das magnetische Feld die Immunreaktion der Tiere verstärkt habe. In anderen Experimenten haben sie festgestellt, daß magnetische Felder den Ovarzyklus, die Gewebeentwicklung und das Altern beeinflussen. Änderungen der Feldstärke können positive Wirkungen in schädliche umschlagen lassen.

Die Kirlian-Fotografie, manchmal auch Aura-Fotografie genannt, ist ein linsenloses Verfahren, das von sowjetischen Forschern entwickelt wurde. Ein Objekt wird in einem hochfrequenten elektrischen Feld auf den Film gelegt. Lebende Organismen wie Pflanzen und Menschen hinterlassen deutliche Spuren, ein leuchtendes, buntes Lichtfeld, die «Aura», welche die Phantasie der Öffentlichkeit sehr beschäftigt. Sowjetische Physiker glauben, daß dieser Feldeffekt durch eine «kalte Elektronenemission» hervorgerufen wird und der Sekundäreffekt einer unbekannten Primärenergie ist. Diese Energie ist mit dem alten Konzept des *qi* oder Prana, einer organisierenden Lebenskraft, verglichen worden. Seit der ersten internationalen Veröffentlichung über den Kirlian-Effekt haben zahlreiche Hochschulen und Universitäten im Westen Geräte entworfen, um ähnliche «Bilder» zu erhalten. Doch ist die russische Technik mit ihrem Vorsprung von dreißig Jahren weit raffinierter.

In manchen sowjetischen Laboratorien tragen die Versuchspersonen elastische, nichtleitende Kleidungsstücke, so daß sich ihre Energiefelder direkt statt nur auf den Platten beobachten lassen. Die Forscher berichten, daß das Bioplasma, ihre Bezeichnung für die funkelnde Strahlung, Krankheiten erkennen läßt, lange bevor sie sich in der konventionellen Diagnose zeigen. Diese Arbeit spricht für die umstrittene, aber altehrwürdige Theorie, die sagt, Wachstum und Gesundheit lebender Wesen werden durch ein organisierendes Strahlungsfeld bestimmt.

Die auffällige Übereinstimmung der Lichtpunkte von Kirlian und den traditionellen Akupunkturpunkten hat zu vielen klinischen Anwendungen in der Sowjetunion und der

Tschechoslowakei geführt. Das Tobiskop, ein Gerät zur Messung elektrischer Veränderungen auf der Hautoberfläche, leuchtet auf, wenn es über Akupunkturpunkte gleitet. In den Experimenten wurden solche Punkte elektronisch und sogar durch Laserstrahlen stimuliert. Ein schwacher Laserstrahl, der auf einen Punkt über den Lippen gerichtet wird, bringt – so wird berichtet – einen epileptischen Anfall zum Stillstand.

Das Erstaunlichste am Bericht der Kirlian-Wissenschaftler ist die Rangfolge, die sie den an diesen Punkten applizierten Reizen aufgrund der Wirkung zuweisen. Chemische Substanzen, wie Adrenalin, sind die schwächsten Reize. Dann folgen physischer Druck, Nadeln, elektrische Impulse und Laserstrahlen. Der wirksamste Reiz überhaupt – gemessen an der Veränderung des Bioplasmas – ist der menschliche Wille. Wenn die Versuchsperson ihre Gedanken auf einen bestimmten Teil des Körpers richtet, zeigt das Bioplasma eine entsprechende Veränderung.

Labors in Japan, den Vereinigten Staaten und Frankreich haben Experimente zum Kirlian-Effekt durchgeführt. Thelma Moss und Kendall Johnson an der Universität von Kalifornien in Los Angeles und Douglas Dean am Newark College of Engineering haben zahlreiche Fotografien aufgenommen, die eine deutliche Übereinstimmung zwischen Veränderungen des psychischen Zustandes und dem Erscheinungsbild des Energiefeldes zeigen. Die Forscher an der Universität von Kalifornien nennen ihr Verfahren Strahlungsfeldfotografie.

Ein weiteres verblüffendes Ergebnis: Menschen in künstlich ionisierten Umwelten weisen viele der Merkmale auf, die bei veränderten Bewußtseinszuständen beobachtet werden: größere Kraft, kürzere Reaktionszeit, rasche Heilung, vermindertes Schmerzempfinden und ruhige oder heitere Verfassung.

Diese negative Ionisierung beschleunigt möglicherweise die Oxidation einer chemischen Hirnsubstanz, des Serotonins, das genauso wirkt wie Reserpin, ein Tranquilizer. Auch das EEG, das Elektroenzephalogramm, zeigt Veränderungen, wenn negative Ionen in die Luft gebracht werden. Das Sehpurpur, eine für die Sehfähigkeit entscheidende Substanz, wird rascher erneuert. Altersprozesse werden verlangsamt. Bei negativer Ionisierung ging die Fehlerzahl in einer Testgruppe alter Ratten um die Hälfte zurück.

Das menschliche Gehirn scheint selbst Energie auszustrahlen. Einer Studie zufolge strahlt die Hirnrinde Wellen ab, die in der Nähe des infraroten Spektrums liegen. Elektrische Reizung des Gehirns verändert diese Strahlung. Das limbische Gehirn, eine ältere Struktur, strahlt Licht ab, das etwa zehnmal heller ist als Sternenlicht.

Die Alpha-Wellen des menschlichen Gehirns scheinen ein eigenes magnetisches Feld zu erzeugen. David Cohen entdeckte, damals noch an der Universität von Illinois, das schwache, schwankende magnetische Feld, das durch Alpha-Aktivität (eines der vom EEG gemessenen elektrischen Aktivitätsmuster) hervorgerufen wird. Cohen hat später ein Gerät entwickelt, das ein Magnetoenzephalogramm (MEG) aufzeichnet. Vielleicht läßt sich durch die Befunde dieses Gerätes das recht grobe Bild ergänzen, das wir uns von der Tätigkeit des Gehirns machen.

Johannes Kepler, der Astronom aus dem 16. Jahrhundert, schrieb: «Alles, was im Himmel ist oder geschieht, macht sich auf irgendeine verborgene Weise auf Erden und in der Natur bemerkbar.» Man hat gesagt, das ganze Universum sei betroffen, wenn ein einziges Teilchen verrückt werde. Wenn wir uns die dynamische Beschaffenheit unserer Natur vor Augen halten, können wir die fast unglaublichen Entdekkungen über das Gehirn leichter erfassen und akzeptieren.

Biofeedback: vollkommene Körperbeherrschung

«Als sei der Körper immer auf automatische Steuerung eingestellt gewesen, und plötzlich stellt man fest, daß man selbst fliegen kann.»

VERSUCHSPERSON IM LABOR

Ende der sechziger Jahre hat eine Handvoll Wissenschaftler in verschiedenen Ländern zweifelsfrei nachgewiesen, daß Menschen und Tiere die bewußte Kontrolle über äußerst entrückte innere Prozesse lernen können. Ein visuelles Zeichen, ein Ton oder ein Lichtsignal liefern das Feedback, an dem sich die Probanden orientieren können.

Die Konsequenzen sind so verblüffend, so zwingend, daß Biofeedback-Therapie bereits in die Wirklichkeit umgesetzt wurde, als die Experimente noch kaum wiederholt waren. Schon sind an Ost- und Westküste der Vereinigten Staaten Biofeedback-Institute eröffnet worden. Krankenhäuser und Kliniken in der ganzen Welt haben sich die elektronischen Apparate angeschafft, die für experimentelles Biofeedback-Training erforderlich sind. Die Liste der erfolgreich behandelten Krankheiten liest sich wie die prahlerische Versprechung eines Quacksalbers: Herzrhythmusstörungen und Angina pectoris, Migräne und Verspannungskopfschmerzen, Impotenz, sogar epileptische Anfälle.

Der Pionier auf dem Gebiet des Biofeedbacks, Neal Miller von der Rockefeller-Universität, bemerkt mit grimmigem Humor, daß allerdings noch die Frage zu klären sei, ob Menschen diese Kontrolle so gut wie Ratten lernen könnten. «Ich meine zwar», fährt er fort, «daß sie in dieser Hinsicht genau so schlau wie Ratten sind. Aber das ist, wie in einem kürzlich veröffentlichten kritischen Forschungsüberblick vermerkt wurde, noch nicht ganz erwiesen.»

Ein Affe hat gelernt, eine einzige Nervenzelle zu aktivieren, um eine bestimmte Belohnung zu erhalten. An der Queens-Universität in Kingston, Ontario, hat John Basmajian menschlichen Versuchspersonen beigebracht, einen einzigen Motoneuronen zu entladen, welcher aus den zehn Milliarden Zellen des Gehirns ausgewählt wurde. Millers Ratten haben gelernt, Urin in größeren oder kleineren Mengen abzuscheiden, ein Ohr rot und das andere bleich werden zu lassen und die Blutzufuhr der Darmwände zu steigern oder zu senken.

Das ist bemerkenswert, gewiß – aber schließlich gibt es schon lange einen großen Bestand an populärwissenschaftlichen Veröffentlichungen, die das Dogma widerlegen, das da lautet, das – wie Miller es nennt – «dumme» autonome Nervensystem sei zu intelligenter, willensmäßiger Kontrolle nicht in der Lage. Mehr als zweihundert Jahre haben britische Kolonialbeamte gewissenhaft die Wundertaten indischer Jogis aufgezeichnet, die ihren Körper in einer ans Wunderbare grenzenden Weise beherrschten. Harry Houdini, der amerikanische Zauberer, hatte seinen Magen so unter Kontrolle, daß er einen Schlüssel erbrechen konnte, mittels dessen er sich von Unterwasserketten befreite. Viele Schauspieler und Schauspielerinnen haben gelernt, auf Befehl zu weinen.

Miller weist darauf hin, daß die Annahme, das Gehirn könne keine willensmäßige Kontrolle über innere Prozesse ausüben, nie sehr überzeugend belegt worden sei. Frühere Experimente hätten keinen klaren Schluß zugelassen. Gewiß hätten die speichelabsondernden Hunde von Pawlow einen bestimmten Typus viszeralen Lernens bezeugt. Ihn habe man aber «klas-

sische Konditionierung» genannt und als einen Lerntypus ganz anderer Art angesehen.
Mehr als zehn Jahre lang konnte Miller seine Studenten, ja sogar bezahlte Assistenten nicht für seine Theorie interessieren. «Schließlich ließ ich sie fast immer an etwas arbeiten, das ihnen weniger lächerlich vorkam», sagt Miller. Seine ersten «ermutigenden, aber noch keine endgültigen Schlüsse zulassenden Ergebnisse» legte er 1966 auf dem 18. Internationalen Kongreß für Psychologie in Moskau vor.
1967 belohnten Miller und Alfredo Carmona eine Gruppe von Hunden für spontane Speichelabsonderung, eine andere für Verringerung des Speichelflusses. Ein anderer Mitarbeiter, Jay Trowill, beschäftigte sich mit Experimenten an Ratten, die er mittels Kurare, dem tödlichen Pfeilgift südamerikanischer Indianer, gelähmt hatte. Die Ratten wurden durch künstliche Atmung am Leben erhalten, da Kurare die Atmungsaktivität lähmt, und wurden für Beschleunigungen oder Verlangsamung ihres Herzrhythmus belohnt. Durch das Kurare war sichergestellt, daß sie nicht «schummeln» konnten, indem sie die Muskulatur der Herzgegend benutzten. Die Wissenschaft hatte lange behauptet, Jogis, die ihren Herzschlag anhielten, führten nur ein sehr geschicktes Muskelmanöver aus. Die Tiere wurden durch elektrische Reizung der Lustzentren des Gehirns belohnt. Später brachten die Forscher einer anderen Gruppe von Ratten die Kontrolle ihrer Herzfrequenz bei, indem sie sie durch Schockvermeidung belohnten, womit sie beweisen wollten, daß Gehirnreizung nicht die einzige wirksame Belohnung ist.
Im Laufe der nächsten zwei Jahre führten Miller und Leo DiCara eine Vielfalt von Feedback-Experimenten an der Yale-Universität durch. Von russischen Wissenschaftlern wußten sie, daß ein Hund die genaue Lage winziger mit Wasser gefüllter Ballons im Rectum feststellen kann. Indem sie solche Ballons in Ratten unterbrachten, maßen und be-

lohnten sie die Kontrolle von Darmkontraktion. In anderen Experimenten hatten Ratten, die für Urinbildung belohnt wurden, offensichtlich gelernt, den Blutdurchfluß der Nieren zu verändern und damit die Filteraktivität zu steuern. Andere Ratten lernten, die Blutmenge in ihren Magenwänden zu kontrollieren. Dann bewiesen Miller und DiCara schlüssig, daß Biofeedback-Kontrolle mehr ist als bloße Veränderung der Herzfrequenz oder des Blutdrucks. Sie brachten nämlich Ratten bei, die Blutzufuhr in einem Ohr zu erhöhen und im anderen zu senken. Später wurden Tiere darin unterwiesen, den Blutdruck unabhängig von der Herzfrequenz zu steuern und umgekehrt.

Andere Wissenschaftler hatten sich mit der Frage beschäftigt, inwieweit Menschen sich auf diese Weise schulen lassen. Bereits im Jahre 1958 hatte M. I. Lisina, eine russische Psychologin, von Versuchen berichtet, menschlichen Probanden die Erweiterung und Verengung von Blutgefäßen beizubringen. Bezeichnenderweise sagt sie, sie habe erst Erfolg gehabt, als sie die Versuchspersonen die Aufzeichnungen ihrer Gefäßveränderungen beobachten ließ.

Noch früher, im Jahre 1910, hatte der Schweizer J. H. Schultz eine Technik entwickelt, die er autogenes Training nannte. Die Methode erinnert ein wenig an Joga und Selbsthypnose und vermittelt unter anderem die Fähigkeit, den Kreislauf zu steuern. Selbst der Blutzuckerspiegel und die Zahl der weißen Blutkörperchen wird durch die Übungen beeinflußt, wie spätere Studien berichten. Autogenes Training wurde zu einem wichtigen Bestandteil der europäischen Medizin und Psychotherapie. In den sechziger Jahren waren mehr als sechshundert Veröffentlichungen über autogenes Training im Druck, davon weniger als ein Dutzend auf englisch.

1965 unterwiesen Elmar und Alyce Green an der Menninger Foundation Hausfrauen, Collegestudenten und Kinder aus Kansas darin, ihre Handtemperatur durch autogene Techniken zu verändern. Ein Feedback-Gerät beschleunigte den Lernprozeß. Wenn die Versuchspersonen sehen konnten, wann sie Erfolg hatten und wann nicht, lernten sie die Kontrolle in Tagen oder Stunden, in einem Bruchteil der Zeit also, die die Patienten von J. H. Schultz in der Regel brauchten. Das Feedback schien der entscheidende Faktor zu sein.

Anfang der sechziger Jahre gaben ein paar an verschiedenen Labors arbeitende Experimentatoren bekannt, daß es ihnen gelungen sei, auch im Humanversuch die Herzfrequenz bewußter Kontrolle zu unterstellen. 1962 entwickelte Peter Lang an der Universität von Pittsburgh ein Gerät, das seiner Beschreibung nach «einem Autosimulator in Spielhallen» ähnelt. Sie mußten ihre Herzfrequenz zwischen zwei vertikalen Linien auf dem Sichtschirm halten. Dabei war ihr Spielraum zwischen den Linien erstaunlich eng – er betrug nicht mehr als 90 Millisekunden. Lang und Michael Huatio, sein Mitarbeiter, stellten fest, daß ihre Versuchspersonen keine andere Belohnung brauchten als den Spaß, den ihnen das Spiel bereitete.

Inzwischen hatte Joe Kamiya an der Universität von Chicago begonnen, mit Gehirnwellen-Feedback zu experimentieren. Strenggenommen betrieb er dieses Projekt in Schwarzarbeit, denn offiziell hatte er ein Stipendium für Schlafforschung bekommen. Seine studentischen Versuchspersonen lernten bald, zwischen Alpha- und Nicht-Alpha-Aktivitäten zu unterscheiden. Kamiya entdeckte, daß seine Versuchspersonen bei entsprechendem Feedback, gewöhnlich einem Ton, den Alpha-Zustand beibehalten oder abstellen konnten.

Personen, die solche Kontrolle durch Feedback lernten, können ihre Techniken selten erklären. Die beteiligten Empfindungen sind so schwach und so schwer in Worte zu fassen, daß sie nur vage gefühlt und identifiziert werden können. Miller hat darauf hingewiesen, daß Nerven nicht nur vom Gehirn zu den inneren Organen führen, sondern auch in umgekehrter Richtung verlaufen. Aber von extremen Fällen wie Magenschmerzen abgesehen, haben wir in diesen Organen kein Empfinden. Er vergleicht die Situation mit der eines Basketballspielers, der mit verbundenen Augen einen Korb zu machen versucht. Die Feedback-Mittel, etwa Licht, Töne oder Belohnung, entfernen die Augenbinde. «Wenn Patienten lernen können, innere Veränderungen festzustellen, können sie viszerale Kontrolle üben, wie ein Basketballspieler seine Würfe übt.»

Ein Kind erhält Rückmeldung aus der Umwelt – so sagt Miller –, wenn es eine Kuh als Hund bezeichnet. Aber da keine Möglichkeit besteht zu überprüfen, was in seinem Inneren geschieht, hat es keine Übung darin, seine viszeralen Prozesse zu identifizieren. Auf dem Gebiet genauer viszeraler Wahrnehmung sind wir alle Anfänger. «Aber mit der Hilfe moderner Instrumente können wir vielleicht zu Fachleuten ausgebildet werden.»

Miller erinnert an die östliche Tradition der Beherrschung innerer Körperfunktionen und äußert die Vermutung, daß es vielleicht eine mehr als zufällige Parallele zum Joga sei, wenn durch Kurare gelähmte Ratten schneller lernten als solche, denen man kein Kurare verabreicht habe. «Interessanterweise üben Jogis sich in absolut regelmäßiger Atmung und Muskelentspannung und konzentrieren ihr Aufmerksamkeit beharrlich auf einen einzigen Punkt, um äußere Ablenkung auszuschalten. Unsere gelähmten Ratten erhalten durch die Beatmungsmaschine eine absolut regelmäßige Atmung. Ihre Muskeln sind entspannt, weil das Kurare sie lähmt. Und sie werden in einem schalldichten Käfig trainiert.» Ratten, die nicht unter Kurare stehen, lernen langsamer. Das gleiche ist bei Menschen der Fall, denen man natürlich auch kein Kurare verabreicht. Miller vermutet, daß einige Konzentrationstechniken, etwa Hypnose, die Kurarelähmung simulieren könnten.

Die Parallele zu östlichen Disziplinen wird in der Biofeedback-Literatur mit zunehmender Häufigkeit gezogen. So ist es vielleicht auch bezeichnend, daß J. H. Schultz in sein Trainingsprogramm eine Reihe von «Meditationsübungen» aufgenommen hat. Der vielleicht kurioseste Berührungspunkt kam 1970 auf der Weltkonferenz für wissenschaftliches Joga in Neu-Delhi zur Sprache. Einer der Redner, Swami Rama, war aus Amerika angereist. Man hatte dort in der Menninger Foundation seine bemerkenswerte Kontrolle autonomer Prozesse untersucht. Der Jogi brachte zwei Biofeedback-Apparate der Stiftung mit nach Indien, weil er der Meinung war, sie ließen sich möglicherweise für die Unterweisung junger Jogis in rudimentärer Körperkontrolle einsetzen.
In Baltimore haben Bernard Engel, ein Physiologe und Psychologe, und Eugene Bleecker, ein Spezialist für Herz- und Gefäßkrankheiten, Herzpatienten erfolgreich darin unterwiesen, Anomalien wie Vorhofflimmern und vorzeitige Herzkammerkontraktion zu kontrollieren. Der Patient beobachtet einen Kasten am Fuß seines Krankenhausbettes. Bei Aufzeichnung der Herzfrequenz sendet der Kasten gelbe Lichtsignale («behalte die Geschwindigkeit bei»), rote («verringere die Herzfrequenz») oder grüne («beschleunige sie»). Viele Patienten haben zu Hause gelernt, ihre Herzfrequenz zu steuern. Ähnliche Ergebnisse sind von Forschern an der Rockefeller University, am New York Hospital-Cornell Medical Center und an privaten Krankenhäusern erzielt worden.
Versuchspersonen an der Lafayette-Klinik in Detroit, an der Harvard Medical School und an der Rockefeller University haben gelernt, ihren Blutdruck stetig und erheblich zu senken und auf diesem Stand zu halten. Die Besorgnis von psychoanalytisch orientierten Kritikern, die Symptomersatz befürchteten, hat sich bislang als unbegründet erwiesen. Menschen, die gelernt haben, eine Krankheit abzustellen oder ab-

zuschwächen, scheinen sie durch keine andere zu ersetzen. Es ist gut möglich, daß sich jemand mit einem neurotischen Bedürfnis nach seiner Krankheit gar nicht erst um viszerale Kontrolle bemüht hätte.

Durch Streß hervorgerufene Krankheit muß nicht unbedingt neurotisch sein. Nehmen wir einen Parkplatz zum Vergleich. In einer Notsituation (Streß) wird ein Wagen zwischen zwei Stellflächen geparkt. Daraufhin werden die anderen Wagen, die auf den Parkplatz fahren, in beiden Richtungen, des einen Notfalles wegen, entsprechend versetzt geparkt. Wenn dann der schlecht geparkte Wagen fortfährt, bleibt die Pathologie des Parkplatzes erhalten. Der Eigentümer kann allerdings alle Wagen fortfahrenlassen und so die Ordnung wiederherstellen. Der Parkplatz muß also durch den Vorfall nicht unbedingt entstellt werden.

Wenn irgendein chronischer Schmerz allen Versuchen, ihn zu vertreiben, widersteht, dann ist es gewiß Verspannungskopfschmerz – besonders wenn man wie viele Psychologen der Meinung ist, dieser Kopfschmerz biete eine Möglichkeit zu Flucht oder Entschuldigung. Trotzdem haben Thomas Budzynski, Johann Stoyva und Charles Adler von der University of Colorado vielen Freiwilligen beigebracht, chronische Verspannungskopfschmerzen dadurch zu beseitigen oder zu lindern, daß sie lernten, die Stirnmuskulatur zu entspannen. Anhand der Rückmeldung durch ein Elektromyelogramm (EMG) kann die Versuchsperson ihre Muskelspannung überprüfen. Von zwanzig Versuchspersonen der Menninger Foundation erreichten sieben eine Muskelspannung von Null, die begleitet war von einer euphorischen, fließenden Empfindung. Ohne Feedback ist es so gut wie unmöglich, die Spannung zu reduzieren.

Versuchspersonen, die Muskelkontrolle lernen, berichten häufig von einem merkwürdigen Nebeneffekt. Leichtere Streßsituationen in ihrem Alltag bringen sie nicht mehr aus

der Fassung. Dieses Phänomen mag auf eine Begleiterscheinung ihrer Biofeedback-Übungen, das Entspannungstraining, zurückzuführen sein. Die Betreffenden lernen rasch, daß Angst die winzigen Veränderungen zunichte macht, die sie hervorrufen müssen, um das Licht- oder Tonsignal, das ihnen als Feedback dient, andauern zu lassen.
Budzynski und Stoyva berufen sich auf die Theorie des Schweizer Wissenschaftlers W.R. Hess, der meint, die Körperreaktionen seien miteinander verknüpft. In der Streßreaktion liege eine Verbindung von großer Muskelaktivität und großer sympathischer Aktivität vor. Bei Entspannung geht eine geringe Aktivität der willkürlichen Muskulatur mit einer geringen Aktivität des parasympathischen Nervensystems einher. Der Biofeedback-Adept beispielsweise, der Muskelkontrolle lernt, kontrolliert automatisch in gewissem Maße die tiefen Hirnstrukturen, die an der Verlangsamung von Atmung und Herzfrequenz beteiligt sind; obwohl er strenggenommen nur lernt, die Nadel auf der Skala vorrükken zu lassen.
Wolfgang Luthe vermutet, die therapeutische Wirkung autogenen Trainings sei damit zu erklären, daß die Versuchsperson lerne, die Beziehung zwischen ihrem sogenannten höheren und niederen Nervensystem zu verändern. Dadurch gewännen die natürlichen Kräfte im Körper ihre Fähigkeit zur Selbststeuerung zurück. Es käme zu einem Pendelausschlag in Richtung Gesundheit – dem umgekehrten Vorgang zur negativen Anpassung, die auf längeren Streß erfolge. Luthe betont, daß die Veränderung nie einseitig sei. Geist und Körper verändern sich gemeinsam – unabhängig davon, welche Richtung die Veränderung aufweist.
Elmar Green von der Menninger Foundation geht von einer Gesetzmäßigkeit aus, die er «psychophysisches Prinzip» nennt. In Biofeedback-Kreisen wird es bereits häufig zitiert: «Jede Veränderung des physiologischen Zustandes ist beglei-

tet von einer entsprechenden Veränderung des bewußten oder unbewußten geistig-seelischen Zustandes... Und umgekehrt ist jede Veränderung des bewußten oder unbewußten geistig-seelischen Zustandes begleitet von einer entsprechenden Veränderung des physiologischen Zustandes.» Green vergleicht dieses geschlossene System mit dem Thermostat auf einem Kessel. Wie eine Kraft von außen – etwa die Hand eines Menschen – auf den Kessel einwirken kann, so kann der Körper durch den Willen manipuliert werden. Beim Biofeedback-Training ist der Wille die Metakraft (die äußere Kraft).

Green, Joseph Sargent und E. Dale Walters von der Menninger Foundation berichten von beträchtlichen Erfolgen bei der Behandlung von Migränepatienten. Diesen wird eine einfache Technik beigebracht, mittels derer sie ihren qualvollen Kopfschmerzen vorbeugen können. Wie viele Erkenntnisse in der Wissenschaft zuvor war auch diese Methode eine Zufallsentdeckung. In einer früheren Studie stellten die Versuchsleiter fest, daß sich der Migräneanfall einer Versuchsperson plötzlich besserte, als es ihr gelang, die Temperatur ihrer Hände durch willensmäßige Anstrengung zu steigern – um zehn Grad in zwei Minuten. Da der Migräneanfall mit einer Schwellung der Blutgefäße im Kopf beginnt, ist es sehr gut möglich, daß den Kopfschmerzen vorgebeugt wird, wenn das Blut in die Hände umdirigiert wird. Von den ersten hundert Versuchspersonen, die in dieser Technik unterwiesen wurden, haben neunzig gelernt, ihre Kopfschmerzen ohne Medikamente zu kontrollieren.

Kurioserweise erwies sich die Handwärmtechnik bei Sinus- oder Verspannungskopfschmerzen als kaum oder gar nicht wirksam, obgleich sie doch bei der Abwehr von Migränen überraschend erfolgreich gewesen war. Zur Linderung von Verspannungskopfschmerzen ist es offensichtlich erforderlich, speziell die Stirnmuskulatur zu entspannen; ein weiterer

Hinweis darauf, daß Biofeedback-Techniken hochspezifisch wirken können.
Gelegentlich findet klinisches Biofeedback unerwartete Anwendung. Durch ein Atemmeßgerät lernen Alkoholiker, den Alkoholgehalt ihres Blutes einzuschätzen. Wenn ihre Angabe nicht zutrifft, erhalten sie einen unangenehmen Elektroschock. Es wird berichtet, daß sich ein Trinker, der diese Kunst beherrscht, in einem Zustand sozial akzeptierbaren Angeheitertseins bewegen kann, ohne betrunken zu werden.

Neal Miller vermutet, daß chronische Krankheit möglicherweise das Ergebnis negativen Biofeedback-Lernens sei. Als Beispiel schildert er ein Kind, das sich bei der Vorstellung, in die Schule zu müssen, ohne sich auf eine Klassenarbeit vorbereitet zu haben, so entsetzt, daß es blaß wird. Seine Mutter, alarmiert von seiner Verfärbung, besteht darauf, daß es zu Hause bleibt. Wiederholt sich die Szene oft genug, kann das Kind unbewußt ein kardiovaskuläres Symptom lernen, von dem es sein Leben lang geplagt wird. Eine andere Mutter mag von einem bleichen Gesicht völlig unbeeindruckt bleiben, dafür aber bei Magenbeschwerden sehr mitleidig reagieren. Das so belohnte Kind wird schließlich das Symptom lernen. Überdauernde seelische wie physische Schäden können die Folge sein. Ratten, denen man beigebracht hatte, den Herzschlag zu beschleunigen, verhielten sich so emotional, daß sie im Labyrinth-Test schlecht abschnitten.
Freilich sind diese Erscheinungen nicht wirklich neu, doch bis heute hat es der Wissenschaft an strengen Labortechniken gefehlt, mittels derer sie die beherrschende Rolle des Gehirns bei Gesundheit wie Krankheit hätte deutlich machen können.

Streß und Heilung

«Vielleicht entsteht gerade eine neue und vernünftigere Spielart des Gesundbetens... ein ganz neuer Bereich medizinischer Forschung eröffnet sich durch die Kontrolle des autonomen Systems.»

NIGEL CALDER (The Mind of Man)

Die Wechselwirkung von Gehirn und Körper ist am eingehendsten beim sogenannten Streßsyndrom, der Kampf-Fluchtreaktion, untersucht worden. Diese Reaktion ist ein gefährlicher Anachronismus, ein Erbe aus jener Zeit, da unsere Vorfahren mit wilden Tieren fertig werden mußten, oder andere konkrete Gefahren ihr Überleben in Frage stellten. Wenn die Hirnrinde eine Bedrohung registriert, löst ihr Alarm hektische Vorbereitungen im älteren System des Gehirns aus. Adrenalin wird ausgeschüttet, Magensäfte brodeln, Muskeln spannen sich, das Herz rast.

Unsere Ahnen mußten vor Raubtieren ausreißen oder Feinde niederschlagen. Der Mensch unserer Tage kann weder vor seinen Problemen davonlaufen noch seine Widersacher mit dem Knüppel ausschalten. Wiederholt wird er auf einen Ausbruch von Aktivität vorbereitet, der höchst ungelegen käme, fände er tatsächlich statt.

Hans Selye, der kanadische Forscher, der das Streßsyndrom als erster untersuchte, behauptet, daß «sich kein lebender Organismus ständig in Alarmzustand befinden kann». Die komplizierten Feedback-Mechanismen des Körpers werden schließlich überlastet. Anhaltender Streß führt zu einer Erscheinung, die Selye das allgemeine Adaptationssyndrom nennt. Die Abwehrreaktionen erlahmen, und die kostbare Homöostasis des Menschen, sein physiologisches Gleichgewicht, wird gestört.

Anhaltenden Streß hat man für die meisten Krankheiten des modernen Menschen verantwortlich gemacht: für Herz- und Kreislauferkrankungen, Geschwüre, Asthma, Migräne, Kolitis ulcerosa, Bluthochdruck. Die Kette der für Geisteskrankheit verantwortlichen biochemischen Faktoren kann durch Streß und das allgemeine Adaptationssyndrom ausgelöst werden. An der Columbia-Universität konnten Wissenschaftler die Wirkung von Streß so sauber nachweisen, als hätten sie auf einen Knopf gedrückt. Zwei Stunden, nachdem sie Hunden und Katzen sehr cholesterinhaltige Nahrung verabreicht hatten, reizten sie auf elektrischem Wege zwei Hirnregionen, die gewöhnlich auf Streß reagieren. Während der Reizung, die höchstens vier Minuten dauerte, trübte sich klares Plasma durch die Zunahme von Lipoiden (fettähnlichen Substanzen) milchig ein.

Welche Rolle psychischer Streß für Krankheiten spielt, zeigt sich in einer unlängst durchgeführten Studie an Fluglotsen. Von 111 Lotsen litten 66 an Magen-Darm-Erkrankungen. 36 hatten Geschwüre im Magen-Darm-Trakt. Ihr schlechter Gesundheitszustand wurde auf einen einzigen Faktor zurückgeführt: die Angst, eine Kollision im Luftraum zu verursachen.

Der Krankheitsursprung erscheint wie die optische Täuschung der Treppe, die man von oben oder unten sehen kann. Keine Sichtweise ist gültiger als die andere. Beim Menschen kann der Geist den Körper alarmieren, bis der den Zuckergehalt des Körpers regulierende Stoffwechselmechanismus ausfällt oder Funktionsstörungen zeigt. Das unterernährte Gehirn verfällt daraufhin in Depression, Verwirrung und gelegentlich sogar in Geisteskrankheit. Umgekehrt kann die Bauchspeicheldrüse durch Schwangerschaft oder einen Autounfall in Mitleidenschaft gezogen werden. In diesem Falle sind die psychologischen Auswirkungen sekundär.

Im allgemeinen Sprachgebrauch hat der Ausdruck «psychosomatisch» die Bedeutung von «eingebildet» angenommen, doch sogenannte psychosomatische Erkrankungen können verheerend, ja sogar tödlich sein. Was das Gehirn erlebt, ist wirklich in der einzig sinnvollen Bedeutung des Wortes. An der Harvard Medical School hat Gary Schwartz nachgewiesen, daß Versuchspersonen Herzreaktionen und andere Veränderungen des autonomen Systems durch selbst-induzierte Gedanken verändern können.

Psychosomatische Gesundheit ist zum erklärten Interessengebiet vieler Wissenschaftler unserer Tage geworden. Sie stellen die Frage, welchem Umstand ein Mensch seine Gesundheit zu verdanken habe. René Dubos hat das folgendermaßen ausgedrückt: «Wenn wir uns ausschließlich auf Abwehrmaßnahmen verlassen, werden wir uns mehr und mehr wie gejagte Geschöpfe verhalten und von einem therapeutischen oder schützenden Apparat zum nächsten hetzen, wobei jeder komplizierter und kostspieliger sein wird als der vorige.»

Zu den unorthodoxen, aber wirksamen Methoden, die Gesundheit zu bewahren oder wiederherzustellen, gehört Strukturale Integration, besser bekannt als *Rolfing.* Ida Rolf will mit ihrem Verfahren die Muskelgruppen trennen, die durch jahrelangen, regelmäßigen Streß miteinander verbunden wurden: durch Verletzung, Angst, Verspannung. Hören wir, wie der Psychologe Sam Keen seine Erfahrung mit *Rolfing* beschreibt: «Meine Brust ließ keine Berührung zu. Jedesmal wenn eine Hand sich ihr näherte, verfiel ich in Panik und verspürte Schmerzen. Die seelisch-geistigen Abwehrmechanismen in diesem Bereich wurden mit Hilfe von Erinnerung und Massage abgebaut. In der siebenten Behandlungsstunde setzte der Druck auf einen Muskel in meiner Schulter die Erinnerung an einen Kindheitskonflikt mit einem Menschen frei, den ich sehr geliebt hatte – eine Erinnerung, die in meiner Brust eingekapselt war. Ich weinte. Die Freisetzung der Erinnerung und der Kummer, den sie verursachte, linderten die Panik und Spannung, die mich daran gehindert hatten, Berührungen der Brust zu ertragen. Am Ende dieser Stunde war ich zum erstenmal fähig, meine Lungen mit einem ruhigen, unbeeinträchtigten Atemzug zu füllen. Seit ich davon befreit bin, empfinde ich eine ganz neue Art von Aufgeschlossenheit, Leichtigkeit und Entfaltungsdrang... Ich stelle fest, daß ich mich für Meinungen, Menschen und Ereignisse erwärme, die mich noch vor kurzem kaltgelassen hätten. Etwas Neues geschieht, und mein Verstand muß sich erst daran gewöhnen.»

Wieder das Doppelgespann: eine tiefgreifende Veränderung im Körper und gleichzeitig eine psychische Erlösung. Es scheint keine Rolle zu spielen, ob der Körper die ersten Heilanstöße erhält oder ob das Gehirn – wie in den veränderten Bewußtseinszuständen – diese erste Einwirkung erfährt.

Ida Rolf hat ihre Technik in den zwanziger Jahren entwickelt und behauptet, ihr Verfahren führe zu einem Wiedererwachen. Im wesentlichen besagt ihre Theorie, daß sich die Körperhaltung des Menschen im Laufe der Jahre verkrümmt. Wenn er sich beispielsweise als Kind einen Knöchel bricht, so muß sich der Körper zeitweilig umstellen, um den Gesetzen der Schwerkraft zu genügen und das verletzte Gelenk zu schonen. Die Lösung kann zur Dauereinrichtung werden. Ein anderer Mensch mag sich in der Kindheit aus Angst oder Unsicherheit eine ängstliche und schutzsuchende Körperhaltung angewöhnt haben. Auch sie kann ein Teil von ihm werden. Die Muskelgruppen, die eigentlich selbständig sein sollten, werden durch kurze, unelastische Bindegewebsteile, die Faszien, verbunden. *Rolfing*, eine zugegebenermaßen schmerzhafte Prozedur, soll durch systematisches Einwirken auf das Bindegewebe die Muskeln befreien.

Eine Studie an der Universität von Kalifornien nahm vor und nach den zehn grundlegenden *Rolfing*-Sitzungen Messungen an 14 Versuchspersonen vor. Telemetrische Geräte empfingen Signale von Schultern, Hals, Rücken und Hüften der Versuchspersonen. Nach dem *Rolfing* gingen, saßen und warfen sie mit geringerem Energieaufwand. Man schloß daraus, daß die Nervenkontrolle von der Hirnrinde auf das Rückenmark abgegeben worden sei. Das bedeutet die Umkehrung einiger motorischer Vorgänge, die Altersprozesse begleiten. Dann wird nämlich die Kontrolle über viele Aktivitäten vom Rückenmark an die Hirnrinde überstellt. Auch die Hirnwellenmuster der Versuchspersonen veränderten sich. Nach Auskunft der Forscher ließen die gemessenen Werte darauf schließen, daß *Rolfing* «eine spontanere, aufgeschlossenere, rhythmischere Reaktion auf die Umwelt und die eigenen... Empfindungen hervorruft».

Rolfing, Alexander-Technik, Tanztherapie, Bioenergetik, Hara und andere somatische Verfahren sind von Wilhelm Reichs Orgontherapie vorweggenommen worden; und vor Reich sahen viele indische, chinesische und japanische Methoden eine ähnliche Heilung von Körper und Seele vor.

Immer mehr Anhaltspunkte lassen darauf schließen, daß selbst Krebs mit emotionalem Streß verknüpft ist. Klaus Bahnson, Direktor des Fachbereichs Verhaltenswissenschaften am Eastern Pennsylvania Psychiatric Institute in Philadelphia, berichtet, daß Krebspatienten übereinstimmend gewisse Merkmale aufzuweisen scheinen, die sich in so auffälliger Ausprägung nicht bei Menschen beobachten lassen, die an Herz- oder anderen Krankheiten leiden.

Der krebsanfällige Typus neigt in auffälligem Maße dazu – so sagt Bahnson –, seine Emotionen in sich hineinzufressen. Und das scheint zu dem zu passen, was man über die Streßhormo-

ne des Körpers herausgefunden hat. Menschen, die ihre Emotionen nicht offen zum Ausdruck bringen, neigen dazu, diese Hormone aufzubauen. Dieser Vorgang wiederum führt zur Unterdrückung des Immunitätssystems des Körpers.
Es gibt zwei Anhaltspunkte dafür, daß ein Teil des Hypothalamus an Immunreaktionen des Körpers beteiligt ist. Elena Kornevac aus der UdSSR hat berichtet, daß durch Reizung dieser Region, die Fähigkeit von Tieren, Antikörper zu bilden, gesteigert werden konnte. Und zwei amerikanische Forscher, Joseph Meites von der Michigan State University und James Clemens vom National Institute of Health, konnten die Häufigkeit von Brustkrebs bei Ratten verringern, indem sie einen winzigen Abschnitt des Hypothalamus entfernten. Sie vermuten, daß ein Hormonfaktor im Hypothalamus entscheidend am Tumorwachstum beteiligt ist. Die Wissenschaft meint, daß jeder wahrscheinlich ein- oder zweimal in seinem Leben Krebs hat. Zur klinischen Krankheit kommt es nur, wenn es dem Immunsystem nicht gelingt, den Tumor frühzeitig zu zerstören. Nehmen wir an, Krebspatienten könnten lernen, ihr Immunsystem bewußt zu aktivieren. Wenn das zentrale Nervensystem die bioelektrischen Voraussetzungen besitzt, um den Gesundungsprozeß zu steuern, läßt sich dann diese Fähigkeit bewußt manipulieren?
Im Laufe der Jahrhunderte ist oft behauptet worden, daß Tumore sich unter dem Einfluß von Hypnose oder sogenanntem Gesundbeten zurückgebildet hätten. Meßmer und andere Hypnotiseure der Vergangenheit haben immer wieder für sich in Anspruch genommen, bösartige Erkrankungen geheilt zu haben.
Carl Simonton, heute Leiter des immunologischen Labors des Luftstützpunktes Travis in Kalifornien und Mitglied des Vorstandes und Exekutivkomitees der amerikanischen Krebsgesellschaft, hat vor Jahren die Persönlichkeitsmerkma-

le der «wundersamen» zwei bis fünf Prozent aller Krebspatienten untersucht, die Spontanheilungen erlebten. Er hat sie sowie ihre Ärzte und Verwandten interviewt. Er hat auch die Ärzte und Familienangehörigen von Krebspatienten interviewt, die an der Krankheit zugrunde gingen. Die Fallgeschichten, die er zusammentrug, ließen ein klares Muster erkennen. Die spontangeheilten Patienten waren optimistische, positive Menschen. Jahre später, als Simonton mit verschiedenen Formen des Biofeedback-Trainings experimentierte, erinnerte er sich an seine Krebsstudie. Angenommen, Krebspatienten könnten lernen, ihr Immunsystem bewußt zu aktivieren?

Simonton und seine Mitarbeiter kombinierten bei der Nachbehandlung von fünfzig Krebspatienten traditionelle therapeutische Mittel, wie Medikamente und Bestrahlung, mit Suggestion und visueller Vorstellung. Den Patienten wurde in einfachen Worten mitgeteilt, wie der Immunmechanismus des Körpers arbeitet. Man forderte sie auf, sich vorzustellen, wie die weißen Zellen tote Krebszellen abtransportieren. Diese Vorstellungsprozedur wurde dreimal am Tage durchgeführt. Währenddessen stuften die Wissenschaftler die Kooperationsbereitschaft der Patienten auf einer Skala mit fünf Punkten ein.

Die fünfzig Patienten sprachen auf die Behandlung – gemessen an der Rückbildung ihrer Tumore – merklich besser an, als bei traditioneller Behandlung allein zu erwarten gewesen wäre. Von den zwölf Patienten, deren Tumorrückbildung als ausgezeichnet beurteilt wurde, hatte man bei acht die Chancen erfolgreicher Behandlung schlechter als fünfzig zu fünfzig eingeschätzt. Die visuelle Vorstellung schien nicht nur wirksam zu sein, sondern erzielte auch bei den Patienten die besten Resultate, deren Motivation von den Wissenschaftlern am höchsten eingestuft worden war.

Howard Smith, ein Arzt aus New Jersey, hat berichtet, daß

hypnotische Suggestion offensichtlich zur Rückbildung von Tumoren bei seinen Patienten beigetragen hat. Natürlich sind Wissenschaftler immer bemüht, in der Öffentlichkeit keine falschen Hoffnungen zu wecken, doch haben Smith und Simenton sich in der Absicht zu Wort gemeldet, ihre Kollegen zu eigenen Forschungsarbeiten anzuregen.

Clarence Cone, der Leiter des Labors für Molekularbiophysik am Langley Research Center der NASA, machte im Jahre 1970 Schlagzeilen, als er nachwies, daß die Zellteilung der exakten Kontrolle durch die elektrische Spannung auf der Oberflächenhaut der Zelle unterliegt. Wird die Aktivität der DNS gehemmt, unterbindet die hohe negative Spannung normaler Zellen die Teilung. Krebszellen besitzen eine anormal niedrige negative Spannung. Es hat den Anschein, als wucherten bösartige Zellen, weil sie ständig depolarisiert werden. Cone hat bereits herausgefunden, daß selbst Gehirnzellen, die sich normalerweise nicht regenerieren, im Laboratorium dazu gebracht werden können, sich zu teilen, wenn sie lange genug in einem depolarisierten Zustand gehalten werden. Ob nun diese Oberflächenveränderungen durch ein Reizmittel oder den Krebsvirus hervorgerufen worden sind – in jedem Falle wird nach Cones Theorie jetzt das herabgesetzte Energieniveau der Zellen rückgemeldet und so die dafür verantwortlichen Stoffwechselvorgänge beibehalten.

Nach eigenen Angaben können sowjetische Forscher mittels einer hochentwickelten Spielart der Kirlian-Fotografie Krebs entdecken. Sie beobachten Veränderungen im sogenannten Bioplasma, lange bevor die Krankheit für herkömmliche diagnostische Methoden erkennbar wird.

In einem Stück von Molière gesundet ein Patient dank einer unorthodoxen Behandlungsmethode. Sein Arzt schilt daraufhin: «Mein Herr, es wäre besser, nach den Regeln der Wissenschaft zu sterben, als gegen die Lehren der medizinischen Fakultät zu leben.»

1970 hat eine Gruppe bekannter amerikanischer Ärzte und Wissenschaftler die Academy of Parapsychology and Medicine in der Hoffnung gegründet, ihre Kollegen dazu veranlassen zu können, sich mit unorthodoxen medizinischen Methoden und der Rolle der Seele bei Heilprozessen zu befassen. Die Akademie hat ihren Sitz in Los Altos, Kalifornien, und hat zahlreiche Seminare, Arbeitstagungen und Symposien über Themen wie Akkupunktur, Biofeedback-Training und psychisches Heilen veanstaltet. Jede Veranstaltung zog riesige Mengen von Teilnehmern an. Ein Akkupunktur-Symposium an der Stanford-Universität, das dem Jahreskongreß der American Medical Association unmittelbar voranging, lockte so viele Ärzte an, daß man, um der Menge Herr zu werden, einen neuen Termin ansetzen mußte.

Vielleicht wird sich in der Arbeit der Academy of Parapsychology and Medicine die Hoffnung von Thomas Hanna erfüllen, der meinte, es müßten Menschen mit weit größerem Wissen kommen, um – auch unter Hinzunahme unorthodoxer Verfahren – Behandlungsmethoden für den ganzen Menschen zu entwickeln.

Innere Schmerzkontrolle

«Die heftigsten Schmerzen sind von kürzester Dauer.»
WILLIAM CULLEN BRYANT (Mutation)

Ein Werkzeugmacher verletzte sich eines Nachmittags die Hand. Nach Untersuchung der verletzten Finger schickte ihn der Betriebsarzt nach Hause. In den frühen Abendstunden begann der Verletzte zu stöhnen. Seine Frau schlug ihm halb im Scherz vor, er solle es doch mit der alten Zen-Technik versuchen, von der sie gerade gelesen habe. Unwillig murmelte er, es sei nicht der geeignete Zeitpunkt für Scherze. Aspirin vermochte nichts gegen den quälenden Schmerz zu verrichten, und um acht Uhr schrie er fast. Verzweifelt sagte er: «Was war das mit diesem Zen-Zeugs..., ich versuch' alles!» Sie erklärte ihm, man habe den jungen Mönchen auseinandergesetzt, daß sie, statt sich zu kratzen, die Worte sprechen müßten: «Jucken, Jucken». Wenn sie Schmerz empfänden, müßten sie sich ihm rückhaltlos öffnen, sich ganz in ihn versenken und singen: «Schmerzen, Schmerzen». Der schmerzgepeinigte Mann stürzte sich verzweifelt auf diese Technik. Später sagte er: «Ich sprach mit den verdammten Fingern, als wären sie verzogene Gören. Ich bewunderte den Schmerz. Ich schenkte ihm meine ganze Aufmerksamkeit. Und dann plötzlich, einfach so, war er verschwunden. Es war, als hätte man einen Schalter ausgeknipst.»*

* Der Leser kann die «Schmerzen-Schmerzen»-Technik an sich selbst ausprobieren. Wenn der Schmerz in Ihr Bewußtsein tritt, schließen Sie die

Der Autor Peter Mezan verbrachte mit dem Psychiater R. D. Laing ziemlich viel Zeit, als er einen Artikel über ihn schrieb. Eines Abends besuchte Mezan einen Meditationskreis im Hause Laings. Mezan schreibt: «Da ist ein schrecklich schmerzhaftes Hühnerauge, das mich einfach nicht in Ruhe lassen will. Es macht mich rasend. Die nächsten zehn Minuten widme ich mich ganz dem Hühnerauge. Ich schenke ihm meine ungeteilte Aufmerksamkeit... Anfangs scheint der Schmerz um so heftiger zu werden, je mehr ich mich auf ihn konzentriere, bis ich praktisch allein und seine hilflose Beute bin; dann, nach einer Weile, hört er auf, Schmerz im eigentlichen Sinne zu sein..., und dann scheint er plötzlich ganz und gar vorbei zu sein.»

Von einem ähnlichen Vorfall berichtet John E. Coleman, ein ehemaliger CIA-Agent, in seinem Tagebuch *The Quiet Mind.* In einem asiatischen Kloster verspürte er körperlichen Schmerz: «Wie Feuer war er, brennend und versengend. Plötzlich blitzte etwas wie ein Lichtstrahl auf, und als die Suche (nach Erleichterung) aufhörte, verspürte ich Erleichterung.»

Eine Erklärung dafür, daß der Schmerz plötzlich aufhört, nachdem er fast unerträglich geworden ist, könnte die kürzlich entwickelte Torkontroll-Theorie des Schmerzes liefern. Zugegebenermaßen spekulativ, wurde sie von Ronald Melzack und Patrick Wall entwickelt, um bestimmte Paradoxa zu erklären, welche die Wissenschaft ratlos ließen. Der einfachste der früheren Ansätze war die sogenannte Theorie der besonderen Wirksamkeit, in der man einfache Bahnen vom Rezeptor zum Gehirn annahm: Ein Streichholz verbrennt die Haut; die Hautrezeptoren schicken die Nachricht wie

Augen, und versuchen Sie ihn bewußt zu steigern. Öffnen Sie sich ihm rückhaltlos, und stellen Sie sich vor, Sie zögen ihn bis zum Gehirn empor. Ertragen Sie diesen gesteigerten Zustand eine halbe Minute lang. Wenn Sie aufhören, ist der Schmerz unter Umständen schon fort.

über eine Telefonleitung zum Gehirn; das Gehirn registriert Schmerz.

Doch die Theorie der besonderen Wirkung konnte so bizarre Erscheinungen wie Schmerzen in nicht mehr vorhandenen Gliedern nicht erklären. Schätzungsweise 30 Prozent aller Amputierten berichten von Schmerzen in den amputierten Gliedmaßen. 10 Prozent haben viele Jahre Beträchtliches auszustehen. Ihre Berichte sind sich zu ähnlich, als daß man sie als bloße Halluzinationen abtun kann. Fast alle Amputierten berichten, daß sie das Glied noch nach der Amputation spürten. Nach ihrer Schilderung spüren sie seine Empfindungen und seine Bewegungen wie die einer normalen Gliedmaße. Sie können sogar – so berichtet Melzack – eine fehlende Faust ballen oder versuchen, einen fehlenden Finger zu kratzen: «Im Laufe der Zeit beginnt die Gliedmaße jedoch ihre Form zu verändern. Das Bein oder der Arm wird kürzer und kann sogar völlig zusammenschrumpfen, so daß der Phantomfuß oder die Phantomhand in der Luft zu hängen scheint... Trägt der Patient jedoch eine künstliche Gliedmaße, so bleibt das Phantom lebhafter im Bewußtsein und kann vollkommen mit den Bewegungen und der Form der Prothese übereinstimmen.»

Am erstaunlichsten ist jedoch, daß eine Unterbrechung der Nervenbahn zwischen Stumpf und Gehirn den Schmerz keineswegs lindert. *Häufig wird er dadurch sogar verschlimmert.* Auch können andere Bereiche der Anatomie, die als Auslösezonen bezeichnet werden, in Mitleidenschaft gezogen werden, so daß ein Schlag gegen den rechten Ellenbogen des Amputierten Schmerz in seinem linken Phantombein hervorruft. Bei der Kausalgie, einer ähnlich geheimnisvollen Krankheit, wird eine Region, die einst eine Verletzung erlitten hat, zunehmend schmerzempfindlich, bis selbst die Berührung einer Feder oder ein leichter Lufthauch dem Erkrankten Schmerzensschreie entlockt.

Und noch eine weitere verwirrende Frage: Was hat es mit der psychischen Schmerzunempfindlichkeit auf sich? Wie kommt es zum Beispiel, daß ein schwerverwundeter Soldat nach der Schlacht so erfreut ist, noch am Leben zu sein, daß ihm seine Verletzung überhaupt keine Schmerzen bereitet, er jedoch schreit, wenn er eine Morphiuminjektion erhält? Und selbst wenn sich die Schlachtbetäubung als eine Spielart der Selbsthypnose forterklären läßt – was natürlich noch gar nichts erklärt –, so können Melzack und Wall immer noch auf Pawlows konditionierte Hunde verweisen. Wenn diese Hunde Schocks, Brandwunden oder Schnittwunden erhielten, während man ihnen in unmittelbarer zeitlicher Nähe Nahrung darbot, zeigte ihre Reaktion auf diese Reize bald, daß sie sie nicht mehr als schmerzhaft empfanden.
Manche Schmerztheoretiker meinen, daß das Muster der Schlüssel sei. Die pathologischen Schmerzzustände seien auf die Zerstörung eines Systems zurückzuführen, das im Normalfall eine gehäufte Aktivierung der Nervenzellen verhindere, das heißt, eine zufällige Entladung der Zellen führe – im Gegensatz zu ihrer gleichzeitigen Aktivierung – nicht zu einer Schmerzempfindung. Melzack und Wall allerdings meinen nicht, daß die Muster-Theorie zu einer befriedigenden Erklärung führe. Ihre Theorie vom Tormechanismus berücksichtigt die ganze erstaunliche Komplexität einer Wahrnehmungform – des Schmerzes –, die wir uns als relativ einfach vorstellen.
Die Nerven in einer Gliedmaße enthalten Fasern, die zum Rückenmark führen und dort bestimmte Zellbündel aktivieren. Die größeren Fasern leiten die Impulse rascher weiter. Die kleineren Fasern langsamer. Nach der Amputation einer Gliedmaße stirbt etwa die Hälfte der durchtrennten Nervenfasern im Stumpf ab. Unglücklicherweise regenerieren sich in der Regel die kleinen, langsam leitenden Fasern. Sie reagieren auf Reizung – etwa einen Schlag gegen den Stumpf –, indem

sie synchrone «Salven» abfeuern, statt jenes verteilte Aktivierungsmuster zu erzeugen, das Nervenzellen mit unterschiedlicher Fasergröße eigentümlich ist. So entsteht etwas, was eher einem rhythmischen Trommeln als einem vollen, vielschichtigen Orchesterton ähnelt.

Vor einiger Zeit haben Melzack und seine Mitarbeiter die elektrische Aktivität im sensorischen System des Gehirns einer Katze gemessen, die sanft gestreichelt wurde. Strich man ihr zehn bis fünfzehn Sekunden lang über das Fell, so wurden flüchtige Veränderungen hervorgerufen. Bei betäubten Katzen führte dasselbe kurze Streicheln jedoch zu Gehirnveränderungen, die bis zu einer halben Stunde dauerten. Daraus schlossen die Wissenschaftler, daß selbst leichte Betäubung den natürlichen Mechanismus stören kann, der Gehirnaktivität gewöhnlich beendet, sobald der Reiz nicht mehr wirkt. Sie nahmen an, daß die überdauernde Aktivität auf eine Anordnung der Nervenfasern zurückzuführen ist, welche ein anderer Schmerztheoretiker, W. K. Livinston, als «Echokreis» (reverbatory circuit) bezeichnet.

Da Schmerzhemmung von der Inputmenge abhängt, sind die kurzen, langsamen Fasern, die im Stumpf des Amputierten überleben, unter Umständen nicht in der Lage, das Tor zu schließen – das heißt, die Hemmung auf den verschiedenen Ebenen des Rückenmarks und Gehirns auszulösen. So dauern die «Aktivitätssalven» unbeeinträchtigt fort. Es ist nur eine Frage der Zeit, bis die Nervenzellen (Neuronen) des Stumpfes wie eine Guerillabande andere Neuronenpopulationen in angrenzenden Bereichen des Nervensystems anwerben.

Sobald solche Aktivitätsmuster im Gehirn hergestellt sind, hilft auch keine Unterbrechung der Nervenbahnen im Rückenmark mehr. Das Gehirn schafft sich eigene Bilder von den Körperteilen. Das Schmerzmuster eines Phantomgliedes läßt sich mit dem sogenannten epileptischen Spiegelherd vergleichen. Beschädigte Zellen in einer Hirnhemisphäre schaffen auf ungeklärte Weise ein Spiegelbild des epileptischen Musters in der anderen Hemisphäre. Selbst wenn die ursprünglich beschädigte Region chirurgisch entfernt wird, kann der Spiegelherd noch viele Monate lang Anfälle verursachen.

Einige der Zellen im Thalamus und in der Rinde des Gehirns empfangen Informationen aus eher ausgedehnten sensorischen Bereichen, die nach Melzack manchmal die Hälfte der Körperoberfläche oder mehr umfassen können. Er vermutet, daß Reize von fernliegenden Hautregionen zu andauernder Aktivität im Gehirn führen können. Aus solcher Aktivität wird dann der Schmerz im Phantomglied. Dies könnte erklären, wie sich Auslösezonen so weit vom Stumpf entfernt entwickeln.

Wenn die Torkontroll-Theorie des Schmerzes zutrifft, müßte man den Schmerz in Phantomgliedern durch Intensivierung hemmen können. Melzack injizierte Salzlösungen an der Basis des Rückenmarkes von Amputierten und rief so einen scharfen, lokalisierten Schmerz hervor, «der in das Phantomglied ausstrahlt. Er dauert etwa zehn Minuten an, kann jedoch für Stunden, Wochen, manchmal für unbegrenzte Zeit große Erleichterung bringen.» Andererseits kann auch eine Einschränkung des sensorischen Inputs helfen. In diesem Falle werden die Echokreise zum Erliegen gebracht. Dazu muß der Amputierte eine Zeitlang auf den Gebrauch des Stumpfes verzichten.

Die Theorie geht davon aus, daß das Tor an verschiedenen Stellen des zentralen Nervensystems geschlossen werden kann. Auch meinen ihre Vertreter, daß psychische Faktoren wie Erfahrung, Aufmerksamkeit und Emotion den Schmerz beeinflussen – indem sie nämlich auf das Torkontrollsystem einwirken. Schließlich meint man, daß auch das Gehirn die Ebene verändern kann, auf der die Tore den Schmerz hemmen. Interessanterweise legt sich der Schmerz oft, wenn der

Leidende den Kampf aufgibt, wenn er resigniert. Es hat den Anschein, als perpetuiere der Widerstand selbst den Schmerz, möglicherweise indem er die Aktivität der längeren Nervenfasern hemmt. Die Resignation ermöglicht ihnen vielleicht, in das Geschehen einzugreifen und das Tor im höheren Nervensystem zu schließen.

Das Tor-Modell erklärt verschiedene Schmerzmechanismen, doch das Wesen des Schmerzes selbst bleibt ein Geheimnis. Wie eine Explosion lautlos bliebe, ohne ein Gehirn, das die Schallwellen interpretiert, existiert Schmerz nicht für sich, sondern nur als eine Übersetzung, die das Gehirn von der elektrochemischen Aktivität des Nervensystems liefert. Die Signalanalyse des Gehirns wird durch den Modus operandi einer Reihe von schmerztötenden Verfahren gestört – unter anderen durch elektrische Betäubung, LSD für unheilbar Krebskranke, Hirnwellenkonditionierung, chirurgische Entfernung des Ammonshorns im Gehirn, die Implantation von Elektroden, welche die Schmerzsignale verwandeln oder die Hirnmechanismen schocken. Außerdem gibt es Techniken wie die Lamaze-Methode, bei der die Hirnrinde darin unterwiesen wird, solche Signale nicht mehr als Schmerz zu interpretieren.

Obgleich die Zahl klinischer Experimente mit LSD jäh zurückging, nachdem bekannt wurde, daß es Chromosomenschäden hervorruft, wird diese äußerst wirksame psychedelische Droge nach wie vor bei Krebs in unheilbarem Stadium eingesetzt. Sie wird solchen Patienten einerseits verabreicht, weil sie bestimmte psychische Effekte hervorruft, andererseits, weil sie die Schmerztoleranz zu steigern scheint. Untersuchungen zur Wirkungsweise von LSD auf unheilbare Krebspatienten wurden durchgeführt von Eric Kast am Cook-County-Krankenhaus in Chicago und von Walter Pahnke am Sinai-Krankenhaus in Baltimore. Kast sagt: «Gewiß erleidet der Patient im letzten Stadium ‹Schmerz›, etwa durch Knochenmetastasen, aber er ist auch deprimiert, angeekelt, verstört, aufgeschwollen, feucht und angstvoll. Er hat das Bedürfnis, seine Glieder zu bewegen und seinem ganzen Körper zu entkommen... LSD ist in der Lage, den Patienten mit seinem verstümmelten Körpervorstellungsbild zu versöhnen... Diese Versöhnung war von einem solchen Maß an Erleichterung und Freude begleitet, daß beschlossen wurde, den Rahmen der Untersuchung auszuweiten.»

Eine Patientin der Baltimore-Studie litt an inoperablem Krebs der Bauchspeicheldrüse. Es hieß, sie habe «mehr einem wimmernden Tier als einem menschlichen Wesen» geglichen. Narkotika verschafften ihren Schmerzen keine Erleichterung mehr. Ihr Leiden verstörte die Familie derart, daß ihr Mann Pahnke eines Tages direkt fragte, ob Sterbehilfe in diesem Falle nicht die menschlichste Lösung wäre. Einige Tage nach einem euphorischen Erlebnis unter LSD fragte die Patientin, ob ihre Krankheit unheilbar sei, und nahm die Antwort ruhig hin. Sie wurde nach Hause entlassen. Während der Monate vor ihrem Tode ließen sich ihre Schmerzen mit Hilfe von Narkotika unter Kontrolle halten.

Im Unterschied zu anderen narkotischen Drogen wirkt LSD nicht betäubend. Pahnke vergleicht die Wirkung dieses Narkotikums mit dem erweiterten Bewußtsein, das gelegentlich das Ergebnis eines psychedelischen Erlebnisses ist. LSD kann den Kranken ermöglichen, ihre letzten Tage in wacher Verfassung statt in tiefem Dämmerzustand zu verbringen.

Fernand Lamaze, ein französischer Arzt, hat eine Technik entwickelt, die manchmal mit Grantly Dick Reads sogenannter schmerzlosen Geburt verwechselt wird. Psychoprophylaxe, wie Lamazes System heißt, wirkt nachdrücklicher als Reads Methode auf Ereignisse im Gehirn ein. Read ging es im wesentlichen um die Beseitigung von Furcht. Lamaze meinte, daß die von einem kontraktierenden Uterus im Gehirn eintreffenden Signale fast unvermeidlich als Schmerz gedeutet werden müßten, wenn das Gehirn der Patientin nicht eine «Lehrzeit» absolviert hätte, die vor allem darin besteht, den Uteruskontraktionen den Status bloßer Signale zuzuweisen.

Pierre Vellay, gleichfalls Arzt und Befürworter des Lamaze-Verfahrens, erklärt, daß, wenn die Frau sich mit einer passiven Rolle begnüge, «das Feld ihrer zerebralen Aktivität für jede Art unlogischer Handlungen offensteht, was einfach zu Schmerz führen muß». Eine Frau, die in den Wehen liegt, muß sich völlig in eine intensive, sie ganz in Anspruch nehmende Tätigkeit versenken. Bei der Lamaze-Methode ist das Hyperventilation und willensmäßige Muskelkontraktion.

Schmerz kann ausgeschaltet werden. Dies besagt zumindest eine Theorie von Forschern an den Universitäten von Oxford und Sheffield, die sich ausgerechnet mit der Empfindung des Gekitzeltwerdens befassen. Sie vermuten, daß man sich nicht selbst kitzeln kann, weil man weiß, wo der Kitzelreiz auftreten wird, und das Gehirn deshalb die Wirkung aufhebt. Theoretisch könnte ein ähnlicher Mechanismus bei Schmerzkontrolle wirksam werden.

An der Harvard-Universität haben der Neurologe Vernon Mark und der Neurochirurg Frank Eryin untersucht, welche Möglichkeiten elektrische Schmerzkontrolle bietet. Sie implantierten Elektroden im Gehirn von Krebspatienten. Die Elektroden wurden an ein tragbares Gerät angeschlossen, das die Patienten in der Tasche mit sich führen konnten. Durch Knopfdruck konnten sie elektrischen Strom direkt ins Gehirn schicken. Bei den meisten Patienten brachte der Strom den Schmerz für mehrere Stunden unter Kontrolle, so daß sie kein Morphium mehr brauchten.

Ärzte am Medical Center der Duke-Universität haben unter der Haut über dem Rückgrat Platinelektroden und einen Funkempfänger implantiert. Die meisten der betreffenden

Patienten litten an Rückgratverletzungen, hatten sich mehrfach Operationen der Zwischenwirbelscheiben unterzogen, verspürten heftige Rückenschmerzen anderer Art oder waren an Krebs erkrankt. Bei der ersten Schmerzwelle setzten sie eine Antenne auf das implantierte Empfangsgerät. Das Funksignal eines batteriegespeisten Sendegerätes aktivierte den Empfänger, und die Funksignale störten die Schmerzbotschaften. Statt Schmerz verspürte der Patient Kitzeln.

Robert Heath hat unheilbaren Krebspatienten dadurch Erleichterung verschafft, daß er ihnen bis zu 125 Elektroden ins Gehirn implantierte. Einige dieser Elektroden brachte Heath im sogenannten Lustzentrum des Gehirns, dem Septum pellucidum, unter. Tatsächlich gibt es viele Lustzentren im Gehirn. Auch gibt es mehr als ein einziges Schmerzzentrum. Ronald Melzack sagt dazu: «Das Konzept ist reine Fiktion, es sei denn, man betrachtet das ganze Gehirn als ‹Schmerzzentrum›. Denn beteiligt sind Thalamus, limbisches System, Hypothalamus, die Formatio reticularis des Hirnstamms, der Scheitel- und der Stirnlappen.» Einige Chirurgen haben es mit der Entfernung des Hippokampus versucht, da er für die Schmerzinterpretation eine wichtige Rolle zu spielen scheint. Doch ist das selbst im Falle unheilbarer Krankheit ein ziemlich drastischer Eingriff, weil von dieser Struktur auch das Gedächtnis abhängt.

Gegenwärtig verspricht die Akupunkturbetäubung die größte Hoffnung. Niemand kann mit Gewißheit sagen, wie sie funktioniert. Sie ist eine Spielart der traditionellen Akupunktur, bei der an verschiedenen Hautpunkten, welche die traditionelle chinesische Medizin herausgefunden hat, Nadeln in verschiedener Tiefe angebracht werden. Man vermutet, daß diese Punkte bestimmten Energiemeridianen folgen, von denen der Körper überzogen ist. In China wird Akupunktur seit mindestens 2300 Jahren angewendet, in Japan seit 300 Jahren und in Europa seit einem halben Jahrhundert.

Doch erst in den sechziger Jahren begannen chinesische Ärzte, Akupunktur als Narkosemittel einzusetzen. Aus unbekannten Gründen wird durch das Einstechen einer Nadel an einem bestimmten Punkt in weit entfernten Körperregionen eine mehrere Stunden anhaltende Betäubung hervorgerufen. Die Empfindung wird beschrieben als «Erstarrung, Schwellung, Schwere und Hitze». Möglicherweise verändert Akupunktur die Qualität der Schmerzreize, welche im Gehirn eintreffen. Wissenschaftler von der Medizinischen Hochschule Peking haben berichtet, daß Akupunktur die Induktionsspannung des Gehirns verringere. Die beteiligten Bahnen stehen im Widerspruch zur herkömmlichen anatomischen Theorie, decken sie sich doch nicht immer mit dem Netzwerk des Nervensystems. Eine Nadel, die an einer bestimmten Stelle des Ohres eingestochen wird, verändert den elektrischen Widerstand über dem Unterleib.
Anfangs neigten westliche Wissenschaftler dazu, die Berichte über Akupunktur entweder als Schwindel oder Hypnose abzutun. Die zweite Vermutung amüsierte die Chinesen in besonderem Maße, können sie doch darauf hinweisen, daß Akupunkturbetäubung häufige Verwendung in der Veterinärmedizin findet. Das medizinische Establishment in Amerika, das nicht gerade den Ruf genießt, für Neuerungen aufgeschlossen zu sein, anerkannte die bedeutenden Möglichkeiten, die die Akupunktur bietet, mit überraschender Eile. Vielleicht lag es daran, daß unter den ersten begeisterten Beobachtern in den Jahren 1971 und 1972 zahlreiche bekannte Ärzte waren. Paul Dudley White, der bedeutende Herzspezialist, war von dieser Möglichkeit, Schmerz zu lindern, so beeindruckt, daß er die Behandlung von Herzkrankheiten aufgab und sich fortan mit der Untersuchung chronischen Schmerzes und seiner Linderung beschäftigte. Walter Tkach, Arzt des Weißen Hauses, schildert die chinesische Technik «als unseren Anästhesiemethoden außerordentlich überle-

gen». Samuel Rosen, ein bekannter Bostoner Ohrenarzt, sagte in Abwandlung eines berühmten Wortes von Lincoln Steffen über Rußland: «Meine Herren, ich habe die Vergangenheit erblickt, und sie funktioniert.»

Akupunkturanästhesie bietet viele Vorteile. Sie kann bei Menschen mit chronischen Schmerzen angewendet werden, ohne daß, wie bei chemischer Linderung, Suchtgefahr besteht. Chemische Anästhesie bei Operationen hat mancherlei Nebeneffekte – unter anderen die Senkung von Herz- und Atmungsfrequenz und eine mögliche Störung der Immunreaktion des Körpers (was weniger Widerstand gegen Infektion bedeutet). Zu den typischen Nachwirkungen gehören Übelkeit, Erbrechen, Benommenheit und Schwäche. Bei Akupunktur ist der Patient während der ganzen Operation bei Bewußtsein. In der Regel kann er sich sofort erheben und kehrt oft ohne Hilfe in sein Zimmer zurück.

Bei Einführung der Technik wurden die Nadeln von Hand gesetzt. Für manche Operationen waren acht Helfer erforderlich. So war der Operationstisch von einer dichten Menschentraube umgeben. Später hat man die Nadelapplikation automatisiert. Mit zunehmender Verfeinerung der Technik hat sich auch die Zahl der erforderlichen Nadeln stetig vermindert. Heute sorgt bei vielen großen Operationen eine einzige Nadel für die Anästhesie.

Es gibt auch Belege dafür, daß es manchen Menschen gelingt, Schmerzunempfindlichkeit hervorzurufen, wann immer sie wollen. Überraschend häufig zeigt das Elektroenzephalogramm bei einer solchen selbstinduzierten Schmerzunempfindlichkeit einen vorherrschenden Alpha-Rhythmus. Menschen, die zur willensmäßigen Schmerzkontrolle fähig sind, erklären gewöhnlich, sie hätten sich vom affizierten Körperbereich losgelöst.

In einem Labor der Menninger Foundation hat sich Jack Schwartz, ein Naturheilkundler aus Oregon, eine große Nadel durch den Bizeps gebohrt. Das EEG zeichnete einen gleichmäßigen Alpha-Rhythmus auf. Auch als sich Schwartz eine brennende Zigarette auf die Haut legte, wurde die Alpha-Aktivität nicht unterbrochen. An der Universität New York behielt der Peruaner Ramon Torres das Alpha-Muster bei, während er sich eine angespitzte Fahrradspeiche durch die Wangen stieß. In Indien zeigten zwei Jogis vorwiegend Alpha-Aktivität, als sie nahezu eine Stunde lang die linke Hand in eisiges Wasser (4°C) hielten.

Was das bedeutet, läßt sich nur vermuten. Eine Möglichkeit wäre, daß das stetige Alpha-Muster eine ungewöhnliche Beziehung zwischen alten und neuen Hirnregionen widerspiegelt, während die üblichen Mechanismen der Schmerzinterpretation anders arbeiten. Es kann aber auch heißen, daß das Gehirn Signale, die aus anderen Körperbereichen eintreffen, abgeblockt hat. Wie die Ursachen auch immer liegen mögen, jedenfalls scheinen sich Schmerz und Alpha-Wellen, die eine weite Amplitude besitzen, gegenseitig auszuschließen.

Die besonderen Verfahren des Gehirns, Schmerz abzustellen, wären möglicherweise längst erforscht und nutzbar gemacht worden, wäre nicht 1847 das Chloroform als Narkosemittel entdeckt worden. Damals erlebte die Hypnose eine Blütezeit. In ganz Europa beschäftigten sich die Ärzte mit ihren Möglichkeiten. Doch mit dem Chloroform schienen die Gebete des Chirurgen erhört zu sein. Bei diesem Mittel war im Gegensatz zur Hypnose keine längere Einleitungsphase erforderlich, und man brauchte nicht zu fürchten, daß der Patient vielleicht nicht ansprechbar sei. Als man schließlich die Gefahren von chemischen Schmerzkillern und Vollnarkose erkannte, war die Hypnose zur Varietékunst herabgesunken. Erst in den letzten beiden Jahrzehnten ist sie in offiziellen medizinischen Kreisen rehabilitiert worden.

Ironischerweise läßt die jüngere Forschung darauf schließen, daß einfache Suggestion ausreicht, um Schmerzbetäubung herbeizuführen. Man hat Versuchspersonen aufgefordert, sich vorzustellen, das eisige Wasser, in das sie ihre Hände tauchten, fühle sich ausgesprochen angenehm an. Sie erwiesen sich als ebenso erfolgreich wie hypnotisierte Versuchspersonen und ertrugen das Wasser weit über die normale Toleranzgrenze hinaus. Eine Kontrollgruppe dagegen war nicht in der Lage, den Schmerz auszuhalten.

Georgi Lozanov, der Leiter eines bulgarischen suggestologischen Instituts in Sofia, führte «Suggestion im wachen Zustand» als Narkosemittel bei größeren Operationen ein. Unter Anleitung von Lozanov lernten die Patienten, sich selbst zu betäuben.

Welche Mechanismen auch immer dafür verantwortlich sein mögen, es stellt sich immer deutlicher heraus, daß das Gehirn Schmerz empfinden – oder sich dagegen entscheiden kann.

II
Durchbruch: Veränderte Bewußtseinszustände

«Von allen abgesicherten wissenschaftlichen Tatsachen, die mir bekannt sind, gibt es nach meinem Dafürhalten keine besser bewiesene und grundlegendere als die, daß man, hemmt man das Denken (und hält dies längere Zeit durch), schließlich in einen Bewußtseinsbereich gelangt, welcher unter oder hinter dem Denken liegt... Wir bemerken ein sehr viel ausgedehnteres Selbst als das, an das wir gewöhnt sind. Und da das alltägliche Bewußtsein, mit dem wir im alltäglichen Leben zu tun haben, auf das örtlich begrenzte Selbst gegründet ist und in der Tat Selbstbewußtsein im örtlich begrenzten Sinne ist, so folgt daraus, daß seine Grenzen überschreiten heißt, daß man für das alltägliche Selbst und die alltägliche Welt stirbt.
Es heißt im alltäglichen Sinne, zu sterben, in einem anderen Sinne heißt es jedoch, aufzuwachen und festzustellen, daß das «Ich», das wirkliche und höchst private Selbst, das Universum und alle anderen Wesen durchdringt...
So großartig, so strahlend ist diese Erfahrung, daß man wohl sagen darf, alle nichtigen Fragen und Zweifel fallen angesichts ihrer vom Menschen ab. Ganz gewiß genügt in Tausenden und Abertausenden von Fällen schon ein einziges Erlebnis dieser Art, um einen Menschen von Grund auf zu verändern – das Leben, das er fortan führt, und die Art, wie er die Welt sieht.»

EDWARD CARPENTER (1844–1929)

Veränderte Zustände und das limbische Gehirn

«Die ferneren Grenzen unseres Wesens tauchen in eine Daseinsdimension, die sich grundlegend von der sinnlich erfahrbaren und bloß verstehbaren Welt unterscheidet.»

WILLIAM JAMES

Versucht man veränderte Bewußtseinszustände zu beschreiben, kommt man sich vor wie ein Schwimmer im Triebsand. Selbst alltägliches Bewußtsein entzieht sich dem Verständnis. Sein Ursprung – die Frage, wie der Geist zum Bewußtsein seiner selbst kommt – verliert sich in der Unendlichkeit eines Spiegelkabinetts.

Über Nacht – so scheint es – hat sich ein stetiges, aber nicht gerade überschwengliches Interesse an der Psychologie und an okkulten Erscheinungen zu einem brennenden Interesse an Phänomenen gesteigert, die man «Neues Bewußtsein», «Höhere Bewußtseinszustände» und «Überbewußtsein» genannt hat.

Was sind veränderte Zustände? Wodurch werden sie hervorgerufen, und wozu sind sie gut? Veränderte Bewußtseinszustände können durch Hypnose, Meditation, psychedelische Drogen, tiefes Gebet, sensorischen Entzug und das Anfangsstadium akuter Psychose ausgelöst werden. Auch Schlafentzug oder Fasten kann sie induzieren. Menschen, die an Epilepsie oder Migräne leiden, erleben oft in der Aura, die den Anfällen vorangeht, verändertes Bewußtsein. Hypnotische Eintönigkeit, wie bei Alleinflügen in großer Höhe, kann veränderte Zustände hervorrufen. Elektrische Reizung des Gehirns (ESB – von der englischen Bezeichnung *electric stimulation of the brain)*, das Training von Alpha- oder Theta-Hirnwellen, Hellsehen oder Telepathie, Muskelentspannungstraining, Isolierung (etwa in der Antarktis) und photische Stimulation (Licht, das in einem bestimmten Rhythmus flakkert) können unter Umständen jähe Bewußtseinsveränderungen hervorrufen.

Die jüngere Forschung hat nicht nur bestimmte Merkmale veränderter Zustände herausgefunden, sondern grenzt auch Hirnregionen ein, die an nicht-alltäglichem Bewußtsein beteiligt sind. Wenn man das limbische Gehirn künstlich stimuliert, scheint es viele der mit veränderten Zuständen einhergehenden Phänomene zu produzieren. Diese klassischen Merkmale der qualitativen Veränderung, die einen veränderten Zustand kennzeichnet, lassen sich vielleicht am besten durch Beispiele beschreiben.

Man achte in den folgenden Berichten auf gewisse Familienähnlichkeiten: Verlust von Ich-Grenzen und plötzliche Identifikation mit der Gesamtheit des Lebens (ein Verschmelzen mit dem Universum); Lichter; veränderte Farbwahrnehmung; Erregungsschauer; elektrische Empfindungen; das Gefühl, wie eine Blase an Volumen zu gewinnen oder emporzuschweben; Befreiung von Angst, besonders der Angst vor dem Tod; tosende Geräusche; Sturmwind; das Empfinden, vom Körper-Ich getrennt zu sein; Seligkeit; große Ansprechbarkeit für Muster; Verschmelzen der Sinneswahrnehmungen (Synästhesie), als könnte man Farben hören und Laute sehen; ein ozeanisches Empfinden; die Überzeugung, daß man erweckt worden sei; daß dieses Erlebnis die einzige Wirklichkeit und alltägliches Bewußtsein nur ihr armseliger Schatten sei; schließlich das Gefühl, die Grenzen von Zeit und Raum zu überschreiten.

Hören wir, wie solche spontanen mystischen Erfahrungen

beschrieben wurden: «Alle Lust und alle Macht, alle Dinge leben, alle Zeit in einer einzigen Sekunde zusammengeschmolzen. Ich hörte nichts; es war, als sei ich in goldenes Licht getaucht...» «Ich hatte auf unbestimmte Weise das Empfinden, in meine Umgebung hineinzuwachsen und eins mit ihr zu werden...» «Zeit und Raum existierten nicht. Nach einer Reise durch die ‹Dunkelheit› tauchte ich ein in strahlend-weißes Licht...»

Veränderte Bewußtseinszustände (von Forschern bezeichnet als ASC – nach dem englischen Ausdruck *altered states of consciousness)*, die durch psychedelische Drogen induziert worden sind, hören sich in der Beschreibung der Betroffenen wie folgt an: «Ich befand mich stundenlang in einem Medium völlig homogenen Lichtes, der Seligkeit, und dann erinnere ich mich an den Abstieg, und diese riesige rote Woge schwappte durch den Raum.» «Ich sah funkelnde Lichtblitze in der Dunkelheit. (Der Behälter) begann zu glühen, ein mattes Purpur, das sich in ein tiefes Kirschrot verwandelte, und seine Hitze überwältigte mich.» «Ich blickte in das Glas Wasser. Und seine wirbelnden Tiefen waren ein Strudel, der bis in den Mittelpunkt der Welt und ins Herz der Zeit reichte..., ein unerwarteter Laut konnte sie (die optischen Illusionen) zurückbringen. Die Farben wirkten ungewöhnlich frisch...» «Da ist ein Bewußtsein von ewiger Energie, häufig in Form weißen Lichtes... Ganz deutlich sieht man, daß alles Dasein eine einzige Energie ist und daß diese Energie das eigene Sein ist. Natürlich gibt es den Tod, (aber) im Grunde ist er nichts, worüber man sich Sorgen zu machen hätte, weil man ja selbst die ewige Energie des Universums ist.» «Ich fühlte eine Kraftwelle, ganz wie starker elektrischer Strom, durch meinen rechten Arm und meine rechte Hand fließen. Etwa fünfzehn Minuten lang blieb ein taubes Gefühl in Arm und Hand.»

In den nächsten Berichten ist von dem Hochgefühl die Rede,

das manchmal akuter Psychose vorangeht: «Farben üben große Wirkung auf mich aus, sie verlieren ihre Grenzen und scheinen zu fließen. In diesen Zuständen nimmt das Gefühl für Gemeinsamkeit und Gemeinschaft zu.» «Farben scheint eine mächtige und unheimliche Bedeutung innezuwohnen…, alles gewinnt Bedeutung und Struktur. Wogen von Hitze überrollen mich. Ich spüre, daß sich mein taktiles wie visuelles Empfinden zu großem Vermögen steigert.» «Einen unbeseelten Gegenstand gab es nicht mehr. Beseeltes und Unbeseeltes schien zu verschmelzen, eins mit dem anderen; ich konnte zu allen Dingen sprechen… Gegensätze werden miteinander versöhnt, und ein Friede, der jenseits aller Vorstellungskraft ist, bestimmt das Geschehen. In ihm gibt es keinen Tod…»

Tennyson und zahlreiche andere literarische Gestalten seiner Zeit praktizierten eine Technik, die verblüffende Ähnlichkeit mit dem klassischen Mantrajoga aufweist. Besonderes Merkmal ist, daß der veränderte Zustand durch die stille Wiederholung eines bestimmten Wortes erreicht wird. Tennyson nahm dazu seinen eigenen Namen. Hören wir, wie er den so induzierten Zustand schildert: «… Individualität schien sich aufzulösen und in grenzenlosem Sein zu verschwimmen; und das ist kein verwirrter Zustand, sondern einer, der so klar, so gewiß und so überirdisch wie nur irgendeiner ist, der jeder Beschreibung spottet und in dem der Tod eine fast lachhafte Unmöglichkeit ist.» Freunden berichtete Tennyson, daß er ein Dröhnen in den Ohren verspürte, Lichtblitze wahrnahm und ein allgemeines Gefühl der Ich-Erweiterung erlebte, dem Tränen folgten.

Kundalinijoga, ein umfassendes tibetanisches System, zu dem eine spezielle Ernährung, Meditation und strenge Selbstdisziplin gehören, ruft erstaunliche Wirkungen hervor. In dem Versuch, das Wesen dieser legendären Energie zu verstehen, hat Mayne E. Coe, ein amerikanischer Wissenschaftler, die

Kundalini-Techniken gewissenhaft befolgt. Vincent Gaddis sagt in seinem Bericht über Coes Erfahrungen: «Eines Abends, als er entspannt in seinem Stuhl saß, fuhr ohne Vorwarnung ein starker Strom von oben nach unten durch seinen ganzen Körper. Er konnte ihn in seinen Muskeln spüren...»

In seinem Buch *Evolutionary Energy in Man* beschreibt Gopi Krishna die lange erwartete Erweckung durch Kundalini: «Plötzlich fühlte ich einen Strom fließenden Lichtes tosend wie ein Wasserfall durch das Rückenmark ins Gehirn schießen. Die Lichterscheinung wurde heller und heller, das Tosen lauter und lauter. Ich spürte ein Schaukeln und fühlte dann, wie ich, eingehüllt in eine Lichtaura, aus meinem Körper schlüpfte... Ich spürte, wie jener Bewußtseinspunkt, der ich selbst war, sich inmitten eines wogenden Lichtmeeres weitete und weitete...»

Siebzehn Jahre Meditation lagen hinter Gopi Krishna, als er dieses Erlebnis hatte, wenn sich auch regelmäßig weniger dramatische Phänomene gezeigt hatten. Dagegen erreichten einige unerfahrene Versuchspersonen in einem von Arthur J. Deikman entworfenen Experiment eine sofortige Bewußtseinsveränderung. Deikmans Versuchspersonen verbrachten täglich eine Viertelstunde damit, ihre Aufmerksamkeit auf eine blaue Vase zu konzentrieren. Sie berichteten, daß die Farbe blauer wurde, intensiver, leuchtender und daß sie manchmal ihre Form veränderte. Eine sagte: «Ich fühlte diese ganz und gar andere Ebene, auf der ich nichts war... Ich war mir meines Körpers nicht bewußt. Ich wäre nicht überrascht gewesen, wenn ich gar nicht da gewesen wäre.» Dieselbe Versuchsperson berichtete nach einer anderen Sitzung: «Die Vase begann zu strahlen... Ich bemerkte, daß Erscheinungen, die mir wie kleine Teilchen vorkamen..., von den Glanzlichtern direkt auf mich zuzukommen schienen. Ich war fasziniert davon. Ich hatte das Gefühl, es sei ausstrahlende Hitze. Ich spürte seine Wärme und bemerkte dann, daß… alles ringsum dunkel war… Ich spürte, daß auch Licht von oben kam.»

Eine andere Versuchsperson erinnert sich, daß eine Landschaft, die sie nach der Vasen-Meditation betrachtete, «transfiguriert» worden sei und daß eine «Art Lumineszenz» von ihr ausgegangen sei.

Die Aura, die epileptischen Krämpfen vorangeht, kann so euphorische Formen annehmen, daß Kinder und Jugendliche – wie man weiß – ihre Anfälle absichtlich herbeiführen. Margiad Evens, ein englischer Autor, der in *A Ray of Darkness* einen persönlichen Bericht von seiner Epilepsie liefert, führt zahlreiche Phänomene auf, die typisch für veränderte Bewußtseinszustände sind: «Ich hatte jogaähnliche Erlebnisse… Einmal habe ich die Aura eines Hundes gesehen… Ich hatte Visionen von der Einheit. Die Zeit bedeutete mir nichts mehr. Ich schlüpfte ihr durch die Maschen wie eine Sardine durch ein Heringsnetz… Ich hatte das Gefühl, in zwei oder mehr Wesen aufgespalten zu sein. Kometenhafte Lichtstreifen tauchten vor mir auf, langsam zuerst, dann in wildem Tempo und aberwitzigem Wechsel, Farben und Winkel verschmolzen miteinander. Alle Farben waren rein, unirdisch, geistig, keine eigentlich sichtbaren Farben mehr. Sie glühten nicht, sondern waren ganz Aktivität und Umwälzung.»

Der bekannte Neurologe W. Grey Walter hat eine Methode entwickelt, mit der sich die Epilepsieanfälligkeit von Versuchspersonen testen läßt. Nach den Hirnwellen-Rhythmen seiner Versuchspersonen setzte er die Flimmerrate eines Lichtsignals fest. Photische Stimulation ist ein häufiger Auslöser für epileptische Anfälle. Ein den Hirnrhythmen der Versuchsperson synchrones Flackern löst bei mehr als 50 Prozent normaler jugendlicher Erwachsener epilepsieähnliche Entladungen aus.

Walter und seine Mitarbeiter beschlossen, selbst einen Versuch mit ihrer neuen Maschine zu wagen: «Wir bemerkten alle eine sonderbare Wirkung... Sie bestand in der lebhaften Illusion sich bewegender Muster... Gewöhnlich ist es eine Art pulsierendes Karomuster oder Mosaik, häufig in leuchtenden Farben. Bei bestimmten Frequenzen – bei ungefähr zehn Hz* – erblicken einige Versuchspersonen kreisende Spiralen, Strudel, Explosionen, Feuerräder... Einige haben verschwenderische Muster in vielen Farben gesehen, die manchmal statisch, manchmal beweglich waren... Einige berichten von dem Gefühl, zu schaukeln, zu springen, sogar herumgewirbelt zu werden und von Schwindel ergriffen zu sein. Einige Menschen empfinden ein Jucken und Prickeln auf der Haut...» Manche Versuchspersonen erlebten auch zusammenhängende Halluzinationen, komplette Szenen. Von Störungen des Zeitsinns wurde berichtet. In einem bemerkenswerten Bericht heißt es: «Gestern war seitwärts statt hinten, und Morgen lag vor der Tür.»

Zeitweilige Kontrollstörung ist ein Syndrom, das mit Epilepsie in Verbindung steht. Hier erlebt der Erkrankte von Zeit zu Zeit zwanghafte Ausbrüche von Gewalttätigkeit. Er kann dabei seltsame Empfindungen an der einen Seite des Kopfes verspüren oder Déjà-vu-Erlebnisse haben. Oft berichtet er, Lichtblitze wahrzunehmen.

In Experimenten mit sensorischem Entzug werden die Versuchspersonen von jedem Geräusch isoliert, von strukturiertem Licht (diffuses Licht ist gestattet) und manchmal sogar von allen taktilen Empfindungen. Dazu können die Hände oder der ganze Körper in lauwarmes Wasser getaucht werden. Bemerkenswerte Wahrnehmungsveränderungen sind die Folge. Manche Versuchspersonen sehen Lichtblitze, andere geometrische Muster – etwa Quadrate, Kreise und Gitter-

* Dem Alpha-Rhythmus.

werk. Bei komplexeren Halluzinationen können konkrete Szenen entstehen. Unsterblich in Kreisen von Wissenschaftlern, die über sensorischen Entzug gearbeitet haben, wurde der Bericht von «einer Eichhörnchenprozession, jedes mit einem Sack über der Schulter und zielbewußten Ganges». Eine andere Versuchsperson sah anfangs funkelnde Flecken, die zunächst «zu Panieren von traumähnlichen Farben wurden, welche hin und her schwangen», und dann zu «traumähnlichen Bildern».

Der Neurobiologe John Lilly war Versuchsperson bei einem im Wasser durchgeführten Experiment über sensorischen Entzug. Eingetaucht und isoliert, fühlte er sich als Mittelpunkt des Universums. Später berichtete er, er habe «seinen Körper abgestellt und sich auf Reisen begeben». «Im Wasserbehälter zweifelt man nicht an der Wirklichkeit dessen, was man erlebt.»

Michel Siffre, ein französischer Höhlenforscher, isolierte sich monatelang in einer unterirdischen Höhle. «Sehr bald verlor ich jeden Farbbegriff, besonders verwechselte ich Grün und Blau», schrieb er in sein Tagebuch. Später: «Ich sah eine Vielfalt strahlender Lichter, wenn ich die Augen schloß oder angestrengt ins Dunkel starrte.»

Gelegentlich fließt ein Traum ins Bewußtsein über und ruft beim wachen Menschen einen veränderten Zustand hervor. So wurde Marghanita Laski, der Autorin von *Ecstasy*, einer Monumentalstudie über mystische Zustände, folgendes, an einen Traum sich anschließendes Erlebnis geschildert: «Als sei plötzlich ein Stern zerbrochen und schütte nun Kaskaden von Licht aus…, von zerstäubtem, auf und niederwallendem Licht. Als sei ein Felsen, ein Kristall, ein Stern, irgendeine Substanz zersprungen, zersplittert, und nun schössen all diese Ströme und Linien aus ihm empor. Alles erscheint (nach dem Erwachen) eine Zeitlang wundervoll, lichter und heller. Als ich die Treppe (des etwas schäbigen Hauses) hinabsteige, kommt mir sogar das Blau des Läufers weniger fadenscheinig vor.»

Bei der Untersuchung «intensiver, ergreifender und erschütternder» Gipfelerlebnisse hat der verstorbene Psychologe Abraham Maslow festgestellt, daß praktisch jeder Mensch längere Phasen eines derart überhöhten Bewußtseins erlebt, daß aber viele Menschen solche Episoden vergessen oder den flüchtigen Veränderungen keine Bedeutung beimessen. Übliche Auslöser solcher Erlebnisse sind Musik, extreme Schönheit, heftige Gefühle, außerordentliche Glücksfälle, Hochstimmung nach Beendigung einer schwierigen Arbeit. Tranceartige Tagträume und hypnotische Zustände am Steuer, die durch vorbeihuschende Bäume oder Telegraphenmasten verursacht werden, sind ebenso wie Orgasmus veränderte Zustände.

Nur in einer knappen Handvoll von Artikeln hat man sich mit der Frage beschäftigt, welche physiologischen Vorgänge wohl an veränderten Zuständen beteiligt sein könnten. Zum einen haben Forscher noch vor gar nicht langer Zeit ASCs (veränderte Bewußtseinszustände) behandelt, als existierten sie unabhängig vom Gehirn. «Die das Ich transzendierenden Emotionen sind immer noch das Stiefkind der Psychologie», schrieb Arthur Köstler, «und das trotz ihrer unzweifelhalften Realität.»

Da die Krankheit für die Forschung gewöhnlich reizvoller als die Gesundheit ist, hat die Wissenschaft diese transzendentalen Kräfte des Gehirns lange Zeit nicht zur Kenntnis genommen. Heute aber wendet sich die Hirnforschung verstärkt der limbischen Region zu, jener Terra incognita, die mit größter Wahrscheinlichkeit an den Phänomenen veränderter Bewußtseinszustände beteiligt ist.

Tausende von wissenschaftlichen Aufsätzen, meist aus jüngerer Zeit, beschäftigen sich mit den verschiedenen Teilen des limbischen Gehirns. Doch lassen sich diese Strukturen anhand von Beobachtung ebensowenig verstehen wie die Sonnenergie von einem Kind, das weiß, daß dieser Stern Licht und Wärme spendet. Die limbische Region wird gelegentlich auch als emotionales Gehirn, Nasenhirn, Riechhirn und Rhinenzephalon bezeichnet. Die Forschung hat anfangs irrtümlicherweise angenommen, daß seine vorrangige Aufgabe die Interpretation olfaktorischer Sinneseindrücke sei.

Mit Hilfe von Analogien läßt sich das Gehirn nur grob beschreiben. Gewöhnlich werden seine Hemisphären mit zwei Walnußhälften verglichen. (Zum besseren Verständnis stelle man sich die Walnuß unten abgeflacht vor.) Von der Seite gesehen scheint das herausgelöste Gehirn aus dem Hirnstamm hervorzuwachsen, einer dicken, baumstammähnlichen Struktur, die das Rückenmark fortsetzt.

Der Hirnstamm verzweigt sich und wird zur Formatio reticularis, dem Erregungs- und Alarmzentrum. Dieses geht über ins limbische System. Da beiden Systemen so viele Strukturen gemeinsam sind, daß sie fast als Gemeinschaftsunternehmen erscheinen, läßt sich keine scharfe Trennungslinie zwischen ihnen ziehen.

Die größte Struktur des limbischen Systems ist der U-förmige Hippokampus, der die Unterseite der Hirnrinde bildet und an Lernprozessen entscheidend beteiligt ist. Er bereitet die Daten des Kurzzeitgedächtnisses für das Langzeitgedächtnis auf. Der Mandelkern liegt am Ende des Hippokampus. Eine Reizung dieser kleinen Gehirnregion kann jede nur denkbare Gemütsverfassung von blinder Wut bis hin zu Euphorie hervorrufen.

Einige bedeutende Wissenschaftler zählen zum limbischen System noch den Hypothalamus oder einen Teil von ihm und einen bestimmten Bereich des Thalamus, weil dort Nervenverbindungen bestehen. Der leidenschaftliche Hypothala-

mus kann Hunger, Durst, sexuelle Appetenz und wunderbare Lustempfindungen erzeugen. Der unmittelbar darüberliegende Thalamus ist ein primitiver Analysator von Empfindungen. Weil eng benachbart, wird der Schläfenlappen des Gehirns manchmal dem limbischen System hinzugerechnet. Gehirnforscher sprechen von «den faszinierenden Aktivitäten des limbischen Systems» oder «den Geheimnissen des limbischen Systems». Die meisten vertreten die Auffassung, die Entwicklung des emotionalen Gehirns habe den Säugern ermöglicht, über das programmierte Verhalten von Reptilien hinauszugelangen. Paradoxerweise hat sich beim Menschen das limbische System noch zu größerer Komplexität ausdifferenziert, als sich schon der Neokortex – das Neuhirn – ausbildete. Es war, als würde das ursprüngliche Erdgeschoß umgebaut, während man gleichzeitig ein zweites Stockwerk hochzog. Zum gleichen Zeitpunkt, da das limbische Gehirn der Säuger dem Reptiliengehirn hinzugefügt wurde, pfropfte die Natur den limbischen Strukturen den Neokortex auf.
Beim Menschen können weder das alte noch das neue Gehirn unabhängig voneinander funktionieren. Die komplexeren, integrierten Prozesse des Menschen haben ihm gestattet, die Herrschaft über den Planeten anzutreten. Dafür ist er aber anfälliger für Hirnschädigungen als niedere Säuger. Die Entfernung des gesamten Neokortex würde bei einer Katze oder einem Hund relativ wenig Veränderungen hervorrufen, aber ein Mensch würde nach einem solchen Eingriff nie wieder sprechen, gehen oder selbständig essen können. Entsprechend würde die Entfernung des Hippokampus die Fähigkeit eines Tieres, neue Information zu behalten, kaum beeinträchtigen. Ein Mensch ohne Hippokampus wäre nicht in der Lage anzugeben, wo er wohnt und wie alt er ist.
Das limbische System ist für die meisten verwirrenden Erscheinungen verantwortlich, die in veränderten Zuständen auftreten. Beispielsweise für Euphorie: positive Empfindun-

gen von leichter Freude bis hin zu höchstem Entzücken lassen sich fast überall im limbischen System durch elektrische Reizung hervorrufen. Schon eine Reizung von dreißig Sekunden Dauer führt zu Stimmungsumschwüngen, die Stunden, ja, Tage anhalten können. Tiere, die sich selbst stimulieren konnten, haben gezeigt, daß diese intensive Lust praktisch keinen Sättigungspunkt kennt. Eine Katze oder ein Affe drückt einen Hebel, der ihnen solche Reizung verschafft, bis zu 10000mal pro Stunde, und das viele Stunden lang.

Genau zu lokalisierende Krämpfe im limbischen Gehirn können zu gefährlichen, gewalttätigen Ausbrüchen führen. Aber nur ungern sind Neurochirurgen bereit, die geschädigten Zellen zu entfernen. Der Mandelkern ist oft an gewalttätigem Verhalten von Tieren beteiligt, doch kann die Reizung bestimmter Bereiche auch friedliches Verhalten hervorrufen. Bei Menschen führt die Reizung zu angenehmer Losgelöstheit, die an die Wirkung von Marihuana erinnert. Epileptische Entladungen in der oberen Hälfte des limbischen Gehirns lösen gelegentlich Ekstasen aus. Die Entfernung einiger Zellen kann einen Hemmungsfaktor beseitigen, der den anderen – wie ein Chirurg es ausgedrückt hat – zu «schrankenloser Freiheit» verhilft.

James Olds hat festgestellt, daß Ratten auf die Nahrungsaufnahme verzichteten, wenn sie dazu einen Gitterrost überqueren mußten, der unter einem Strom von 60 Mikroampère stand. Für Hirnreizung überquerten Ratten dagegen Roste, die mit 450 Mikroampère beschickt waren.

«Höher konnten wir nicht gehen», sagt Olds. «Aufgrund der Elektroden betäubte sie der Schock.» Sobald die Ratten ihr Bewußtsein wiedererlangten, machten sie sich wieder auf den Weg zur Gehirnbelohnung. In anderen Untersuchungen stimulierten sich die Ratten so heftig, daß sie von Krämpfen durch den Käfig geschleudert wurden. Kaum hatten sie sich erholt, wieselten sie zum Hebel zurück.

«Gelegentlich konnten wir Reize verabreichen, die weit über der Anfallsschwelle lagen», berichtet Olds. «Sie riefen keine Anfälle mehr hervor und waren offensichtlich von allen bislang verwendeten Reizen die belohnendsten.» Olds beschreibt das Projekt eines Kollegen, in dem Ratten eine Stunde am Tage Gelegenheit hatten, Nahrung zu sich zu nehmen oder ihr Gehirn zu stimulieren. Nachdem eine Ratte verhungert war, wurden die Ratten aus dem Experiment genommen, sobald sie 70 Prozent ihres Körpergewichtes verloren hatten.

Reizung der limbischen Region veranlaßt Versuchspersonen häufig zu der Erklärung, sie hätten das Gefühl, «gespalten» zu sein oder sich selbst zuzusehen. Ein 28jähriger, der eine Kopfverletzung erlitten hatte, erlebte wiederholte Anfälle von Gewalttätigkeit, Erregbarkeit und Schwatzhaftigkeit. Nach Reizung von Hippokampus und Mandelkern meinte er: «Es ist komisch. Ich weiß nicht, wie ich es erklären soll – es ist, als ob ich mich selbst sehen könnte.»

Er war einer von zahlreichen Patienten, die limbischer Reizung unterzogen wurden. Bostoner Forscher ermittelten, daß eine solche Reizung ein ganzes Wirkungsbündel hervorrief: «komplizierte Stimmungen und geistige Veränderungen, Depersonalisierung, das Gefühl von Unwirklichkeit, tranceartige Zustände, Gefühlsverlagerung, bizarre Verzerrungen von Körperhaltungen, extrapersonales Raumerleben».

Die Störung des Raumsinns wird bei veränderten Bewußtseinszuständen häufig berichtet und kann für Düsenpiloten der Luftwaffe zu einer ernsten Gefahr werden. Im Alleinflug erleben sie nicht selten jene Erscheinung, die als «Break-Off-Phänomen» bekannt ist. Der Pilot hat plötzlich das Gefühl, daß er schwebt oder das Flugzeug sich dreht. Wenn er die eingebildete Drehung zu korrigieren versucht, kann die Maschine gefährlich ins Trudeln geraten. In einer Studie, in der den Piloten Anonymität zugesagt war, berichtete die Mehrzahl von häufigen Break-Off-Vorkommnissen, und einige gaben zu, daß sie um solcher Erlebnisse willen flögen.

Das Gefühl zu schweben wird oft von Teilnehmern an Muskelentspannungs- und Biofeedback-Training geschildert. Es ist ein typisches Meditationsphänomen. Mystiker sprechen häufig von dem Empfinden, sich auszuweiten, die Körperempfindungen zu verlieren, aufzusteigen und durch die Lüfte getragen zu werden. Versuchspersonen in Experimenten über sensorischen Entzug können ruhig in ihren Isolierungskammern liegen und plötzlich das Empfinden haben, einige Zentimeter emporgehoben zu werden und zu schweben.

Reizung des limbischen Gehirns kann manchmal zu Veränderungen des Herzrhythmus und der Atmung oder zu Bewegungen der Gliedmaßen führen. Veränderte Atmung, besonders ein plötzlicher Atmungsstopp, ist eine nicht selten berichtete Erscheinung bei nichtalltäglichen Bewußtseinszuständen. Eine typische Schilderung findet sich in Raynor Johnsons Mystikstudie «Watchers on the Hills». «Dann hob eine Welle – ein komisches Wort, aber ich weiß nicht, wie ich es sonst erklären soll – zu meinen Füßen an und lief rasch meinen Körper empor, wobei sie an verschiedenen Stellen merkwürdig ziehende Empfindungen hervorrief. Als die Welle meine Lungen erreichte, rang ich nach Atem, doch vergebens.» Bei manchen Meditationstechniken ist Atmungsstillstand so häufig, daß eine Standardtechnik zu ihrer Bewältigung empfohlen wird, die bewußte Normalisierung der Atmung, dann die Wiederaufnahme der Meditation.

Auch Lichterscheinungen können durch elektrische Reizung des Gehirns hervorgerufen werden, wobei in diesem Fall nicht unbedingt die limbische Region das Ziel solcher Reizung sein muß. Der Schweizer Wissenschaftler W.R.Hess hat die Reaktionen seiner Patienten aufgezeichnet: «Die visuelle Erfahrung verändert sich. Jetzt sieht sie weiße Flecken... gleichzeitig können rote Punkte auftreten. Die Bewußtseinsinhalte... entsprachen in einigen Fällen beweglichen, sternenähnlichen Formen. Andere Patienten sahen tanzende oder flackernde Lichter von weißer oder gelber Farbe. In seltenen Fällen waren auf der stimulierten Seite rote Punkte.»

Die Beobachtungen bei Reizung des Gehirns entsprechen den Lichterscheinungen, von denen in veränderten Zuständen berichtet wird. Am häufigsten ist weißes Licht, gelbes oder goldenes wird gelegentlich erwähnt, und ganz selten sind Fälle von rosa oder rotem Licht.

Hirnreizung kann bemerkenswerte Wachheit herbeiführen, die sich deckt mit den Berichten von veränderten Zuständen, wo die Rede davon ist, «zum erstenmal erwacht zu sein». Wenn die Formatio reticularis gereizt wird, können völlig insichgekehrte, psychotische Patienten plötzlich luzid werden und absolut verständlich reden. Der plötzliche Umschwung von Insichgekehrtheit zu Belebung erinnert an die mit Tonband und Bedienungsknopf ausgestatteten Sprechpuppen. Häufig wird die Rede des Patienten sehr viel verständlicher.

Déjà vu ist das unheimliche, überwältigende Empfinden, ein gerade stattfindendes Ereignis schon früher auf haargenau dieselbe Weise erlebt zu haben. Diese verwirrende Erscheinung ist bei fast allen Kategorien veränderter Bewußtseinszustände berichtet worden. Auch hier ruft Hirnreizung einen ähnlichen Effekt hervor. Es genügt schon, das Ammonshorn oder den Mandelkern eine halbe Sekunde lang zu reizen, um ein *Déjà-vu*-Erlebnis hervorzurufen (oder ein Bekanntheitsgefühl, wie manche Wissenschaftler sagen). Jose Delgado von der Yale-Universität hat bemerkt, daß Patienten bei Reizung einer bestimmten Hirnregion dem anschließenden Gespräch mit dem Arzt amüsiert und verblüfft lauschten: «Aber das ist doch schon alles passiert. Ich habe gewußt, was Sie sagen würden, bevor Sie es gesagt haben.»* Dieses Bekanntheitsgefühl ist ein Kennzeichen mystischer Erfahrung. Eine Zunahme von *Déjà-vu*-Erlebnissen im alltäglichen Bewußtsein wird auch von Menschen berichtet, die meditieren.

Wird der dem limbischen System unmittelbar benachbarte Schläfenlappen des Gehirns gereizt, so zeigt sich eine andere Wirkung, die für veränderte Zustände typisch ist. Vorfälle aus der Vergangenheit, die häufig trivialer Natur sind, werden freigesetzt, und das mit einer Lebhaftigkeit, die an die Wiedergabe eines Videobandes erinnert. Wilder Penfield, ein berühmter Neurochirurg, entdeckte das Phänomen, als er die Krankheitsherde im Gehirn von Epileptikern zu lokalisieren versuchte. Er stellte fest, daß elektrische Sondierung bestimmter Punkte im Schläfenlappen das Abspulen vergangener Ereignisse auslöste.

* Patienten, die unter Schläfenlappenepilepsie leiden und *Déjà-vu*-Erlebnisse haben, weisen ihre Läsionen eher auf der rechten Seite auf. Es mag ein Zufall sein, daß die rechte Hemisphäre des Gehirns nonverbal, intuitiver, künstlerischer und emotionaler ist und eher Alpha-Wellen produziert.

J. E. Orme vom Middlewood-Krankenhaus in Sheffield erörtert in seiner sehr gründlichen Schrift *Time, Experience and Behavior* die Beziehung zwischen *Déjà-vu*-Erlebnissen und Zeittheorie. Er führt die Arbeit von R. Efron an, der herausgefunden hat, daß die Gehirnhemisphären nicht unbedingt eine Botschaft gleichzeitig verarbeiten. Bei einem Rechtshänder bleibt ein Reiz, der auf die linke Körperhälfte einwirkt, der linken Hemisphäre zwei bis sechs Millisekunden vorenthalten.

Efron vermutet, daß die sprachunfähige rechte Hemisphäre, da sie das Signal von der linken Körperhälfte zuerst empfängt, nicht in der Lage ist, die Empfindung zu verbalisieren. Die Verzögerung entspricht der Zeit, die die Information braucht, um zur sprachfähigen linken Hemisphäre zu gelangen. Wenn eine Läsion die Übertragung zusätzlich verzögert, entsteht vielleicht der Eindruck, daß alles zweimal geschieht, wie bei Wiederholungen in einer Sportübertragung. Diese Erklärung vermag allerdings nicht die Frage zu beantworten, wieso das subjektive Gefühl vorliegt, eine ferne Vergangenheit würde wiederaufleben. Auch ist das *Déjà-vu*-Erlebnis gelegentlich von unaussprechlicher Heftigkeit; die «Erinnerung» scheint in einen stark emotionalen Kontext eingebettet zu sein.

Die wiedererlebten Szenen scheinen einer chronologischen Ordnung zu folgen und über die gleiche zeitliche Dauer zu verfügen, die sie ursprünglich besaßen. Durch Verlagerung der Elektrode werden völlig andere Erinnerungsketten ausgelöst. So mag ein Patient beispielsweise in seiner Erinnerung an einem Sommermorgen vor einem Bauernhaus stehen. Er hört Musik aus dem Radio, riecht den Dung und spürt einen leichten Windhauch auf der Haut. Wenn der Chirurg die Elektrode ein wenig verschiebt, kann sich der Patient plötzlich auf einer Party wiederfinden, die zu seinem zehnten Geburtstag gegeben wurde.

Offensichtlich ist das limbische Gehirn die Verbindung zwischen dem alten Reptiliengehirn, das die sogenannten autonomen Reaktionen steuert, und dem modernen Gehirn, dem Neokortex. Die Fähigkeit des limbischen Systems, das autonome Nervensystem zum Guten wie zum Schlechten zu beeinflussen, scheint der Schlüssel zu Krankheit und Gesundheit zu sein. Limbische Strukturen können den Stoffwechsel, den Sauerstoffverbrauch, Durst und Appetit verändern. Sie können den Herzschlag verlangsamen oder beschleunigen, den Blutdruck senken oder erhöhen. Sie können auf die Geschlechtshormone einwirken, einen spontanen Eisprung induzieren oder ihn unterdrücken und beim Mann eine Erektion bewirken. Sie können Heilprozesse beschleunigen und Widerstandskräfte mobilisieren, Lernen und Gedächtnis fördern oder blockieren, die Kampf-/Fluchtreaktionen auslösen oder verhindern, das sensorische Bewußtsein schärfen oder ausschalten, Erregung oder Schlaf induzieren.

Zweifellos sendet der Neokortex ständig zufällige Botschaften durch das limbische System. Furcht oder Besorgnis im Neokortex können offensichtlich den heißen Draht zum limbischen Gehirn aktivieren, das dann bestimmte autonome Funktionen auslöst. Ergebnis: Geschwüre, Herzkrankheit, Bluthochdruck, chronische Müdigkeit.

Im limbischen System sind auch Überträgersubstanzen konzentriert, vor allem im Ammonshorn. Sie sind eine Voraussetzung für die Aktivierung von Nervenzellen (für ihre elektrische Entladung) und damit dafür, daß Botschaften durch die Gehirnbahnen geschickt werden können. Limbische Reizung wirkt erheblich auf das Norepinephrin (NE) ein. Es ist nicht nur eine Überträgersubstanz, sondern kontrolliert offensichtlich auch das Wachstumshormon, fördert – wie in Experimenten gezeigt werden konnte – Heilprozesse, senkt den Cholesterinspiegel, steigert die Widerstandsfähigkeit für Infektionskrankheiten und beschleunigt Stoffwechselvorgänge.

Man hat außerdem festgestellt, daß von allen Zellen des Körpers bestimmte Zellen im Ammonshorn am besten auf eine andere Überträgersubstanz ansprechen, das Acetylcholin (ACh). Kleine Mengen von ACh erregen diese Zellen im Ammonshorn derart, daß sie längere Zeit in einem Zustand ständiger epileptischer Entladung verweilen. Wie verwirrend das Repertoire des limbischen Systems ist, zeigt sich auch daran, daß NE in der Regel Blutgefäße verengt, während ACh sie erweitert.

Das limbische Gehirn kontrolliert ferner das berüchtigte Streßsyndrom. Wenn Alarm registriert wird, wird die Botschaft an den Hypothalamus weitergegeben, der seinerseits die Hypophyse anweist, ACTH (adrenocorticotropes Hormon) auszuschütten. Wenn der ACTH-Spiegel steigt, nehmen Herzfrequenz, Blutdruck und Absonderung von Verdauungssäften zu. Daraufhin beginnen die Nebennierendrüsen ihre Hormone zu produzieren, welche dem ACTH entgegenwirken. Diese Substanzen steuert das limbische System.

Reize, die ihren Ursprung im Gehirn haben, sind weit weniger grob als Reize, die die elektrischen Sonden im Labor aussenden. Im Vergleich zu künstlicher Reizung nimmt sich die eigene elektrische Aktivität des Gehirns wie ein Schmetterling neben einem Stier aus. Dennoch ist offenkundig, daß die panische oder friedliche Stimmung eines Menschen ein Produkt des limbischen Gehirns sein kann. Es legt nicht nur fest, wie der Mensch auf Streß reagiert, sondern bestimmt wahrscheinlich auch die Schwelle seiner emotionalen Reaktionen.

Andrew Weil, ein Arzt und Drogenspezialist in Regierungsdiensten, hat das limbische Gehirn im Unterschied zum Neokortex, der als Sitz des Bewußten gilt, als Bereich des Unbewußten bezeichnet. Weil vermutet, daß das limbische Gehirn – das Unbewußte – sich nur gegen den Körper wendet, wenn das Bewußtsein es dazu zwingt. «Es gibt Kanäle, die unbewußte Impulse nach oben leiten, wie jeder weiß, der sich seiner Tagträume und Intuitionen bewußt ist. Werden diese Bahnen von oben verschlossen, so werden die unkontrollierten, unbewußten Energien nach unten, zum autonomen Nervensystem hin abgedrängt, wo sie negative körperliche Wirkungen zeitigen... Wenn wir nicht lernen, die Kanäle dadurch zu öffnen, daß wir uns von unserem Alltagsbewußtsein lösen, verurteilen wir uns zur Krankheit.»

Für Weil sind veränderte Bewußtseinszustände das Endergebnis «eines angeborenen psychologischen Triebs, der in den neurologischen Strukturen des menschlichen Gehirns entsteht». Nach seiner Auffassung äußert sich dieser Trieb in so universellen Verhaltensweisen wie der Hyperventilation und dem Herumwirbeln Zwei- bis Dreijähriger, die solche Aktivitäten fortsetzen, bis ihnen schwindlig ist oder sie zusammenbrechen. Er behauptet, daß jeder Mensch in der frühen Kindheit lerne, auf Episoden nichtalltäglichen Bewußtseins mit Schuldgefühlen zu reagieren. So raube er sich den Zugang zu einem natürlichen Mechanismus für die Bewahrung emotionalen Gleichgewichtes.

Dabei steht Weil mit seiner Auffassung, daß die veränderten Zustände keine kuriosen Ausnahmen, sondern integraler Bestandteil menschlicher Erbmasse seien, durchaus nicht allein.

Eine völlig neue wissenschaftliche Disziplin, die sich mit den faszinierenden Möglichkeiten solcher Zustände befaßt, scheint im Entstehen begriffen zu sein.
Charles Tart schlägt zu diesem Zwecke eine sogenannte zustandsspezifische Wissenschaft vor. Forscher, die sich ihr verschrieben haben, sollen sich für ihre Projekte in veränderte Bewußtseinszustände begeben: Meditation, psychedelische Medikation, Hypnose, sensorische Isolierung. Tart ist davon überzeugt, daß die Berichte, die auf diese Weise zusammengetragen würden, die Gültigkeit der in solchen Zuständen gesammelten Erkenntnisse bestätigen würden, wie wir ja auch im normalen Bewußtsein Konsens über bestimmte, beobachtete Ereignisse erzielt hätten. Tart weist darauf hin, daß sich all unsere Erkenntnis im wesentlichen auf Erfahrung gründet.
Psychologen interessieren sich auch für die Frage, ob spezifische Gedächtnisinhalte an bestimmte Bewußtseinszustände gebunden sind. Roland Fischer, Professor für Experimentalpsychologie am Ohio State University College, nennt als Beispiel den Millionär in Charlie Chaplins Film *Großstadtlichter*. Betrunken hegt er große Zuneigung zum kleinen Tramp, der ihm das Leben gerettet hatte, nüchtern kann er sich nicht an ihn erinnern. Nach Auskunft Fischers bestätigen zwei kürzlich durchgeführte Studien das Konzept zustandsgebundener Erfahrung. In der ersten Untersuchung prägten sich 48 Versuchspersonen im betrunkenen Zustand bedeutungslose Silben ein. Nüchtern hatten sie beträchtliche Schwierigkeiten, das Material zu erinnern, ihr Gedächtnis verbesserte sich jedoch erheblich, wenn sie wieder betrunken waren. In der zweiten Studie verabreichte man den Versuchspersonen schwere Dosen von entweder einem Amphetamin oder einem Barbiturat, dem Amobarbital. Anschließend zeigte man ihnen eine Reihe geometrischer Figuren. Ihre Gedächtnisleistung wurde später durch das Medikament ver-

bessert, unter dessen Einwirkung sie die Figuren zuvor erblickt hatten. Auch Hypnose kann zustandsgebundene Erfahrungen hervorbringen.

Fischer vermutet, daß wir nicht nur ein Unterbewußtes haben, sondern ebenso viele Schichten des Ichbewußtseins aufzuweisen haben wie Erregungsniveaus. Er vergleicht den Menschen und seine Bewußtseinszustände mit einem Kapitän, der in jedem Hafen ein Mädchen hat. Keines weiß von der Existenz der anderen, und für ihn gibt es sie nur von Besuch zu Besuch – das heißt von Zustand zu Zustand. Fischer sagt, wir lebten von einem wachen Zustand zum nächsten, von einem Traum zum nächsten, «... von einer Amobarbital-Narkoanalysesitzung zur nächsten, von einem LSD-Trip zum nächsten, von einer epileptischen Aura zur nächsten...».

Hypnose und ASCID-Trance

«Unter Hypnose erkennen wir, wie weit und wie tief die Herrschaft des Gehirns über alle anderen Organe und Funktionen reicht.»
W. Grey Walter (The Living Brain)

Biofeedback und Meditation konnten – so haben wir gesehen – das Interesse von Wissenschaft und Öffentlichkeit auf sich ziehen. Wie aber steht es in dieser Hinsicht mit dem umstrittenen Oldtimer, der Hypnose?
Am Rehabilitationszentrum in Toronto wurden Patienten, die an Herzkrankheiten litten, mittels Zufallsauswahl zwei verschiedenen Ärzten zugewiesen. Die Patienten von Terence Kavanagh joggten und unterzogen sich den anderen leichten körperlichen Übungen, durch die man üblicherweise die Gefäße im Herzbereich dazu anzuregen versucht, alternative Passagen für die Blutzirkulation einzurichten. Harvey Doney dagegen hypnotisierte seine Patienten und teilte ihnen mit, daß sie sich auf einer schönen Wiese befänden, die frische Luft tief einatmeten, spürten, wie sich der Sauerstoff im Körper ausbreite und zum Herzen gelange. Nach einem Jahr ergaben gründliche physiologische Tests, daß beide Gruppen die gleichen «beträchtlichen Fortschritte» erzielt hatten.

Die 28jährige Ronnie-Sue Peek, die schon ihr ganzes Leben lang an Asthma litt, lag im Cottonwood-Krankenhaus in Salt Lake City und rang verzweifelt nach Luft. Als sich nach drei Wochen schwerer Medikation ihr Zustand nicht gebessert hatte, führte die Mutter ein Ferngespräch mit einem Arzt, der Ronnie-Sue zuletzt als Teenager gesehen hatte. Der Arzt rief sie im Krankenhaus an. Nachdem er die frühere Beziehung wiederhergestellt hatte, hypnotisierte er sie, wie er es Jahre zuvor getan hatte. Er wies sie an, sich eine Situation vorzustellen, die ihr angenehm wäre, und sie sah sich in den Bergen. Er sagte, ihre Atmung werde mühelos. Sie fühle sich besser und besser, und wenn sie aufwache, sei das Asthma fort. Als Ronnie-Sue aus der hypnotischen Trance erwachte, atmete sie leicht und ohne Beschwerden. Zwei Tage darauf wurde sie aus dem Krankenhaus entlassen.

Oscar N. Lucas hatte große Angst, bei Blutern Zahnextraktionen vorzunehmen. Deshalb ging er dazu über, sie zu hypnotisieren und ihnen mitzuteilen, sie hätten Eiswürfel im Mund. Wenn sie erwachten, würden sie im Mund kein Gefühl haben – so sagte er weiter –, ihr Zahnfleisch würde sich kalt anfühlen und sie würden kaum oder gar nicht bluten.

Nach 59 solchen Extraktionen verglich Lucas die Ergebnisse mit dem typischen Verlauf, den Zahnextraktionen bei Blutern nahmen, bevor er sich zur Hypnose entschloß: «Bei konventionellen Extraktionstechniken haben die Patienten im Durchschnitt sechs Tage im Krankenhaus verbracht und zweieinhalb Liter Blut bekommen. Die Heilung ihrer Wunden dauerte mehr als zwei Wochen. Unter Hypnose brauchten die Patienten keine Bluttransfusion, kein Krankenhaus, und ihre Zahnfleisch heilte im Durchschnitt nach 4,4 Tagen.»

In anderen Experimenten injizierte man den Versuchspersonen Pollenextrakte, gegen die sie – wie man wußte – allergisch waren. Sie reagierten wie erwartet, zeigten aber unter Hypnose überhaupt keine Reaktionen. Es ist Hypnotiseuren

sogar gelungen, Versuchspersonen zu veranlassen, sich nur auf einer Körperseite von Warzen zu befreien.
Die Hypnose mag dem unvoreingenommenen Beobachter schon merkwürdig vorkommen. Der Hypnotisierte verzichtet auf seine allmächtige Urteilskraft, fügt sich statt dessen den Anweisungen des Hypnotiseurs und kann sich heilen, eine Stunde unbeweglich auf einem Bein stehen, sich an die Namen der Kinder erinnern, mit denen er den Kindergarten besucht hat – lauter Großtaten, die sich kein Mensch bei Verstand zutrauen würde.
Martin Orme, ein Psychiater aus Philadelphia, teilte den Studenten eines psychologischen Einführungskurses mit, daß unter Hypnose die dominante Hand der Betroffenen von Katalepsie befallen werde. Als er die Studenten später hypnotisierte, berichteten 55 Prozent, sie könnten die dominante Hand nicht bewegen.
Patricia Bowers hat in zwei sorgfältig kontrollierten Experimenten ermittelt, daß Hypnose die Kreativität beträchtlich steigert. Dann führte sie eine ähnliche Studie mit einer Gruppe von Versuchspersonen durch, die vorgaben, hypnotisiert zu sein. Sie schnitten in den Kreativitätstests genausogut ab wie die hypnotisierten Versuchspersonen. Bowers vermutet, daß Versuchspersonen, die vorgeben, hypnotisiert zu sein, ihr schöpferisches Potential einfach dadurch freisetzen, daß sie sich von der Verantwortung für ihr typisches Verhalten entbunden fühlen.
Hypnose bewirkt keine charakteristischen physiologischen Veränderungen. Obgleich das EEG manchmal eine Häufung von Alpha-Wellen zeigt, läßt es sich nicht von dem eines normalen, wachen Bewußtseins unterscheiden. Bei entsprechenden Messungen hat man festgestellt, daß Herzfrequenz und Hautwiderstand sich verändern, wenn der Hypnotiseur es verlangt. Wird eine solche Anweisung nicht gegeben, bleiben sie relativ unverändert.

Experimente mit der Kirlian-Fotografie an der Universität von Kalifornien und in der Sowjetunion haben gezeigt, daß Hypnose zwar Veränderungen hervorruft, diese aber nicht systematisch sind. Tambiew und seine Mitarbeiter kommen sogar zu dem Ergebnis, daß sich die bei Hypnose zu beobachtenden Veränderungen der «Elektroenergie» auch in nichthypnotischen Zuständen durch *Anstrengung oder Emotion* erzielen lassen.

Wenn sich nun in der Biofeedback-Forschung und in den Experimenten mit Jogis gezeigt hat, daß Hypnose für Erscheinungen wie Schmerzunempfindlichkeit, außersinnliche Wahrnehmung, Selbstheilung, außergewöhnliche Gedächtnisleistungen nicht unbedingt erforderlich ist, warum funktioniert sie dann? Offensichtlich trägt die Suspendierung der Urteilskraft wesentlich zum Gelingen der Hypnose bei. In unserem alltäglichen Verhalten richten wir uns nach gewissen Annahmen über das, was man tun kann und was man nicht tun kann. In der Hypnose geben wir diese Annahmen freiwillig auf, indem wir uns ganz auf die Stimme des Hypnotiseurs konzentrieren.

Dennoch ist alle Hypnose letztlich Selbsthypnose. Die Versuchsperson entscheidet sich dafür, ihre Autonomie aufzugeben, und tut – wie man weiß – auch unter Hypnose selten etwas, das im Widerspruch zu ihren persönlichen Auffassungen steht. Seit Jahrhunderten gibt es deutliche Anhaltspunkte dafür, daß Hypnose von Erwartung beeinflußt wird. Beispielsweise meinen die meisten Menschen, daß jemand, der hypnotisiert wurde, sich hinterher nicht mehr an die Dinge erinnert, die während der Trance geschehen sind. Wenn jedoch der Versuchsperson vor der Hypnose mitgeteilt wird, daß Menschen sich an das, was während der Hypnose stattgefunden hat, erinnern können, so erinnern sie sich daran. Mesmers erste Patienten meinten, man erwarte von ihnen, daß sie Krämpfe hätten, also hatten sie welche.

Als die französische Akademie die Behauptungen Mesmers überprüfte, brachten mehrere Mitglieder vor, seine Patienten seien nur durch ihre lebhafte Vorstellungskraft geheilt worden. Woraufhin einer der Wissenschaftler nachdenklich meinte: «Vielleicht – aber wenn das so ist, was für ein wunderbares Ding ist dann die Vorstellungskraft!»

Wir verstehen weder Vorstellungskraft noch Hypnose, doch vielleicht ist uns ein Rätsel, an das wir uns bereits gewöhnt haben, angenehmer als ein neues Rätsel? Wenn nicht der Hypnotiseur der entscheidende Faktor ist, was dann?

Die neuen Verfahren haben vier Faktoren von der klassischen Hypnose übernommen: Suggestion, visuelle Vorstellung, Fokussierung der Aufmerksamkeit und Aufhebung der Urteilskraft. Die Autorität des Hypnotiseurs wird jedoch – wie etwa im autogenen Training – an den Betroffenen abgegeben. Deshalb haben die neuen Techniken bei vielen Menschen Erfolg, denen es schwerfallen würde, sich einem Hypnotiseur auszuliefern.

Zu den quasi-hypnotischen Verfahren gehören eine Reihe von Programmen, bei denen die visuelle Vorstellungskraft herangezogen wird, und zwar nicht nur zur Steigerung der Kreativität, sondern auch zur Veränderung physiologischer Prozesse. Tänzer und Sportler nehmen an Trainingsprogrammen teil, in denen sie sich bessere Bewegungskoordinationen, kräftigere Muskeln, mehr Anmut visuell vorstellen. Erstaunlicherweise sind die Ergebnisse mit denen tatsächlichen Trainings vergleichbar.

«Vorstellungserweckung» und «Simulation» sind Verfahren, die dem Betroffenen gestatten, sich einzubilden, er könne dieses oder jenes tun, oder einen hypnotischen Zustand zu simulieren (in dem er jene Dinge tun kann, die seiner Meinung nach ein Hypnotisierter tun würde). Unter solchen Bedingungen haben Menschen es ausgehalten, ihre Arme in schmerzhaft kaltes Wasser zu halten und visuelle Muster aus

Standardtests für Farbenblindheit herausgelesen, als litten sie an Rot-Grün-Blindheit. Versuchspersonen, die so taten, als seien sie hypnotisiert, zeigten einen jähen Leistungsanstieg in einem Kreativitätstest.
In allen genannten Fällen unterzog man Kontrollgruppen denselben Aufgaben. Sie mußten die Arme in eiskaltes Wasser legen, versuchen, das Farbblindheitsmuster zu erkennen, oder die Antworten eines Kreativitätstests beantworten. Das Wasser war unerträglich kalt, das Muster nicht zu erkennen, und die Antworten im Kreativitätstest blieben sich von Sitzung zu Sitzung gleich.
Kinder schneiden beim Biofeedback durchweg besser ab als Erwachsene, wohl vor allem, weil sie nicht wissen, daß sie Unmögliches versuchen. In den Biofeedback-Trainingsprogrammen der Menninger Foundation lernten Kinder rasch, ihre Handtemperatur zu steigern. Erwachsene, denen man vorher mitteilte, daß solche Kontrolle für unmöglich gehalten wird, hatten Schwierigkeiten beim Lernen. Erwachsene, denen man einfach eine Technik beigebracht hatte, lernten die Kontrolle in wesentlich kürzerer Zeit.
Einige Versuchspersonen, die unter Anleitung eines Forschers langsam die Handtemperatur gesteigert hatten (während sie beobachtet hatten, wie ein Zeiger nach rechts gewandert war), gerieten in Panik, wenn man ihnen mitteilte, daß es ganz allein ihr Werk sei. Die Temperatur sank jäh. Dabei hatten sie die ganze Zeit die Veränderungen selbst bewirkt. Sie sind wie die Figuren in Zeichentrickfilmen, die ein Dutzend Schritte über dem Abgrund machen, dann plötzlich bemerken, daß sie sich in der Luft befinden – und in die Tiefe stürzen.
Abgesehen davon, daß Georgi Lozanov am suggestologischen Institut in Sofia Kurse veranstaltet, in denen komplizierte Lerninhalte (wie etwa Fremdsprachen) in einem Zustand jogaähnlicher Ausgeglichenheit und Suggestion mühelos er-

worben werden, bringt er die Suggestologie auch in die Krankenhäuser, wo er die Patienten veranlaßt, sich zu entspannen, und ihnen suggeriert, sie fühlten sich wohl und hätten guten Appetit. Die Patienten sehen sich in ihrer Vorstellung gesund und glücklich. Es heißt, die Suggestion führe raschere Heilungen herbei, als unter normalen Bedingungen erwartet werden könnte.

Lozanov, der seit 25 Jahren Joga betreibt, glaubt, daß Jogis ihre erstaunlichen Leistungen vollbringen, weil sie einen suggestiven Zustand erreichen. Tatsächlich ähneln die Berichte über Heilung bei Meditation den hypnotischen Fallgeschichten. All diese Techniken haben in der Regel das Ziel, die in der Hirnrinde beheimatete Skepsis auszuschließen.

Der Psychologe Charles Tart fragte sich, ob die einem Menschen erreichbare hypnotische Ebene wirklich (wie allgemein angenommen) ein konstanter Faktor sei oder ob man nicht über sie hinausgelangen könne. Tart ging von der Überlegung aus, daß man, wenn die Enge der Verbindung tatsächlich die Tiefe der Hypnose bestimmt, diese Verbindung verbessern müßte, wenn man zwei Personen veranlaßte, sich gegenseitig zu hypnotisieren. Das – so meinte Tart – müßte die Trance vertiefen.

Seine Versuchspersonen waren zwei Studenten Mitte Zwanzig, die er als Anne und Bill bezeichnet. Beide besaßen sie etwas Erfahrung als Hypnotiseure und waren auch «einigermaßen hypnotisierbar». Tart stellte selbst eine Verbindung zu den beiden Hypnotisierten her, für den Fall, daß die beiden Mühe haben sollten, einander aus der Hypnose zu erwecken.

Nach den ersten Schritten der üblichen Induktionstechnik vertieften die beiden ihre beiderseitige Trance, indem sie sich laut beschrieben, was sie in ihrer Vorstellung erlebten. «Anne berichtete, sie sehe, daß sie beide mit einem Auto in der Wüste seien, vor ihnen spule die Straße ab. Kleine Eidechsen liefen über den Sand; jetzt gingen sie die Straße entlang, es sei heiß und stickig, trotzdem angenehm. Von Anne gefragt, teilte Bill mit, daß er denselben Traum erlebe. Spätere Fragen erbrachten, daß die beiden Versuchspersonen ihre wirkliche Umgebung jetzt völlig vergessen hatten und ganz in ihre halluzinatorische(n) Welt(en) versunken waren.»

Als Anne und Bill den Eindruck machten, in tiefer Trance zu sein, wollte Tart wissen, ob sie sich ohne Unterbrechung ihres hypnotischen Zustandes umherbewegen konnten. Er forderte sie auf, Wachheit zu simulieren. «Auf ein Zeichen hin öffneten sie beide die Augen, setzten sich auf, zündeten sich Zigaretten an, sprachen mit mir und einigen Beobachtern im Zimmer und behaupteten, wach zu sein.» Sie schalteten jedoch fast automatisch ab, als Tart sie aufforderte, über die Tiefe ihrer Trance zu berichten. Sie hörten auf, Wachheit zu simulieren, und verfielen wieder in ihren schlafähnlichen Zustand.

In einer zweiten Sitzung wanderten die Versuchspersonen tief in einen gemeinsam vorgestellten Tunnel hinein. Einmal stritten sie sich, ob sie etwas, das sie im Tunnel gefunden hätten, fortnehmen dürften oder nicht. «Anne wollte unbedingt in den Tunnel zurück und etwas zurückbringen; Bill meinte hartnäckig, beides ginge nicht, und führte sie gewaltsam aus dem Tunnel hinaus. Anne war darüber sehr unglücklich... Für Anne und Bill war der Tunnel absolut real... Obgleich es dunkel war, konnten sie seine Wände auf seltsame Weise sehen: Anne sagte, es sei, als ob sie ein ‹Licht› hätte, dessen Quelle unterhalb ihrer Augenbraue liege... Beide Versuchspersonen berichteten, die Oberflächenbeschaffenheit der Felswände ertasten zu können – weich und glitschig, wo Moos zu wachsen schien, und ziemlich rauh, wo der nackte Felsen hervortrat.»

In einer dritten Sitzung unterzogen sich beide Versuchspersonen verabredungsgemäß einem hypnotischen Traum. Beider

Traum endete ähnlich – Bills mit einer Strickleiter, Annes mit einem goldenen Strick. Nach der Sitzung berichteten sie, sie hätten sich in einer Art Himmel befunden. Vor ihnen habe eine Wasserfläche gelegen, die wie Champagner geschäumt habe. Später hätten sie darin geschwommen.

Die psychedelische Natur gegenseitiger Hypnose offenbarte sich in den lebhaften Vorstellungsbildern und der gesteigerten sensorischen Reaktivität. Als die Versuchspersonen Monate später die Protokolle der drei Sitzungen lasen, waren sie schockiert. In der Zwischenzeit hatten sie einige ihrer gemeinsamen Erlebnisse erörtert, die sie für reine Phantasie gehalten hatten. Jetzt stellten sie fest, daß es für viele der gemeinsamen Erlebnisse keinen verbalen Reiz gab. Offensichtlich hatten sie in telepathischer Kommunikation gestanden. Dadurch bekamen ihre Erlebnisse eine Wirklichkeit und Unmittelbarkeit, die sie beunruhigte. Die Experimente wurden abgebrochen.

Tart hatte beobachtet, daß sie in den gemeinsamen Hypnosesitzungen manchmal lange Zeit schweigend dasaßen und überrascht reagierten, wenn sie aufgefordert wurden fortzufahren. Sie schienen der Meinung zu sein, sich die ganze Zeit unterhalten zu haben.

Tart weist warnend darauf hin, daß wechselseitige Hypnose so heftige Erlebnisse hervorrufen kann, daß sie zu einer Gefahr für unreife oder wenig gefestigte Persönlichkeiten werden könnte. Zwei Collegestudenten, denen Tarts Versuchspersonen von dem Experiment erzählt hatten, beschlossen, es auszuprobieren. Einem gelang es nicht, aus der Hypnose zu erwachen, so daß ein Spezialist zu Hilfe geholt werden mußte.

Stanley Krippner vom Traumlabor am Maimonides Medical Center in Brooklyn untersucht, wie sich verschiedene Bewußtseinszustände auf Telepathie und Hellsehen auswirken.

Dazu benutzt er Träume, Meditation, Hypnose und Geräte zur Reizüberflutung des Sensoriums.
In einem Hellsehtest versuchte eine Gruppe von Versuchspersonen, die Zielobjekte (Kunstdrucke in undurchsichtigen Umschlägen) bei normalem, wachem Bewußtsein wahrzunehmen; eine zweite Gruppe versuchte sich in hypnotischem Zustand an der gleichen Aufgabe. Die hypnotisierten Versuchspersonen waren signifikant erfolgreicher, aber die nichthypnotisierten Versuchspersonen, die aufgefordert worden waren, eine Woche lang ein Traumtagebuch zu führen, träumten innerhalb der nächsten Tage von den Zielobjekten. «Als habe die Hypnose das Hellsehen beschleunigt», sagt Krippner. Im Traum ist die Urteilskraft – wie in anderen veränderten Zuständen – aufgehoben.
Gegenwärtig werden zahlreiche praktische Anwendungsmöglichkeiten der Hypnose untersucht. Eine ist die Zeitverformung, eine Technik, die der Versuchsperson ermöglicht, komplizierte Entwürfe, Arbeitspläne, Exposés und ähnliches auszuarbeiten – und das in Sekundenschnelle. Ihr erscheint diese Zeit wie Stunden oder ein ganzer Tag. I.F. Cooper, ein Psychiater aus Arizona, berichtet, daß ein leitender Angestellter während ein paar zeitverformter Sekunden eine derartige Ideenflut erlebte, daß er anschließend für den Versuch, all seine Eingebungen und Einsichten zu Papier zu bringen, ein dreistündiges Diktat benötigte.
In einem der ersten Experimente, das von Linn Cooper und Milton Erickson 1954 durchgeführt wurde, glaubte eine Collegestudentin, die sich mit Modeentwürfen beschäftigte, sie säße an einem Tisch, blicke aus dem Fenster, denke nach und brächte dann eine Skizze zu Papier. Sie meinte, es sei etwa eine Stunde vergangen. Tatsächlich waren zehn Sekunden verstrichen. Sie hatte einen vollständigen Entwurf im Kopf. Gewöhnlich mußte sie sich vier- bis zehnmal mehrere Stunden hinsetzen, um ein einziges Kleid zu entwerfen.

Gay Gaer Luce, die Wissenschaftsautorin, meint, daß es vielleicht im Nervensystem eines Menschen natürliche Einheiten für Zeit und Aufmerksamkeit gibt. «... nur die künftige Forschung kann uns darüber Auskunft geben, ob sie sich in etwa mit den Zeiteinheiten unserer Uhren decken. Studien über Zeitverformung machen deutlich, wie begrenzt unsere kulturbedingte Auffassung vom ‹Zeitsinn› sein kann, und bieten uns vielleicht eine Möglichkeit, die Wirksamkeit früher Erziehung dadurch zu erhöhen, daß wir die Lerninhalte in den ersten Schuljahren weit gedrängter präsentieren. Zahlreiche Wissenschaftler vermuten, daß jedes intelligente Kind das Wissen eines heutigen Abiturienten schon mit zehn Jahren erworben haben könnte. Durch Zeitverformungstechniken könnten Kinder ihr Lerntempo beschleunigen. Ein Umstand, der zu ihren Gunsten spricht, ist der rasche Stoffwechsel ihres Gehirns.»
Studien in den dreißiger Jahren haben bewiesen, daß Zeit sehr viel langsamer zu vergehen scheint, wenn die Körpertemperatur hoch ist, «was darauf schließen läßt, daß die Wahrnehmung kurzer Zeitintervalle durch ein chemisch-metabolisches Schrittmachersystem im Gehirn bestimmt wird». Möglicherweise bietet das höhere Stoffwechseltempo des Kindes eine Erklärung dafür, daß ihm die Zeit so langsam zu vergehen scheint, während es älteren Menschen, deren Stoffwechselvorgänge sich verlangsamt haben, so vorkommt, als rase sie dahin.

Jean Houston und R.E.L. Masters haben sich eines ungewöhnlichen Verfahrens bedient, um religiöse Erlebnisse experimentell zu induzieren. Gemeint ist ASCID (nach *Altered State of Consciousness Inducing Device;* die Abkürzung ist phonetisch nicht von *acid,* dem englischen Wort für Säure, zu unterscheiden), ein Gerät zur Induzierung veränderten Bewußtseins, dessen humoristische Bezeichnung bewußt ge-

wählt ist. Houston und Masters ging es in diesen Experimenten um die Möglichkeit drogenunabhängiger psychedelischer Erfahrung.
Ursprünglich haben sie ASCID zur Förderung eidetischer Vorstellung entwickelt. Hören wir, wie John Houston das Gerät beschreibt: «Im wesentlichen ist es ein Metallpendel, das die aufrechtstehende, von breiten Leinwandbändern umgebene und mit einer Augenbinde versehene Versuchsperson umkreist. Der Behälter, in dem sich die Versuchsperson befindet, schwankt von einer Seite zur anderen, vor und zurück oder führt rotierende Bewegungen aus, je nach den Anstößen, die vom Körper der Versuchsperson ausgehen. In der Regel kommt es nach zwei bis zwanzig Minuten zu einem veränderten Bewußtseins- oder Trancezustand.»
Die Tiefe des Zustands schwankt zwischen leichter und somnambulistischer Veränderung, wobei er sich allerdings insofern von der typischen hypnotischen Trance unterscheidet, als es die Beziehung zwischen Hypnotiseur und Hypnotisiertem nicht gibt. Bei Houston und Masters heißt es dazu: «Er begibt sich, wenn man so will, auf seinen eigenen Trip.» Er kann den Anregungen des Versuchsleiters folgen, muß es aber nicht.
Versuchspersonen, die ihre Erfahrung mit hypnotischer und ASCID-Trance gemacht haben, behaupten, daß beide Zustände sich deutlich unterscheiden, aber stehen vor dem alten Problem: die Sprache ist nicht in der Lage, die Unterschiede zu fassen.
Die audio-visuelle Umwelt ist ein anderes Verfahren, mit dessen Hilfe Houston und Masters einen hypnoiden Zustand zu schaffen versuchen. Farbdias zweier Projektoren verschmelzen miteinander und trennen sich, während die Versuchsperson «eine synchron aufgezeichnete Lautsequenz hört, bei der es sich in der Regel um elektronische Musik handelt». Die Dias – abstrakte Ölbilder auf Glasplatten von 5 × 5 cm –

werden auf eine halbkreisförmige Projektionswand von 250 × 250 cm projiziert. Die Versuchsperson hat das Gefühl, sich in den Bildern zu befinden.

Die Versuchsleiter merken an, daß viele Wissenschaftler, die auf dem Gebiet veränderter Bewußtseinszustände arbeiten, den Verdacht hegen, daß längeres Fernsehen ausreicht, um einen hypnoiden Zustand zu erzeugen, wodurch die Anfälligkeit für Propaganda und Werbung steige.

Zu den tiefreligiösen Erfahrungen, von denen einige der ASCID-Benutzer berichten, meinen die Forscher: «Richtiger wäre es vermutlich, wenn man sagen würde, daß wir ihnen *halfen*, diese Erfahrung zu machen, denn die betreffenden Versuchspersonen brachten die Ansprechbarkeit und Aufgeschlossenheit mit, die ihnen ermöglichte, solche Erlebnisse zu machen...»

Sie beschlossen zu untersuchen, welcher Erfahrungstypus bei Personen gefördert werde, die nicht über eine solche Voraussetzung in Gestalt des Wunsches oder Bedürfnisses nach religiöser Entfaltung verfügten. Gewöhnlich suggerierten sie der durch ASCID in Trance versetzten Versuchsperson, ihr Körper und die Welt würden in kleinste, bewegliche Teilchen zerfallen. Man wies sie an, Selbstkonzept und Ich fahren «und auch dieses mit dem riesigen und endlosen Meer des Seins verschmelzen und in ihm treiben zu lassen».

Sie sagten den Versuchspersonen dann, sie könnten in diesem Zustand verharren, so lange sie wollten, und erleben, wie Körper und Ich allmählich verschmolzen. *Unabhängig von der Tiefe des Trancezustandes* verspürten die Versuchspersonen Seligkeit, eine mystische und ozeanische Ekstase. Die Euphorie hielt auch nach Ende des Experimentes noch an.

In anderen Experimenten stellten die Versuchspersonen sich vor, sie stürben und würden wiedergeboren. Die Berichte von ihren Erlebnissen wiesen eine verblüffende Ähnlichkeit mit denen von klassischen mystischen Zuständen auf. Hören wir, wie eine Versuchsperson von ihrer Wiedergeburt berichtet: «Es fand eine Art ungeheurer Explosion in Zeitlupentempo statt. Ringsum und an dem Punkt, wo das Licht versickerte, wallte und strömte Energie hervor. Es war unglaublich. Dann wuchs der Kreis in meinem Inneren und wuchs und nahm unendliche Ausmaße an, das Ganze von harmonischen Klängen untermalt. Eine unhörbare Beethoven-Symphonie ließ den Ort erzittern... Ich wurde riesenhaft und transparent, erfüllt und durchdrungen von dem Licht und dem Feuer. Und ich dachte: Mein Gott ist ein Gott der Liebe, und er lebt in mir.»

Wenn Versuchspersonen nach solchen Wiedergeburtserlebnissen die Augen wieder öffnen, berichten sie oft von einer vorübergehenden Schärfung ihrer Wahrnehmung.

Houston und Masters bekennen, daß sie durch die Induktion religiöser Erlebnisse im Trancezustand Zugang zu den «fernsten und tiefsten Bereichen der Psyche» gesucht haben.

Auch Bernard Aaronson hat die Trance dazu benutzt, um Erlebnisse zu induzieren, die denen bei psychedelischer Intoxikation ähneln. Seinen hyptnotisierten Versuchspersonen wurde in einer Reihe längerer Experimente mitgeteilt, daß sie entweder extreme Tiefe oder eine ebene Fläche, entweder verschwommene oder scharf umrissene Bilder wahrnehmen würden.

In den Experimenten, in denen extreme Tiefe suggeriert wurde (in etwas geringerem Maße auch in Versuchen, in denen klarumrissene Bilder beschworen wurden), erlebten die Versuchspersonen einen Zustand der Euphorie. «Eine Versuchsperson berichtete, daß alles Teil einer göttlichen Ordnung sei, und sie ihr Leben fortan in den Dienst Gottes stellen müsse. Eine zweite Versuchsperson beschrieb die Welt zugleich ‹...als riesigen, geordneten Garten und Ort einer fröhlichen, unwiderstehlichen Wildnis›, eine dritte Versuchsperson betitelte ihren Bericht von der Sitzung: ‹Und dann kam die Tiefe!› Die beiden Versuchspersonen mit einschlägiger Erfahrung (in psychedelischen Drogen) verglichen das Erlebnis mit einem Marihuana-Trip.»

Wenn eine ebene Fläche suggeriert wurde, reagierten die Versuchspersonen in der Regel wie Schizophrene. Unbeteiligte Beobachter, die Persönlichkeitstests durchführten, stellten in Verhalten und Testantworten ausgeprägt schizoide Merkmale fest. Tatsächlich berichten viele Schizophrene, daß sie alles flach und zweidimensional sähen. Dagegen ist der Beginn akuter Psychose häufig charakterisiert durch verschärfte Wahrnehmung von Einzelheiten und Farben. Die Welt gleicht einem gut gemachten Comic strip. Flach scheint das Bild erst in einer zweiten Phase zu werden.

Wenn Aaronson seinen Versuchspersonen suggerierte, die Welt sei geschrumpft oder von erheblich größeren Ausmaßen, glich ihr desorientiertes Verhalten dem von LSD-Benutzern auf einem *Bad Trip*.

Interessant ist, daß zu Aaronsons Experiment ein Simulant gehörte, der nur so tat, als ob er hypnotisiert sei. Häufig erlebte er in Übereinstimmung mit den hypnotisierten Versuchspersonen Euphorie und schizoide Wahrnehmungen.

Hypnotisierte Versuchspersonen haben oft das Gefühl, sich selbst auf einer anderen Altersstufe zu erblicken. Milton Erickson erinnert sich an ein Mädchen, das zwei jüngere Schwestern hatte, ein eineiiges Zwillingspaar. In der Hypnose hatte sie das Gefühl, «ein Paar eineiiger Zwillinge zu sein, die zusammen aufwuchsen und immer alles voneinander wußten». An ihre eigenen Zwillingsschwestern schien sie sich nicht zu erinnern.

Nach den psychedelischen Erfahrungen, von denen Aldous Huxley in *The Doors of Perception* und *Heaven and Hell* berichtet, erwarb er bemerkenswerte Fähigkeiten in einer Technik, die der Selbsthypnose ähnelt. Er nannte den Zu-

stand, den er dabei erreichte, «tiefe Reflexion». Die Vorstellungskraft und Erinnerungsfähigkeit, die ihm im Trancezustand zu Gebote standen, machten großen Eindruck auf Milton Erickson.
Nach einem dieser Experimente, das zwei Stunden gedauert hatte, berichtete Huxley – wie sich Erickson erinnert – von einem unglaublichen Erlebnis. Er habe sich auf einem ihm unbekannten Hügelhang befunden und sei dort einem sechsjährigen Jungen begegnet. In seiner Phantasie sei er selbst sechsundzwanzig gewesen und der Junge Aldous Huxley mit sechs Jahren. Er konnte sich nicht nur von seinem sechsundzwanzigjährigen Standpunkt in den Jungen hineinversetzen, er spürte sogar den Appetit des Kindes auf «Pfefferkuchen». Er erlebte das ganze Leben des Kindes, ohne je zu wissen, was als Nächstes kam, weil der sechsundzwanzigjährige Huxley hinsichtlich der zurückliegenden Jahre an Gedächtnisschwund litt. Tag um Tag verging; er folgte dem Kind von der Grundschule aufs Gymnasium und erlebte mit, wie es sich entscheiden mußte, ob es das College besuchen sollte oder nicht und was es studieren sollte. Er verspürte die Angst, die Erleichterung und die Hochstimmung dieses beobachteten, sich wandelnden Selbst.
Das Auseinanderbrechen des Ich und die Überzeugung, daß das Bewußtsein in einen fremden Körper eingekehrt sei, sind merkwürdige Begleiterscheinungen veränderter Zustände.
So erstaunlich es klingen mag, der hochtalentierte Huxley war vor seinen Experimenten mit psychedelischen Drogen zu keinerlei visuellen Vorstellungen fähig gewesen. Die reiche Vorstellungswelt, die sich ihm durch Halluzinogene und später durch die selbstinduzierten Trancezustände erschloß, war eine zentrale Erfahrung für diesen Menschen, dem ein «geistiges Auge» nicht gegeben war.

Psychedelische Drogen: Erregungszustände, Trauma, Therapie

«Schnaps macht die Leute verrückt»,
hat Don Juan gesagt, «er trübt die Vorstellungskraft.
Meskalin dagegen schärft alles. Es gibt dir einen klaren Blick.»
CARLOS CASTANEDA
(Eine andere Wirklichkeit. Neue Gespräche mit Don Juan)

Nie zuvor haben so viele Menschen so oft so sehr unter der Einwirkung von Drogen gestanden. Als eine Forschungsgruppe in Boston beschloß, die Wirkung von Marihuana auf Versuchspersonen mit und ohne Erfahrung mit dieser Droge zu vergleichen, brauchten sie zwei Monate, um neun Studenten aufzutreiben, die noch nie Marihuana zu sich genommen hatten. Eine Erhebung an der Universität von Kalifornien hat erbracht, daß 70 bis 80 Prozent der Medizinstudenten erfahrene Marihuanakonsumenten sind. Eine landesweite Erhebung unter 1314 Ärzten zeigte, daß 25 Prozent schon irgendwann Marihuana geraucht haben. In San Franzisko und New York lagen die Zahlen weit höher. Einer von drei amerikanischen Studenten hat Marihuana mindestens einmal probiert. In Kalifornien liegt diese Zahl schon bei Highschool-Schülern höher. Eine Erhebung aus dem Jahre 1971 an den Highschools des Bezirks San Mateo kam zu dem Ergebnis, daß 32 Prozent der Schüler der Abschlußklassen in den vergangenen zwölf Monaten 50mal oder häufiger Marihuana geraucht hatten. William McGlothin, ein Forschungspsychologe an der Universität von Kalifornien, kam 1972 zu

der Schätzung, daß 2,1 Millionen Amerikaner dreimal in der Woche oder häufiger zu Marihuana greifen und weitere 5,9 Millionen ein- bis achtmal im Monat.
Diese Statistik mag manchen Leser in bedrückender Weise an Aldous Huxleys *Schöne Neue Welt* erinnern. Werden uns die psychedelischen Drogen in diese Richtung treiben?
Als Marihuana zunächst nur von ein paar Jazzmusikern benutzt wurde, interessierten sich die amerikanischen Behörden kaum für seine Eigenschaften. Jetzt, da die Zahl seiner Konsumenten unabsehbar geworden ist, laufen eiligst in die Wege geleitete Forschungsprogramme, die herausfinden sollen, was Marihuana im Gehirn anrichtet und ob es bleibende Schäden hervorrufen kann. Unglücklicherweise wissen wir – wie einer der Forscher feststellte – so wenig über das Gehirn, daß die Wirkungsweise des Marihuanas noch einige Zeit lang ein Geheimnis bleiben wird.
Der Wirkungsträger im Marihuana heißt Tetrahydrocannabinol (THC). Die Substanz wird aus indischem Hanf gewonnen, dessen Bodenblätter und Blütenspitzen als Marihuana verkauft werden. Der zähflüssige Pflanzensaft ist Haschisch. Es enthält ungefähr 20 Prozent THC. Die Wirksamkeit des in den USA auf der Straße erhältlichen Marihuanas schwankt zwischen 0 Prozent (wenn es sich nämlich zufällig um Luzerne oder Origano handelt, die Marihuana sehr ähnlich sehen) und 0,5 Prozent. Marihuana, das für Forschungszwecke im Regierungsauftrag im Staate Mississippi angebaut wird, erreicht zwei Wirkungsgrade: 1,5 und 3 Prozent.
Wenn Marihuana zu wirken beginnt, zeichnet das EEG einen höheren Prozentsatz von Alphawellen auf. Die Herzfrequenz steigt, die Augen röten sich, und der Mund wird pelzig trocken. Auf Blutdruck, Atmung und Blutzucker wirkt sich die Droge jedoch nicht aus. Konsumenten berichten von Euphorie, Zeitverformung, verstärkter Tiefenwahrnehmung und gesteigerten Sinneseindrücken.

Beim Menschen läßt Erwerb und Speicherung von Gedächtnisinhalten nach, merkwürdigerweise wirkt sich Marihuana jedoch kaum oder gar nicht auf die Erinnerung von Information aus, die vor Einnahme der Droge erworben wurde. Offensichtlich wird die Fähigkeit des Gehirns, neue Erfahrung zu verarbeiten, beeinträchtigt. Der Konsument hat Schwierigkeiten, komplexe Handlungspläne zu entwickeln und auszuführen. Er kann vielleicht in Viererschritten von hundert aus rückwärtszählen, verheddert sich aber, wenn er eine bestimmte Zahl ansteuern soll. Auch in Tierstudien haben sich Lern- und Gedächtnisschwächen gezeigt.
Eine Forschungsgruppe hat die Wirkung von Marihuana mit Alkoholintoxikation verglichen. Dazu wurde einer Gruppe von Versuchspersonen die Alkoholmenge verabreicht, die sechs Drinks äquivalent ist, während die Marihuanaprobanden rauchten, bis sie selbst der Meinung waren, einen Rausch zu haben. Eine dritte Gruppe erhielt nichts. Die Leistungen der Marihuanaprobanden erreichten die der nüchternen Versuchspersonen. Dieser Bericht wird häufig von Anwälten angeführt, deren Klienten festgenommen worden sind, weil sie sich unter Marihuanaeinfluß ans Steuer setzten. Richard Orkand von der Universität von Kalifornien kritisiert die methodischen Mängel der Studie. Er wendet ein, daß sich nicht entscheiden lasse, wieviel THC die Raucher inhaliert hätten. Orkand, der in seiner eigenen Studienzeit an zahlreichen Marihuanastudien teilgenommen hat, meint: «Jeder, der einmal wirklich high gewesen ist, weiß, daß man nicht in der Lage ist zu fahren.»
Marihuana unterstützt die beruhigende Wirkung von Barbituraten und die anregende Wirkung von Amphetaminen. Allein genommen, ist es hingegen nichttoxisch. In Tierexperimenten konnte gezeigt werden, daß eine tödliche Dosis Marihuana 40000mal größer ist als die Menge, die normalerweise inhaliert wird.

Oft entwickeln regelmäßige Konsumenten eine merkwürdige Empfänglichkeit für die Wirkung der Droge, ein Phänomen, das man als umgekehrte Toleranz bezeichnet. Der gewohnheitsmäßige Konsument braucht in der Regel kleinere Dosen für einen Rausch als der unerfahrene Konsument. Das mag auf kumulative Effekte zurückzuführen sein, auf eine gesteigerte Empfindlichkeit (wie bei einem Allergen) oder auf den Erwerb von Enzymen, die THC zu einem beständigeren Metaboliten* umwandeln. Denkbar ist auch, daß unmerklich die Fähigkeit gelernt wird, die Wirkung besser zu nutzen oder zu erhöhen. Erfahrene Benutzer haben selbst nach dem Genuß von Placebo-Zigaretten oder nach Placebo-Injektionen berichtet, Wirkung zu verspüren.

An der Medical School der Universität von Kalifornien gab der Forscher Reese Jones jeder Versuchsperson eine Zigarette, die entweder Marihuana oder ein Placebo enthielt. Außerdem verabreichte er jeder Versuchsperson eine Injektion mit entweder Alkohol oder einem Placebo. Die Versuchspersonen, alle erfahrene Pot-Raucher, konnten den Unterschied zwischen einem Marihuana- und einem Alkoholrausch nicht angeben.

Die brasilianische Polizei lieferte eine Erklärung für die verwundernden Berichte über Ratten, die aggressiv den Kampf mit Katzen suchten. Die untersuchenden Beamten entdeckten, daß die ungewöhnlich wilden Ratten vom Marihuana genascht hatten, das man bei einer Rauschgiftrazzia beschlagnahmt und in einem Gerichtsgebäude der Stadt gelagert hatte.

Bei den meisten Arten wird Marihuana jedoch Aggression eher dämpfen als steigern. Zahlreiche Studien haben gezeigt, daß Affen einen merklichen Rückgang ihrer Aggressivität

* In seinen Stoffwechselprozessen verleiht der Körper bestimmten Substanzen ständig eine etwas andere Gestalt. Diese Produkte heißen Metaboliten.

aufweisen. Auch Menschen erscheinen unter Marihuana gewöhnlich fügsamer als im Normalzustand. Ein gelegentlicher Benutzer wird deprimiert und/oder gewalttätig, vielleicht weil das Marihuana seine emotionalen Kontrollen abbaut.

Die relative Unschädlichkeit von Marihuana – gemessen an den resultierenden Verhaltensweisen – wurde bereits in den vierziger Jahren erkannt. Der damalige Bürgermeister von New York City, Fiorello La Guardia, berief eine Kommission ein, die den Auftrag hatte, die Rolle dieser Droge für die örtliche Kriminalität zu untersuchen. Nach der Untersuchung der Pot-Zentren in Harlem, das damals die Hochburg des Marihuanas war, veröffentlichten die Kommissionsmitglieder einen umfangreichen Bericht, in der sie die Droge von irgendeiner nennenswerten Mitschuld an der Kriminalität lossprachen. Eine andere Studie aus dieser Zeit befaßte sich mit der Frage, ob Marihuana ein Suchtmittel sei. Für einen Zeitraum von mehreren Wochen erhielten Gefängnisinsassen so viel Marihuana, wie sie wollten. Als die Droge abgesetzt wurde, traten keinerlei Probleme auf, obgleich die Gefangenen im Durchschnitt siebzehn Zigaretten täglich geraucht hatten.

Zwar kommt es im Anschluß an Marihuanagenuß selten zu Psychosen, doch Haschischbenutzer in Indien, die also die wirksamere Spielart von Cannabis zu sich nahmen, haben desorientiertes Verhalten und schwere Gedächtnisbeeinträchtigungen gezeigt. Zu ihrem Glück verschwanden die erheblichen Verhaltensveränderungen, wenn das THC ausgeschieden war. Dänische Forscher erklären, sie hätten etwa zweitausend Fälle von Lernstörungen entdeckt, die auf den häufigen Haschischgenuß bei älteren Schülern zurückzuführen seien.

Irreversible Hirnschäden sowie Verlust von Gehirnprotein und DNS ist bei Ratten beobachtet worden, die Dosierungen erhielten, welche dreißigmal größer als die bei Menschen getesteten Mengen waren. Um Vergleiche zuzulassen, müßte ein menschlicher Proband jahrelang 40 bis 50 hochkonzentrierte Marihuanazigaretten am Tag rauchen. Wie ungewiß solche Studien auch immer erscheinen mögen, noch liegen die Ergebnisse der Forschungsberichte über die Auswirkungen auf das Gehirn nicht geschlossen vor. Die Möglichkeit, daß Cannabisgenuß auf lange Sicht zu unmerklichen Gehirnschäden führt, ist durchaus nicht auszuschließen.

Nur sehr wenige gewohnheitsmäßige Konsumenten bleiben bei einer einzigen Droge.

Die Untersucherung der Frage, inwieweit Marihuana Schädigungen des Gehirns verursacht, wird durch Amphetamine, Barbiturate, Tranquilizer, LSD, selbst Antihistamine erschwert. Die Erhebung an einer Universität zeigte, daß 44 Prozent der starken Marihuanaraucher auch zumindest einmal Opium geraucht hatten.

Das größte Problem, das aus dem verbreiteten Marihuanagenuß erwächst, nennt Louis West, Leiter des Fachbereichs Psychiatrie an der Universität von Kalifornien, das «amotivationale Syndrom». Soziale Gleichgültigkeit und Motivationsmangel zeigen sich überall in der Welt, wo Cannabis in großen Mengen konsumiert wird. Viele Psychologen befürchten, daß gerade die Menschen am eifrigsten nach chemischer Hochstimmung suchen, die sie am schlechtesten verkraften können – die Unstabilen, die Eskapisten, die Deprimierten, die Unsicheren. In einer Zeit, da die Psychopharmakologie Präparate entwickelt hat, die speziell für Depression, Neurose und einige Psychosearten bestimmt sind, ist die Selbstmedikation mit Pot eine fragwürdige Therapie.

West weist darauf hin, daß die Lernstörungen bei den Haschischkonsumenten unter dänischen Schülern am häufigsten bei den Jugendlichen auftraten, deren Lebensgeschichte Trauma und Deprivation erkennen ließ. Der stabile Jugendliche aus der Mittelschicht kann längeren gewohnheitsmäßigen Konsum verkraften, bevor Veränderungen sichtbar werden. Allerdings haben Erhebungen an der Universität Wesleyan und der Universität von Kalifornien keine Beziehung zwischen Notendurchschnitt und Marihuanakonsum erbracht.

Motivationsveränderungen sind auch in einigen Tierstudien beobachtet worden. Nehmen wir beispielsweise die Katzen, die an der Universität von Toronto unter Marihuana gesetzt und beobachtet wurden: «Die Tiere starrten ins Leere und machten häufig den Eindruck, als folgten sie irgendwelchen Reizen mit den Augen, obgleich für den Versuchsleiter kein beweglicher Stimulus erkennbar war. Alle Dosierungen riefen Synchronismus (synchronisierte Hirnwellenaktivität) hervor... Alle verabreichten Mengen führten zu Erbrechen und Defäkation. Die Tiere schienen das nicht zu bemerken. In den meisten Fällen saßen sie inmitten ihrer Exkremente, ein höchst ungewöhnliches Verhalten für Katzen.»

Wie schädlich sich Marihuana auch immer auf das Verhalten auswirken mag, als Alternative für Problemtrinker besitzt es therapeutischen Wert. Ein Beispiel ist die Fallgeschichte, die Tod Mikuiya, der Forschungsdirektor an der Gladman Memorial Foundation in Oakland, Kalifornien, in der *Medical Times* erzählt. Die Krankheitsgeschichte der damals 49jährigen Patientin berichtet von Alkoholismus, der begonnen hatte, als sie ein Teenager war. Sie tauschte ihren Alkoholismus, der sie zu völliger Hilflosigkeit verurteilte, gegen eine leichte Marihuanaabhängigkeit ein. Der geringfügige Rauschzustand, in dem sie sich durch periodischen Marihuanagenuß hielt, nahm ihr die Spannung und die Unsicherheit, die sie in nüchternem Zustand stets verspürt hatte. Sie konnte wieder am sozialen Leben teilnehmen.

Obgleich praktisch alle Wissenschaftler, die auf diesem Gebiet arbeiten, dafür eintreten, den Besitz von Marihuana nicht unter Strafandrohung zu stellen, zögern die meisten, aufgrund der gegenwärtig verfügbaren Daten die Legalisierung zu empfehlen. Für den Fall, daß Marihuana legalisiert werden sollte, schlagen einige Forscher vor, die Droge in bundeseigenen Apotheken vertreiben zu lassen, ähnlich wie der Alkohol in einigen Landesteilen über staatliche Monopolläden verkauft wird, so daß sich eine verzweigte, privatwirtschaftliche Industrie wie etwa die Zigarettenindustrie nicht entwickeln kann.

Im Unterschied zu Marihuana sind viele wichtige Halluzinogene den Überträgersubstanzen des Gehirns auffällig ähnlich. *Bofotenin,* das aus einigen Krötenarten sowie einer bestimmten Pilzart gewonnen wird, kann auch durch Stoffwechselprozesse aus der Überträgersubstanz Serotonin gewonnen werden. *Meskalin,* eine Substanz, die sich in den Fruchtknoten des Peyote-Kaktus findet und von amerikanischen Indianern rituell benutzt wurde, weist chemische Verwandtschaft zum Adrenalin auf und ist auch einer Substanz sehr ähnlich, die im Urin von Schizophrenen entdeckt wurde. An das LSD wurden deshalb so viele Hoffnungen geknüpft, weil es dem Serotonin zugleich sehr ähnlich ist und es hemmt. Zuerst glaubte man, es werde eine Modellpsychose hervorrufen. Doch heute kennt man andere pharmakologische Wirkstoffe, die die Überträgersubstanzen hemmen, ohne schwere Halluzinationen hervorzurufen. Die Welt ist um Tausende von wissenschaftlichen Aufsätzen reicher und um Millionen von Forschungsdollars ärmer, aber weder Schizophrenie noch LSD oder Serotonin haben ihre grundlegenden Geheimnisse preisgegeben.

Dennoch sind einige interessante Fortschritte erzielt worden, und die psychedelischen Drogen haben sich für die Therapie als überraschend nützlich herausgestellt. Inzwischen werden die Fragen, die man stellt, immer provokativer.

Unter LSD-Einfluß zeigt das EEG ein hohes Erregungsniveau. Einige Forscher vermuten, daß dieses Hirnwellenmu-

ster keineswegs einen Wachzustand darstellt, sondern die intensive Aktivität eines Gehirns, das sich in einer paradoxen Form von Schlafzustand befindet – der sogenannten REM-Phase (der Phase schneller Augenbewegungen), die häufig mit bizarren Träumen verknüpft ist.
Wie der Schweizer Wissenschaftler Werner Koella ausführt, scheinen Katzen unter starker LSD-Einwirkung visuell zu halluzinieren. Sie schlagen etwa nach eingebildeten Fliegen oder weichen vor einem imaginären Angreifer zurück. LSD bewirkt, daß der Reiz vom Thalamus des Gehirns langsamer verarbeitet wird, während die Hirnrinde eine abnorm kurze Reaktionszeit aufzuweisen scheint, sobald ihr die Botschaft übermittelt worden ist. Koella vermutet, daß die Rinde, wenn sie keinen visuellen Input erhält, in ihrem äußerst reizbaren visuellen Bereich eine eigene Bildwelt produziert, die nichts mit dem zu tun hat, was das Auge wahrnimmt. Die Vermutung, daß das Gehirn eine spezielle Innenwelt schafft, wird bekräftigt durch eine Veröffentlichung der nordamerikanischen Regierung: *LSD-25: A Factual Account.* Dort heißt es, LSD schicke auch dann Impulse durch den Sehnerv, wenn seine Verbindung mit dem Auge des Experimentaltieres durchtrennt worden sei. Experimente mit erblindeten Menschen führten zu ähnlichen Ergebnissen. Die Autoren setzen hinzu: «Was gesehen wird, findet sich nicht in der objektiven Wirklichkeit, sondern entsteht im Organismus.»
Normalerweise führt ein wiederholter Reiz bei Tieren zu einer großen Vielfalt von Reaktionen. LSD reduziert diese Vielfalt um 75 Prozent. Die psychomimetische (psychoseähnliche) Wirkung von Substanzen wie LSD kann an eben dieser Fähigkeit zur Reduktion von Vielfalt liegen. Koella erklärt, daß Ratten die gleiche Wirkung, also eine erheblich verminderte Reaktionsvielfalt, zeigten, als man ihnen Extrakte von Plasmaprotein Schizophrener verabreichte.
Koella wies auch auf eine in den fünfziger Jahren an Spinnen

durchgeführte Untersuchung hin. Unter dem Einfluß von LSD wiesen ihre Netze regelmäßigere Winkel auf. Wieder stehen wir vor dem oben erörterten Phänomen: Immer wieder sind veränderte Bewußtseinszustände verknüpft mit Hirnsynchronismus, Regelmäßigkeit, gleichförmigen Reizen – oder, wie in diesem Falle, einer dramatisch reduzierten Variabilität der EEG-Reaktionen. Erneut drängt sich die Vermutung auf, daß, wer oder was auch immer die Hirnrinde bewohnt, zeitweilig die Adresse geändert hat. Außerdem gibt es den in subjektiven Berichten von LSD-Benutzern häufig anzutreffenden Hinweis auf Außerkörpererlebnisse.

LSD wurde erstmals 1938 von Albert Hoffman, einem Schweizer Chemiker, gewonnen. Fünf Jahre später entdeckte er durch Zufall die halluzinogenen Eigenschaften der neuen Substanz. Ein hunderttausendstel Gramm reicht für einen Trip. Die unglaubliche Wirksamkeit der Droge und die Hoffnung, daß sie die Geheimnisse der Geisteskrankheiten lüften könnte, haben schon Jahre, bevor sie illegal hergestellt und verherrlicht wurde, die Forschung beflügelt. Ein naher Verwandter in der organischen Welt ist die Lysergsäure, die sich im Samen einiger amerikanischer Windenarten findet.

Obgleich LSD nicht süchtig macht, kommt es bei regelmäßigem Genuß zu wachsender Toleranz für seine Wirkung. Konsumenten von Halluzinogenen entwickeln häufig eine parallele Toleranz für andere psychedelische Drogen. Die Substanz hat mehr Fragen zum chemischen Haushalt des Gehirns aufgeworfen als beantwortet, doch hat sie sich in der Radikaltherapie als nützlich erwiesen. Aufgrund ihrer heftigen, manchmal unvorhersehbaren Wirkung, wird sie meist bei Patienten verwendet, die auf konventionelle Behandlungsmethoden nicht ansprechen.

Autistische Kinder, die – wie heute allgemein angenommen – Opfer einer organischen Störung sind, leben stumm in einer eigenen Welt, sind, von eigens zu diesem Zweck entworfenen Umwelten abgesehen, unfähig zu lernen und in permanente Selbststimulierung versunken: sie schlagen mit dem Kopf gegen die Wand, schütteln die Finger, wiegen sich. Einige Psychologen haben autistische Kinder mit Halluzinogenen behandelt – mit erheblichen Dosen, die täglich oder wöchentlich über einen längeren Zeitraum verabreicht wurden. Auf ungeklärte Weise ist es dieser starken psychedelischen Droge gelegentlich gelungen, einen Durchbruch zu bewirken, wo nichts anderes half.

Lauretta Bender, eine der bekanntesten Forscherinnen auf dem Gebiet des Autismus, hat einigen Kindern ein ganzes Jahr lang täglich LSD gegeben. Sie berichtet, daß bislang stumme Kinder zu sprechen begannen, größere emotionale Reaktivität, Stimmungsanstieg und Rückgang des klassischen zwanghaften Verhaltens erkennen ließen. «Sie erschienen frischer, ihr Blick war wacher, und sie zeigten sich ungewöhnlich interessiert an ihrer Umwelt... Sie beteiligten sich mit größerem Eifer an Bewegungsspielen mit Erwachsenen und anderen Kindern... Sie suchen positive Kontakte mit Erwachsenen, nähern sich ihnen mit emporgewandtem Gesicht und wachblickenden Augen und reagieren auf Streicheln, Zuneigung usw.» Sie berichtet außerdem, daß stereotypes Kreisen und rhythmisches Verhalten zurückgingen. Einige Kinder zeigten zum erstenmal in ihrem kurzen Leben einen situationsgemäßen Gesichtsausdruck.

Wie Autismus widersetzt sich Alkoholabhängigkeit hartnäkkig allen Behandlungsversuchen. 1952 beschlossen Humphry Osmond und Abram Hoffer, zwei Ärzte aus Saskatchewan, zwei alkoholischen Patienten LSD zu verabreichen. Sie hofften, dadurch ein modellhaftes Delirium tremens herbeizuführen. Der absolute Tiefpunkt, der – wie viele Alkoholiker bezeugen – zugleich die Umkehr bedeuten kann, ist oft von Delirium tremens begleitet.

Einer der beiden Alkoholiker wurde geheilt. Diese Heilungsrate von 50 Prozent hat sich seither in jeder größeren Studie zur LSD-Therapie von Alkoholismus bestätigt. Hoffer und Osmond haben beobachtet, daß ihre alkoholischen Patienten dabei in der Regel irgendeine angenehme Erfahrung durchleben, die ihnen Aufschluß über ihre Alkoholproblematik gibt. Die Forscher empfehlen die LSD-Therapie in Verbindung mit Beratung und als Vorbereitung für den Beitritt zu den Anonymen Alkoholikern.

Das Wort «psychedelisch» hat Osmond geprägt, um die positive, therapeutische Wirkungsweise von LSD in der Alkoholismustherapie zu bezeichnen. Er bemerkt dazu, daß alkoholabhängige Patienten, die einer Vorauswahl unterzogen wurden, eher einen psychedelischen Trip als eine psychomimetische Erfahrung machten. Hoffer und Osmond raten, alle Alkoholiker einer solchen Vorauswahl zu unterwerfen, und zwar nicht nur nach präpsychotischen Symptomen, sondern auch nach einem Kriterium, das sie «Malvaria» oder Malvenfaktor genannt haben. Die betreffenden Personen scheiden im Urin eine Substanz ab, die einen mit einem bestimmten Reagens beschichteten Teststreifen malvenfarben färbt. «Purpurmenschen» kommen häufiger vor, als man vermuten würde. Beim Test an zweitausend Patienten haben Hoffer und Osmond festgestellt, daß der Malvenfaktor bei 33 Prozent aller Alkoholiker vorkommt, bei 27 Prozent der Neurotiker, 10 Prozent körperlich erkrankter Personen und bei 33 Prozent der Menschen, die in enger Verwandtschaft zu Personen stehen, welche den Malvenfaktor aufweisen oder schizophren sind. Außerdem ist er nachweisbar bei 75 Prozent derer, die an akuter Schizophrenie erkrankt sind, bei 50 Prozent derer, die behandelt worden sind, aber noch an Schizophrenie leiden, und bei niemandem, der von der Schizophrenie geheilt ist.

Alkoholiker, die den Malvenfaktor aufweisen, schließen Osmond und Hoffer in den meisten Fällen von der LSD-Behandlung aus. Von 60 Alkoholikern aus dieser Gruppe, die sie behandelt haben, haben – nach Angaben der Wissenschaftler – nur wenige eine echte psychedelische Reaktion erlebt. Die Wirkung der Droge hielt länger an, und kein Patient aus dieser Personengruppe konnte durch die LSD-Erfahrung von seiner Alkoholabhängigkeit befreit werden.

Einige Archetypen und Mythen der menschlichen Seele treten in veränderten Bewußtseinszuständen unwiderstehlich zutage. Dazu gehört offensichtlich das dynamische Bedürfnis nach Tod und Wiedergeburt der Psyche. Der Mythos vom Tod des Ich und der transzendentalen Wiedergeburt scheint der Grundstein der Psychotherapie mittels LSD zu sein.

Stanislav Grof wurde ursprünglich bekannt, weil er in seiner Heimat, der Tschechoslowakei, hartnäckige Psychosen erfolgreich mit LSD behandelte. Später wurde er Leiter der Psychiatrie am Maryland State Psychiatric Research Center in Baltimore. Der religiöse Charakter von Symbolismus und Mythologie seiner Patienten faszinierte Grof. Trotz geographischer und kultureller Unterschiede der Patienten gab es in ihren Phantasien bemerkenswerte Übereinstimmungen. Im Verlaufe der Therapie schienen sie vier Phasen zu durchlaufen. Jede ist geprägt von religiösem Symbolismus.

In Phase I durchlebten sie noch einmal die religiöse Unterweisung ihrer Kindheit, vor allem die Konflikte, die sie barg. In Phase II erfuhren sie Schmerz und Leid, auch dies gewöhnlich in einem religiösen Rahmen. Unabhängig von ihrem kulturellen Kontext suchten sie die Hölle auf, wobei sich jüdische und christliche Symbole häuften. In dieser Phase kam es häufig zur Identifikation mit Christus; die Patienten durchlebten seine Erniedrigung, seine Qualen, den Zusammenbruch unter dem schweren Kreuz und die Kreuzigung selbst. Phase III wurde erhellt von einem Hoffnungsschimmer; die Patienten meinten, sie würden geläutert. Visionen von Mose, den Zehn Geboten, dem brennenden Dornbusch, Sodom und Gomorra sowie der Sintflut wurden geschildert. In der vierten und letzten Phase erlebten sie Rettung, Erlösung und Befreiung, wobei sich Tod und Wiedergeburt ihres Ich für sie als Christi Tod und Auferstehung darstellte. Grof vergleicht diese Befreiung mit den Erfahrungen der Urchristen. Die Patienten fühlten sich von drückender Angst und Schuld befreit und waren erfüllt von strahlender Freude, Liebe und Barmherzigkeit.

In Phase IV traten verstärkt Archetypen aus hinduistischer Religion und Philosophie auf. Grof weist darauf hin, daß die Parallelen verblüffend sind. «Wiederholt zeigten sich in den LSD-Sitzungen Auffassungen vom Sinn des Lebens und den wahren Wünschen des Menschen, die sich absolut mit hinduistischen Vorstellungen deckten.»

Die Läuterung in Phase III scheint unter anderem zu bewirken, daß materieller Erfolg abgelehnt wird und die Suche nach billigen Vergnügungen Schuldgefühle erweckt. Nach der vierten Phase jedoch – so hören wir von Grof – lassen die Patienten das Vergnügen als eines der trivialeren Ziele gelten und verstehen den Erfolg in der Welt als einen berechtigten Ehrgeiz, «wenn er zur rechten Zeit und in vernünftigen Maßen gesucht wird».

Häufig erlebten die Patienten die Vereinigung mit Gott, die Grof als «Verschmelzungssekstase» bezeichnet, und äußerten eine Überzeugung, die dem alten wedischen Spruch entspricht, der lautet: *Tat tvan asi* – wörtlich übersetzt «Du bist Das», was soviel heißt wie «Du bist Gott». Grof sagt weiter, daß die Hinduauffassung, die sich die menschliche Persönlichkeit grundsätzlich als geschichtet und dynamisch vorstellt, sich vollkommen mit den LSD-Erlebnissen deckt, in denen eine Persönlichkeitsschicht nach der anderen zutage tritt.

Andere Elemente der LSD-Sitzung tragen buddhistische

Züge. Die Patienten schildern ein Nirwana, eine ruhige und wundervolle Leere. Grof hat beobachtet, daß sich dieses Erlebnis durch harmonische Lautuntermalung fördern läßt. Einige Patienten haben auch ein reines, inneres Sein, einen kristallinen Kern, der dem dschainistischen *Dschiva* entspricht. Häufig durchlaufen sie vegetarische Phasen.

In seltenen Fällen kommt es in späten Sitzungen auch zu einem Loslösungsprozeß, der dem Kundalini im Tantra-Joga ähnelt. Patienten, die noch nie von der Kundalinilehre gehört hatten, beschrieben, wie ihnen eine Kraft durchs Rückgrat ins Gehirn fuhr. Ein paar Patienten bekannten auch, daß ihnen die sexuelle Vereinigung, die sie bislang als biologischen Akt betrachtet hätten, jetzt als Sakrament erscheine – eine Auffassung, die auch im Tantra-Joga zum Ausdruck kommt.

Viele Patienten berichten in Phase IV aus früheren Leben, eigenen oder dem anderer. Grof berichtet: «gewöhnlich stark emotional besetzte Erinnerungen an Szenen voller Haß, Feindseligkeit, Eifersucht, Demütigung, Mord usw.» Gewöhnlich sind es Ereignisse aus vergangenen Jahrhunderten und fremden Ländern. Die Patienten führen diese Erlebnisse nicht unbedingt auf Reinkarnation zurück, sondern ziehen durchaus die Möglichkeit in Betracht, daß sie damit zu phylogenetischen Erinnerungen, zum kollektiven Unbewußten vorgestoßen sind. Die Erinnerungen werden nicht wahnhaft ausgesponnen.

Grof weist darauf hin, daß LSD bei normal angepaßten Versuchspersonen häufig schon in der ersten Sitzung beginnende transpersonale Veränderungen hervorruft und dann rasch zu «Tod- und Wiedergeburt»-Erlebnissen führt.

Niemand weiß, warum die LSD-Therapie manchmal bei neurotischen oder psychotischen Patienten anschlägt, die für traditionelle Psychiatrie und Medikation nicht erreichbar sind. Vielleicht ist eine unbekannte, überdauernde neurologische Veränderung dafür verantwortlich. Vielleicht auch führt die Wirkung dieses heftigen Erlebnisses zu einer Art persönlichem Durchbruch. Grof mag recht haben, wenn er sagt, das LSD zeige den menschlichen Geist «als einen mächtigen Eisberg, der in seiner Tiefe neben Elementen eines individuellen und kollektiven Unbewußten auch alte phylogenetische Erinnerungen umschlossen hält». Er glaubt, daß die klassische und neoklassische Freudsche Analyse, die sogenannte Tiefenpsychologie, kaum an der Oberfläche des Eisbergs kratzt.

LSD wird bei der Behandlung unheilbar kranker Patienten nicht in erster Linie deshalb eingesetzt, weil es die Fähigkeit besitzt, Schmerzen zu lindern, vielmehr ist es ein psychologischer Nutzen, der in diesem Zusammenhang das Interesse zahlreicher Psychiater und Psychologen geweckt hat.

In Walter Pahnkes Studie wurden die Patienten einige Tage, bevor sie LSD bekamen, einer intensiven Psychotherapie unterzogen. Während der Sitzung hörten sie aus Stereokopfhörern klassische Musik. Das Klassenzimmer war voller Blumen und voller Gegenstände, die persönliche Bedeutung für sie besaßen. Ein Therapeut und eine psychiatrisch geschulte Krankenschwester waren den ganzen Tag zugegen. Gegen Abend dann, als die Wirkung nachließ, durften Familienangehörige zum Patienten.

Auffälligstes Ergebnis der Therapie war, daß der Patient seine Angst vor dem Tod verlor. Pahnke berichtet, daß der Patient nach dieser Erfahrung von der Aufgabe des Ich und mythischer Transzendenz «ein intensives Bewußtsein von völlig neuen Erfahrungsdimensionen gewinnt, die er wohl vorher nicht für möglich gehalten hat». Pahnke hat erlebt, daß Patienten, die keine Zeile von William James gelesen hatten, seine Auffassung umschrieben, die besagt, das Gehirn sei ein Bewußtseinsfilter, welcher nur Teile eines größeren Bewußtseins passieren läßt. Sie wurden sich bewußt – so Pahnke –, daß ihr Gehirn «eine teilweise undurchdringliche Linse ist, welche nur ein paar Strahlen eines übermächtigen Glanzes durchläßt...». Aus ihrem LSD-Erlebnis schlossen die sterbenden Patienten, daß der Tod oder Zerfall eines individuellen Gehirns nicht das Ende des größeren Bewußtseins bedeutete. Wiederholt beschrieben sie, wie eine Schwelle sich senkte und sie dadurch in der Lage waren, ein ewiges Jetzt jenseits von Zeit und Raum zu erfahren. Häufig behaupteten sie, diesen Augenblick «außerhalb des Körpers» erlebt zu haben. Übereinstimmend hieß es, sie seien «nach Hause» gekommen.

Zwei Gefahren wohnen psychedelischen Drogen inne: die Psychose und eine mögliche Chromosomenschädigung. Die erste ist sehr real, die zweite keineswegs bewiesen. Bei LSD-Benutzern, die von Hause aus instabil oder psychoseanfällig sind, kann ein *Bad Trip* zur Einbahnstraße werden. Neben der Gefahr dauernder Geisteskrankheit gibt es das Unsterblichkeitssyndrom, das bei LSD-Konsumenten und Schizophrenen gelegentlich zu unbeabsichtigtem Selbstmord führt. Nachdem der Konsument erfahren hat, was Pahnke das größere Bewußtsein nennt, mögen ihm einige der differenzierteren Aspekte entgehen und er zu dem Schluß kommen, er könne gefahrlos aus einem hochgelegenen Fenster springen.

Schließlich können plötzliche Rückfälle Gefahr bringen. Ein Schauspieler hatte unter Aufsicht eines Freundes LSD zu sich genommen. Zwei Wochen später, er hatte nach einem Taxi telefoniert, stand er wartend am Fenster seines im zweiten Stock gelegenen Zimmers. Als das Taxi hielt, trat jemand aus der Tür des benachbarten Gebäudes und machte Anstalten, das Taxi heranzuwinken. Der ärgerliche Schauspieler öffnete das Fenster und wollte gerade die sechs Meter bis zum Bürgersteig hinabspringen, als sein Zimmergenosse ihn bei den Schultern packte. In diesem kurzen Augenblick hatte unser Schauspieler einen spontanen Rückfall in die Wahrnehmungswelt des LSD erlebt. Er hatte den Eindruck gehabt, der Bürgersteig läge nur einen Schritt unter ihm.

Eine andere Geschichte ist die Kontroverse über mögliche Chromosomenschäden durch LSD. Die Wissenschaftler bedienen sich – wie alle Fachleute – in ihrem Bereich einer eigenen Sprache. Sie haben Schwierigkeiten, ihre Befunde für die Presse zu übersetzen. Im März 1967 wurde in *Science* über einen möglichen Zusammenhang zwischen LSD-Genuß und Chromosomenschädigung berichtet. Obwohl andere Forscher dem Bericht sofort Mängel vorwarfen und die Autoren selbst bekannten, daß ihr Material keine eindeutigen Schlüsse zulasse, posaunte die Presse innerhalb von vierundzwanzig Stunden hinaus, daß LSD Chromosomenschäden verursache. Später brachte *The Saturday Evening Post* eine Geschichte mit dem Titel «The Hidden Evils of LSD», die sie mit nicht ausgewiesenen Bildern von schrecklich mißgebildeten Säuglingen illustrierte. Eine Seitenüberschrift verkündete «Wenn Sie LSD nehmen, können ihre Kinder mißgebildet oder retardiert zur Welt kommen». Ähnliche Horrorgeschichten waren in anderen Publikumszeitschriften zu lesen.

Inzwischen meldeten andere Wissenschaftler Widerspruch gegen diese Theorie an. Aus verschiedenen Gründen läßt sich die Chromosomenschädigung nicht eindeutig auf LSD zurückführen. 1. Sie kann auch durch Veränderungen in Temperatur und Sauerstoffdruck, durch bestimmte Viren oder Antibiotika, Kalzium- und Magnesiummangel, Chloroform, Quecksilberverbindungen oder Morphin hervorgerufen werden. In einem Experiment wurde sogar bewiesen, daß Aspirin Chromosomen in gleichem Maße schädigen kann wie LSD. 2. In den meisten Experimenten wurden die Chromosomen nicht im lebenden Organismus, sondern in irgendeinem Laborarrangement untersucht. Lebende Organismen sind häufig in der Lage, Substanzen zu entschärfen, die in einem Reagenzglas nachweislich Schaden anrichten. 3. In

den wenigen Fällen, in denen Frauen, die LSD eingenommen hatten, schwer mißgebildete Kinder zur Welt gebracht haben, hatten die Mütter auch andere Drogen genommen, unter anderem Marihuana, Barbiturate und Amphetamine.
LSD wird selten als einzige starke Droge eingenommen. 4. Viele Forscher haben Mengen benutzt, die kein LSD-Konsument einnehmen würde. 5. Die Mütter aller sechs mißgebildeten Kinder, die in der Literatur erwähnt werden, haben schwarz hergestelltes LSD genommen, das im Vergleich zum Labor-LSD verunreinigt oder verfälscht gewesen sein mag. 6. Wird LSD während der ersten drei Schwangerschaftsmonate genommen, wirkt es wahrscheinlich direkt und nicht über die Chromosomen auf den wachsenden Fötus ein – wie das ja auch von anderen Drogen bekannt ist.

1971 kam *Science*, die Zeitschrift, die die Kontroverse ausgelöst hatte, in einem Artikel, der die 92 inzwischen erschienenen Forschungsberichte prüfte, zu dem Ergebnis, daß die ursprüngliche These nicht haltbar sei. Norman Dishotsky, Wendell Lipscomb, W.D. Loughman und Robert Mogar kamen zu folgendem Schluß: «Aufgrund unserer eigenen Arbeit und in kritischer Würdigung der Literatur meinen wir, daß reines LSD, in gemäßigten Dosen eingenommen, keine Chromosomen *in vivo* schädigt, keine erkennbare genetische Schädigung verursacht und beim Menschen weder teratogen noch karzinogen ist. Insofern meinen wir, daß – von Schwangerschaft abgesehen – gegenwärtig nichts gegen die Fortsetzung kontrollierter experimenteller Verwendung von LSD spricht.»

Ein Forschungsüberblick im *American Journal of Psychiatry*, der fünfzehn Studien einbezog, kam im großen und ganzen zum selben Schluß. Inzwischen ist jedoch ein Bericht erschienen, der neue Beunruhigung bringt. Edward Voss, ein Mikrobiologe von der Universität in Illinois, hat herausgefunden, daß entweder LSD oder eines seiner Stoffwechselprodukte die Produktion von Antikörpern in den Milz- und Lymphknotenzellen unterband, die er im Labor untersuchte. Schon früher hatte es informelle ärztliche Berichte gegeben, denen zufolge sich LSD-Konsumenten nur schwer von Infektionen zu erholen schienen.

In jedem Falle beschränkt sich die klinische Anwendung von LSD fast ausschließlich auf Patienten, deren Lage so verzweifelt ist, daß ein gewisses Risiko in Kauf genommen werden kann: Alkoholiker, Geisteskranke, unheilbar Kranke, autistische Kinder.

In seinem Bericht über Drogenmißbrauch für die Ford Foundation und in seinem Buch *The Natural Mind* kommt Andrew Weil zu der Auffassung, daß wir mit dem Problem des Mißbrauchs psychedelischer Drogen nur fertig werden können, wenn wir dem menschlichen Drang nach Bewußtseinsveränderung Rechnung tragen. Er führt aus, daß es in der Geschichte praktisch keine Kultur gab, die nicht irgendwelche Methoden zur Erlangung nichtalltäglichen Bewußtseins hatte, und empfiehlt, die Gesellschaft solle einen sicheren Rahmen für entsprechendes Experimentieren liefern. Man könne sich das etwa vorstellen wie in gewissen Stammeskulturen: rituell erhalten Jugendliche bewußtseinsverändernde Drogen von Erwachsenen, die erfahren genug sind, sie durch dieses Erlebnis zu führen. Nachdem die jungen Menschen die Grenzen von Drogen erfahren hätten, müßten sie theoretisch bereit sein, sich mit nichtchemischen Techniken der Bewußtseinsveränderung zu befassen. Weil sagt: «Oft ist zu beobachten, daß Menschen, die schon seit langem Drogen nehmen, das Rauschgift zugunsten von Meditation aufgeben, so wie Richard Alpert*, aus dem Baba Ram Dass, Schüler eines Hinduguru, wurde. Nie jedoch ist zu beobach-

*Alpert und Timothy Leary arbeiten als junge Harvard-Dozenten gemeinsam an Experimenten mit LSD. Alpert hat solche Experimente viele Jahre befürwortet.

ten, daß Menschen, die seit langem meditieren, die Meditation aufgeben, um LSD-Fans zu werden. Diese Beobachtung legt nahe, daß die meditativen Trips besser als die Drogentrips sind – eine Vermutung, die nicht moralisch, sondern ganz einfach praktisch verstanden werden sollte.»

Studien an den Universitäten von Kalifornien, Harvard und Malmö haben gezeigt, daß transzendentale Meditation ein erstaunlich wirksamer Ersatz für den Drogentrip ist. In den Experimentalgruppen verringerte sich der Konsum von psychedelischen Drogen, Amphetaminen, Opiaten und Alkohol. In einer Untersuchung hörten 82 Prozent der 143 Versuchspersonen völlig mit dem Drogenkonsum auf. Die schwedischen Forscher hatten Versuchspersonen ausgesucht, die Mißbrauch im klinischen Sinne betrieben. Ironischerweise konnten sie ihre Kontrollgruppe nur drei Monate und nicht wie vorgesehen sechs Monate lang führen, weil die Teilnehmer allzusehr darauf drängten, meditieren zu lernen.

Eva Brautigan berichtet, daß das Malmöer Experiment Wallace und Benson recht gebe, die gemeint hatten: «Studentische Drogenbenutzer sind als Gruppe über die abträgliche Wirkung des Drogenmißbrauchs unterrichtet. Im allgemeinen fällt es studentischen Drogenkonsumenten nicht schwer aufzuhören. Das Problem ist nur, sie dazu zu bringen, aufhören zu wollen.»

John Lilly, Richard Alpert und der Anthropologe Carlos Castaneda – alle Halbgurus der psychedelischen Gegenkultur – haben ausführlich dargelegt, wie sie entdeckten, daß Drogen nur eine annähernde Vorstellung vom Reichtum erweiterten Bewußtseins bieten können. Castaneda nennt halluzinatorische Drogen schädlich. In einem Rückblick auf seine lange psychedelische Karriere sagt Alpert: «Es war schrecklich frustrierend. Als würdest du ins Himmelreich kommen, sehen, wie es da ist, und die neuen Bewußtseinszustände spüren, und dann schmeißt man dich wieder raus...»

Gehirndoping: Das Trojanische Pferd

«... ich habe einen sehr schwachen, unglücklichen Kopf zum Trinken.»
WILLIAM SHAKESPEARE (Othello)

Wenn von Drogenmißbrauch die Rede ist, denkt man gewöhnlich an Heroin, LSD und Marihuana. Doch überraschenderweise sind psychedelische Drogen und Morphinderivate nicht die Hauptschuldigen an der Drogenkrise der Gesellschaft. Wenn Heroin auch unleugbar im Leben des Abhängigen größte Verwüstung anrichtet und ein entscheidender Faktor für die Verbrechensstatistik ist, so ist die Zahl der Benutzer doch kleiner als vielfach angenommen.
Eine Tragödie viel größeren Ausmaßes ist den legal erhältlichen Medikamenten anzulasten. Nach Auskunft der Rauschgiftbehörden von Bund und Staaten wird der häufigste Mißbrauch mit Amphetaminen, Barbituraten und Alkohol getrieben. 1972 waren Barbiturate das Drogenproblem Nummer eins in den Schulen von Los Angeles und übertrafen damit sogar Marihuana und Alkohol. In einem Zeitraum von fünf Jahren ist die Menge der gesetzlich beschlagnahmten Barbiturate um 2000 Prozent gestiegen.
Ein medizinischer Sachverständiger nach dem anderen wiederholte vor der Parlamentarischen Sonderkommission zur Verbrechensbekämpfung, das verbreitetste, beeinträchtigendste und gefährlichste Suchtproblem in den Vereinigten Staaten sei der Amphetaminmißbrauch. Die Abhängigkeit von

Aufputschmitteln hat unter jungen Menschen aus der weißen Mittel- und Oberschicht epidemische Ausmaße angenommen. In dem verzweifelten Versuch, den Schwarzhandel unter Kontrolle zu bekommen, hat das US-Justizministerium 1972 die pharmazeutischen Unternehmen des Landes angewiesen, ihre Amphetaminproduktion gegenüber dem Vorjahr *um mehr als 80 Prozent* zu drosseln.*

Als der Amphetaminmißbrauch langsam nachließ, zog der Verbrauch von Barbituraten an. Man beschnitt die Herstellung und Verteilung von Barbituraten in ähnlicher Weise – und prompt tauchte ein neuer Renner auf der Drogenszene auf. Die Teenager in den Vorstädten kauften und verkauften «Sopors», barbituratfreie Schlaftabletten (Methaqualon, Markenname: Quaalude). Diesmal informierten die Hersteller die Rauschgiftbeamten des FBI darüber, daß das Medikament in den Fabriken gestohlen wurde.

Wie psychoaktive Drogen auf Gehirn und Körper einwirken, ist selbst bei denen, die sie einnehmen, relativ unbekannt. Viele Ärzte denken kaum noch über die Pharmaka nach, die sie verschreiben. Ärzte sind sogar, was die Rauschgiftsucht angeht, ein stark gefährdeter Personenkreis. Überraschenderweise sind dagegen Apotheker, die den besten Zugang haben, kaum gefährdet. Sie erklären das damit, daß sie zu viel von Drogen wüßten, um in Gefahr zu kommen.

Zu den Risiken psychoaktiver Drogen meinen vier Psychiater in *Science:* «Beim Geben und Nehmen von Drogen zahlt man für das, was man bekommt. Zu häufig übersehen die

* 1971 sind legal zehn Milliarden Einheiten hergestellt worden. Zwar wird offiziell ein Großteil der Produktion exportiert, doch werden nur allzuhäufig ganze Schiffsladungen in die Vereinigten Staaten zurückgeschmuggelt. Außerdem wird die Droge auch in Schwarzmarktlabors hergestellt. Woher das Amphetamin auch immer kommen mag, in einem der letzten Jahre beschlagnahmten FBI-Agenten auf dem illegalen Markt mehr als zehn Millionen Dosierungseinheiten.

Menschen, daß hier mit doppelter Buchführung gearbeitet wird... Zur medizinischen Mythologie unserer Zeit gehört die Vorstellung, aus irgendeinem Grunde müsse der Drogenkonsument nicht den gleichen Preis bezahlen, wenn ihm seine Droge vom Arzt verschrieben wird.»

Die Autoren erinnern ihre Kollegen daran, daß die Selbststeuerfunktionen des Körpers von der verwendeten Droge übernommen werden können. Diese Gefahr läßt sich an einem einfachen Beispiel zeigen: die chronische Verstopfung, die aus dem Mißbrauch von Abführmitteln resultiert. Die natürliche Peristaltik kommt schließlich zum Erliegen, weil es die Medikamente übernommen haben, die Darmkontraktionen anzuregen.

Wenn der Körper sich schließlich dem eindringenden Wirkstoff ausliefert, kann das fatale Folgen haben. Eine plötzliche Zunahme der asthmabedingten Todesfälle in England zeigte sich zum gleichen Zeitpunkt, als die beliebten Bronchodilatatoren eingeführt wurden. Die Inhalatoren enthalten Substanzen, deren Wirkungsweise das sympathische Nervensystem des Körpers nachahmt. Allergiespezialisten hegen den Verdacht, daß diese Geräte schließlich zum Ausfall der natürlichen Notfallfunktion führen können. Dann wird in einer kritischen Atmungssituation kein Adrenalin mehr ausgeschüttet. Von den Asthmatikern, deren Tod in den letzten Jahren in England untersucht wurde, haben 84 Prozent auf Anraten ihres Arztes Aerosol-Bronchodilatatoren benutzt.

Paul Ehrlich hat einmal gehofft, Medikamente könnten Zauberkugeln sein, die immer nur ein bestimmtes Organ oder einen bestimmten Virus träfen. Aber leider haben alle Medikamente ihre Nebenwirkungen. Zu den Präparaten, deren Primärwirkung dem Gehirn gilt, gehören Amphetamine, Barbiturate, psychedelische Drogen, Tranquilizer, Antidepressiva und Morphinderivate. Sogar Hormone wirken primär auf das Gehirn ein. Die Pille führte, in großen, therapeutischen Dosen verabreicht, bei 4 Prozent der wegen Unfruchtbarkeit behandelten Frauen von Armeeangestellten zu Psychosen. Medikamente mit besonderer Wirkung – harntreibende Mittel, Antihistamine – können indirekt psychoaktiv sein.

Der Zweite Weltkrieg wurde nicht nur mit Panzern und Bombern geführt, sondern auch mit Speed und Bambinos. Auf beiden Seiten wurden Psychostimulanzien eingesetzt, um Kampfesmüdigkeit abzubauen und Piloten auf ihren langen Einsätzen wach zu halten. Da die Arbeiter in den japanischen Munitionsfabriken mit Amphetaminen aufgeputscht wurden, saßen die pharmazeutischen Hersteller bei Kriegsende auf einem riesigen Tablettenberg. So priesen sie ihre Amphetamine als Energiespender an; mit dem Ergebnis, daß Japan Mitte der fünfziger Jahre eine halbe Million Amphetaminsüchtige aufzuweisen hatte. Fünfzigtausend Fälle von Amphetaminpsychose wurden berichtet.

1954 wurden in Japan Amphetamine gesetzlich verboten, und in wenigen Jahren war die Epidemie vorüber. 1964 kam es auch in Schweden nach einer plötzlichen Zunahme der Kriminalität, die man auf Amphetaminsucht zurückführte, zum Verbot der Droge.

Erstmals gewann man die Droge Ende des 19. Jahrhunderts. Das erste kommerzielle Produkt, Benzedrin, kam jedoch erst 1932 auf den Markt. 1938 erschienen die ersten drei Berichte über Amphetaminpsychosen. In allen drei Fällen handelte es sich um Narkoepileptiker. Die Opfer dieser merkwürdigen Krankheit können mitten im Satz oder auf offener Straße plötzlich vom Schlaf überwältigt werden. Alle drei hatten die vorgeschriebene Dosis erheblich überschritten.

Lange Jahre blieb die euphorische Wirkung von Amphetaminen der Öffentlichkeit weitgehend unbekannt. Die ersten Benutzer waren vor allem Fernfahrer, Sportler, Studenten, die fürs Examen paukten, hungerkurende Hausfrauen, Narkoepileptiker und hyperkinetische Kinder. (Paradoxerweise sind Amphetamine in der Regel geeignet, Kinder mit bestimmten neurologischen Problemen zu beruhigen – und aus irgendwelchen Gründen werden die Kinder nicht süchtig. Wie übrigens auch die meisten Narkoepileptiker nicht.)

Solomon Snyder meint, daß es Mitte der sechziger Jahre in San Franzisko zur ersten verbreiteten Suchtwelle kam, als die Hippies Methamphetamin zum LSD hinzuzufügen begannen, um seine Wirkung zu steigern. Einige ließen das LSD sausen und wurden *Speed Freaks.* Der *Speed Freak* konnte nach Auffassung Snyders «oft nicht ertragen, sich der durch das LSD hervorgerufenen überwältigenden Selbsterfahrung auszusetzen; er zog den schlichten, sauberen Trip vor».

Amphetamine in Tablettenform heißen einschlägig Bambino, Christmas-Tree, Co-Pilot, Pep Pill, Pepper-Upper, Speed. Zur Bezeichnung «Co-Pilot» soll es durch folgende Geschichte gekommen sein: Ein Fernfahrer hatte mit Hilfe von Amphetaminen zwei Tage lang ohne Pause am Steuer gesessen. Als man ihn aus den Trümmern seines Lastwagens zog, berichtete er den Polizeibeamten, er habe beschlossen, in die Koje hinter der Fahrerkabine zu krabbeln, um eine Mütze voll Schlaf zu nehmen; so habe er das Steuer an den anderen Fahrer übergeben. Leider war dieser Beifahrer ein Amphetaminprodukt; unser Fahrer war die ganze Zeit allein gewesen.

Der Süchtige kann bis zum Hundertfachen der vom Hersteller empfohlenen Menge vertragen. Gewöhnlich spritzt er sich schließlich das Methamphetamin intravenös. Wenn es zu wirken beginnt, erlebt er den sogenannten *Flash* oder *Rush,* einen intensiven euphorischen Augenblick, der einmal als «Orgasmus am ganzen Körper» geschildert worden ist. Selbst nichtsüchtige Benutzer fühlen sich unter Amphetaminwirkung euphorisch, selbstsicher und auf Draht. Leicht läßt sich einsehen, warum die Droge so süchtig macht. Die Euphorie ist – im Gegensatz zu Opiaten – nicht von einer anderen Welt, sondern eine ganz diesseitige Hochstimmung, wie bei guten Nachrichten. Der Benutzer wird gesprächig und aufgedreht.

Amphetamine ähneln in ihrer Struktur dem Adrenalin. Man meint, daß sie die Überträgersubstanzen des Gehirns an der Synapse, dem Spaltraum zwischen den Nervenzellen, freisetzen. Gewöhnlich werden diese Substanzen inaktiviert, sobald sie ihre Aufgabe erfüllt und die Botschaft an die benachbarte Zelle weitergegeben haben. Die Zelle nimmt den Überträger wieder auf. Amphetamine verhindern diese Zurücknahme. Die Substanzen setzen die Exzitation der benachbarten Zellen fort. Es ist, als ob auf einem Schaltbrett alle Lichter an wären. Offensichtlich erschöpft diese übermäßige Aktivität schließlich den Vorrat der Zellen an Norepinephrin (NE), einer der Überträgersubstanzen. Auf eine längere Amphetaminhochstimmung kann ein plötzlicher Abfall folgen. Erschöpfte Autofahrer, die durch die pausenlose Einnahme von Amphetamin ihr Schicksal herausfordern, können einen Zusammenbruch am Steuerrad erleben. In Tierexperimenten hat das Präparat schwere Hypoglykämie verursacht. Solche Zusammenbrüche können also auch die Folge eines Insulinschocks sein.

Längerer Mißbrauch führt unvermeidlich zu einer psychotischen Episode. Deshalb glauben viele Forscher, die Amphetamine könnten bei dem Bestreben, den chemischen Ursachen der Schizophrenie auf die Spur zu kommen, zu einem Durchbruch führen. Wie bei akuter paranoider Schizophrenie herrschen auditive Halluzinationen vor. In beiden Fällen wird das Übel mit demselben Präparat (Phenothiazin) behandelt. An der Vanderbilt-Universität induzierte John Griffin bei vier jungen Süchtigen, die sich freiwillig zur Verfügung gestellt hatten, eine Psychose, indem er die Amphetamindosis steigerte. Innerhalb von zwei bis fünf Tagen erlitten sie alle einen Zusammenbruch. Einer berichtete dem Arzt, er sei das Ziel von «Strahlen aus einem riesigen Oszillator», ein anderer, daß seine Frau vorhabe, ihn zu ermorden. In anschließenden Interviews stellte sich heraus, daß in allen Fällen die ersten paranoiden Gedanken den offenen psychotischen Symptomen um acht Stunden vorausgegangen waren. Bei drei der vier Versuchspersonen verschwanden die psychotischen Symptome innerhalb von acht Stunden nach Absetzung der Droge. Der vierte war erst nach weiteren drei Tagen frei von Symptomen.

Snyder und seine Mitarbeiter haben beobachtet, daß Amphetamine auf die Gehirnbahnen über zwei Überträgersubstanzen, Dopamin und Norepinephrin, einwirken. Sie glauben, daß die Droge wichtige Aufschlüsse über die Schizophrenie geben kann. Der *Speed Freak* zeigt nämlich nicht nur Hyperaktivität, sondern auch bizarres, repetitives Verhalten. So kann er beispielsweise ein Handtuch falten und entfalten oder zwanzig Minuten auf ein Tischbein einschlagen. Snyder vermutet, daß Dopaminreizung vermutlich das repetitive Verhalten erkläre und daß NE-Reizung für die Euphorie, die Appetitdämpfung und die Hyperaktivität verantwortlich ist. (Die NE-Bahnen durchqueren ein Lustzentrum im Vorderhirn und dringen auch in den Hypothalamus ein, wo sie unter Umständen nicht nur auf Lustregionen, sondern auch auf das Sättigungszentrum einwirken.)

Snyder meint, daß die merkwürdigen Verhaltensweisen und Gefühle, die durch die pausenlose Arbeit des Dopamins ausgelöst werden, Verwirrung im Süchtigen stiften. Durch die NE-Stimulation in Unruhe versetzt, beginnt er, die Umwelt nach einer Erklärung für das, was ihm zugestoßen ist, abzusuchen. Damit setzt die paranoide Ideation ein. Jetzt suchen die Forscher nach einem Präparat, das nur die Dopaminsysteme stimuliert. Snyder glaubt, daß ein solches Präparat reine Schizophrenie hervorrufen würde und nicht den an Amphetaminsüchtigen zu beobachtenden paranoiden Typus.

Obwohl Kokain von den Bundesbehörden offiziell als Rauschgift geführt wird, ist es in Wahrheit kein Psychostimulans. 1859 wurde es erstmals aus dem Blatt des Cocastrauchs isoliert, als suchtbildend wurde es 1890 erkannt, erreichte aber nie den Beliebtheitsgrad, den heute die Amphetamine genießen. In einschlägigen Kreisen als Koks oder Schnee bekannt, wird es in der Regel «gesnifft», das heißt durch die Nase eingesogen. Eine Überdosis kann bei Kokain wie bei Amphetamin zu Vergiftungserscheinungen führen. Einige Barbituratsüchtige nehmen gleichzeitig Amphetamine, um die durch die Downer hervorgerufene Schläfrigkeit aufzufangen. Sie mögen die Barbituratintoxikation, wollen aber nicht außer Gefecht gesetzt werden.

Nirgends zeigt der Mythos von der Zauberkugel tragischere Züge als bei der Suche des Menschen nach einem harmlosen Sedativ. Alkohol wird seit Tausenden von Jahren mißbraucht. Im 19. Jahrhundert wurden Chloralhydrat und Paraldehyd als Sedative eingeführt und dann ebenfalls mißbraucht. Als die Barbiturate 1903 auf den Markt kamen, meinte man, sie würden ein sicherer Ersatz für die früheren Präparate sein. Als Barbituratsucht zum sozialen Problem wurde, führte man eine Reihe neuer Sedative und Schlafmittel ein, dann die Tranquilizer. Mit allen wurde Mißbrauch getrieben. Es liegt eine tragische Ironie darin, daß ausgerechnet die Suche nach einem sicheren Sedativ zum Contergan führte, welches eine vorgeburtliche Schädigung bei Tausenden von Säuglingen hervorrief. Anders als Barbiturate konnte Contergan in enormen Mengen genommen werden, ohne daß sich toxische Wirkung zeigte – zumindest beim Benutzer.

Barbiturate beeinträchtigen die Sauerstoffversorgung des Gehirns und folglich seine Fähigkeit, Reize zu integrieren. Andere Auswirkungen sind Pupillenverengung, undeutliche Aussprache, mangelhafte Muskelkoordination. Da die intellektuellen Funktionen gestört sind, kann der konfuse Benutzer unbeabsichtigt Selbstmord begehen, indem er die Zeit, die seit der letzten Einnahme vergangen ist, verhängnisvoll überschätzt. Durch Ausschaltung der Atmungszentren kann Barbitursäure Koma oder Tod herbeiführen. Barbituratsüchtige werden zwar zunehmend unempfindlich gegen die Wirkung des Mittels, so daß sie ihre Dosis ständig heraufsetzen müssen, entwickeln aber keine entsprechende Toleranz für die letalen Auswirkungen der Droge. Joseph Busch, der Oberstaatsanwalt von Los Angeles, hat einer Senatskommission 1972 mitgeteilt, daß im Jahr davor in seinem Bezirk nur der Alkohol mehr Todesfälle auf dem Gewissen gehabt habe als die Barbiturate. 971 Menschen waren an einer Überdosis Barbitursäure gestorben – gegenüber 242, die von harten Drogen getötet worden waren.
In vielen Stadtregionen können schon Grundschüler Barbiturate von irgendeinem jungen Dealer bekommen, wenn ihnen nicht gar der häusliche Medizinschrank das Gewünschte liefert. Busch berichtet von einem Achtjährigen, der sich jeden Tag nach der Schule «eine Pille gegönnt» hat, weil er – wie er sagte – das Gefühl mochte, das sie ihm verschaffte.
Die Leber des Barbituratsüchtigen hat die Fähigkeit entwikkelt, die mißbräuchlichen Dosen rasch mit Hilfe von Enzymen zu entgiften. Der Dämpfung geht ein Zustand der Hyperaktivität und Erregung voran. Wie Amphetamin kann auch Barbitursäure Gewalttätigkeit und Verstörtheit hervorrufen. Aber im Gegensatz zu den Amphetaminen kann bei der Barbitursäure der plötzliche Entzug einen hochkarätig Süchtigen töten. Das Präparat sollte allmählich im Krankenhaus entzogen werden.

Die meisten Präparate beeinträchtigen die Schlafphase schneller Augenbewegungen (REM). Durch Barbitursäure wird sie praktisch unterbunden. Wenn jemand längere Zeit Schlaftabletten genommen hat und sie dann absetzt, stehen ihm Tage oder Wochen reinen REM-Schlafs bevor, als versuche das Gehirn unter allen Umständen, das Versäumte nachzuholen. Leider treiben die Alpträume, die eine Begleiterscheinung dieser Phase sind, den Barbituratkonsumenten oft genug in die Arme seines Mittels zurück.
Die Beeinflussung des REM-Schlafes kann eine der schwerwiegendsten Nebenwirkungen vieler Medikamente sein. Da diese Phase eine lebenswichtige, regenerative Funktion zu haben scheint, kann selbst die eine legitime Schlaftablette pro Abend den allgemeinen Gesundheitszustand langsam, aber sicher schädigen. In einem Zeitraum von achtzehn Monaten wurden im Krankenhauszentrum von Washington 36 Patienten behandelt, die entweder an akuter Schizophrenie litten oder an einer durch frei erhältliche Schlafmittel verursachten toxischen Psychose. Diese Produkte enthalten das Alkaloid Scopolamin. Der Wirkstoff ist außerdem vielen Erkältungsmedikamenten und Antihistamintabletten beigegeben.
«Antihistamine jagen mir eine Todesangst ein», sagt Richard Orkand von der Universität Kalifornien. Orkand meint, daß man Antihistamine niemals in den freien Verkauf hätte gelangen lassen dürfen. Ein kalifornisches Gesetz verbiete es, unter ihrem Einfluß Auto zu fahren. Der geistige Dämmerzustand mag auf die Minderung des Histamins, einer Überträgersubstanz des Gehirns, zurückzuführen sein.

Wie Alkohol auf das Gehirn wirkt, ist noch ein Rätsel; aber es gibt einige interessante Theorien. Gerald Cohen von der medizinischen Fakultät der Columbia-Universität und Michael Collins vom State Psychiatric Institute New York erklären, daß ein Metabolit des Alkohols sich mit Epiphrin (Adrenalin) und Norepinephrin zu Alkaloiden verbindet, die denen des Peyotekaktus ähneln. Virginia Davis aus Houston und Michael Walsh von der Baylor-Universität vermuten, daß die Überträgersubstanz Dopamin durch Alkohol in eine morphinähnliche Verbindung verwandelt wird. Ein morphinähnliches Stoffwechselprodukt könnte natürlich die Suchtbildung erklären.

Das Gehirn reagiert auf Alkohol komplex. Wenn auch technisch gesehen ein Beruhigungsmittel, so kann die Droge in kleinen Mengen durch Enthemmung als Stimulans wirken. Jahrelang glaubte man, der Alkohol wirke auf ein Gehirnzentrum nach dem anderen ein. In jüngerer Zeit hat die Forschung seine Wirkung mit Veränderungen in der Formatio reticularis, dem Sitz des Schlafzentrums und der Aufmerksamkeitsmechanismen, in Verbindung gebracht. Man meint, fortschreitende Intoxikation sei die Ursache für den progressiven Ausfall der Erregungsmaschinerie – beginnend mit verminderter Wachheit und endend in relativer Bewußtlosigkeit. Möglicherweise beeinträchtigt Alkohol die Impulsübertragung an der Synapse. Ohne Frage beeinflußt er die Sauerstoffversorgung des Gehirns.

Schon eine geringfügige Menge Alkohol schränkt die Fähigkeit des Gehirns ein, Information zu verarbeiten und zu integrieren. In einer Studie an der Universitat von Kalifornien gab Herbert Moskowitz jeder seiner Versuchspersonen einen einzigen Drink, der etwa 125 g Wodka, gemischt mit Orangensaft, enthielt. Ihre Fähigkeit zur Informationsverarbeitung ließ um 11,5 Prozent nach.

Das verbreitete subjektive Gefühl, daß ein bißchen Alkohol den Verstand auf Touren bringe, ist weitgehend eine Täuschung. Deutsche Wissenschaftler haben ein einfaches Experiment entworfen, in dem die Versuchsperson mit der rechten Hand auf einen Schlag gegen das linke Knie reagieren mußte und umgekehrt. Die Schläge kamen in unregelmäßigen Abständen. Ein elektrisches Meßgerät zeigte, daß der Alkohol die Reaktionszeit der Versuchspersonen gegenüber ihrer nüchternen Leistung verkürzte, dafür aber die Fehlerzahl erheblich steigerte.

64 Medizinstudenten an der Yale-Universität waren unter Einwirkung einer kleinen Dosis Alkohol merklich besser in der Lage, Probleme aus der symbolischen Logik zu lösen. Offensichtlich wurden bei einigen Versuchspersonen Selbstzweifel und Spannung so weit vermindert, daß sich ihre intellektuellen Funktionen ungehinderter entfalten konnten. Große Dosen führten zu Leistungsverschlechterung gegenüber nüchternem Zustand.

Das Absterben von Gehirnzellen führen Forscher auf die durch Alkohol verursachte Gerinnung zurück. Alkohol veranlaßt die Klumpung roter Blutkörperchen, die dann die Kapillaren verstopfen. Gehirnzellen, die von diesen Kapillaren versorgt werden, erhalten keinen Sauerstoff mehr. Da Gehirnzellen nicht regenerationsfähig sind, ist der Schaden dauerhaft. Ob die Gerinnung nun ein schwerwiegender Faktor ist oder nicht, jedenfalls verursacht Alkoholismus Gehirnschäden, die umfangreich genug sind, um ohne Hilfe eines Mikroskopes erkennbar zu sein. Da sieht der Pathologe Hirnläsionen, Krampfadern oder eine Schädigung des Hippokampus. Letztere erklärt vermutlich die Gedächtnisbeeinträchtigung mancher Alkoholiker.

Nach mehreren Anfällen von Delirium tremens kann sich der Alkoholiker ein chronisches, unheilbares und gelegentlich tödliches Leiden zuziehen, das sogenannte Hirnödem. Die Verwirrung wird zum Dauerzustand, die Funktionen des zentralen Nervensystems sind beeinträchtigt, und wenn das Opfer nicht stirbt, endet es in der Anstalt. Beim Wernicke-Korsakoff-Syndrom verliert der Patient seine Merkfähigkeit. Er lügt, ohne sich dessen bewußt zu sein. Die Hirnschädigung, die bei der Leichenöffnung zu erkennen ist, ähnelt den Spuren, die Entzug von Thiamin (Vitamin B_1) bei Tieren hinterläßt. Zwar hat sich Megavitamintherapie bei der Behandlung von Alkoholikern als wirksam erwiesen, doch von dem Zeitpunkt an, da sich dieses Syndrom zeigt, scheint nichts mehr anzuschlagen.

Cyril Courville, der Direktor des neuropathologischen Labors im County-Krankenhaus von Los Angeles, glaubt, daß Alkohol direkt auf die Plasmahaut und das Protoplasma einwirkt. «Zwar ist richtig, daß nicht jeder alkoholische Exzeß erkennbare Veränderungen in den Nervenzellen des empfindlichen Gehirns hervorruft, doch werden diese Elemente dadurch langsam und unmerklich Belastungen ausgesetzt, denen viele nicht auf Dauer gewachsen sind.»

Eleanor Jacobs und ihr Forschungsteam am Veterans-Administration-Krankenhaus in Buffalo fanden heraus, daß sie vorübergehenden Gedächtnisverlust bei älteren Patienten durch massive Sauerstoffbehandlung rückgängig machen konnten. Bei der Hälfte der Fälle, in denen diese Methode nicht verschlug, handelte es sich um Alkoholiker. Merkwürdigerweise schien die Sauerstoffbehandlung ihren Gedächtnisverlust zu verschlimmern.

Alkohol unterdrückt REM-Schlaf. Von Laboraufzeichnungen weiß man, daß der Schlaf des Alkoholikers beim Entzug vor der ersten Phase von Delirium tremens zu 100 Prozent REM-Schlaf ist. Einige Alkoholforscher meinen, die Halluzinationen des Deliriums tremens seien Träume, die unter dem Druck eines übermächtig gewordenen Bedürfnisses nach REM-Aktivität den Wachheitszustand überschwemmen.

Bei Alkoholismus spielt die genetische Veranlagung eine Rolle. Nach einer Studie, die an der Washington-Universität in St. Louis durchgeführt wurde, weisen die Söhne von Alkoholikern, die in Pflegefamilien bei Nichtalkoholikern aufgewachsen sind, als Erwachsene eine weit höhere Alkoholismushäufigkeit auf als Männer, deren natürliche Eltern keine Alkoholiker waren, die aber bei alkoholischen Pflegeeltern aufgewachsen sind.

Auch rassische Unterschiede in der physiologischen Reaktion auf Alkohol sind beobachtet worden. Japaner, Taiwanesen und Koreaner sprechen schon im Säuglingsalter stärker auf Alkohol an als Kaukasier. (Zu den gemessenen Reaktionen gehörten Hautrötung und optische Veränderungen.) Wissenschaftler haben die Hypothese geäußert, daß die Intoleranz der Tarahumara-Indianer im Nordwesten Mexikos für Alkohol eine erbliche Stoffwechseleigenschaft sei, die zugleich auch ihre erstaunliche physische Belastbarkeit erkläre.

Geschlechtsunterschiede im Alkoholstoffwechsel könnten einen alten Mythos zerstören. Legt man die Gewichtsverhältnisse zugrunde, dürften Frauen mehr vertragen als Männer. Bei Mäusen, deren Stoffwechselprozesse denen des Menschen erstaunlich ähneln, gelingt es den weiblichen Tieren rascher, das Acetaldehyd, ein Zwischenprodukt des Alkohols, zu verarbeiten und auszuscheiden.

Man beschäftigt sich auch mit therapeutischen Anwendungsmöglichkeiten des Alkohols. Er scheint die Stimmung von Altersheimbewohnern verbessern zu können. In einem Falle wurde für die Insassen ein altmodisches Bierlokal eingerichtet. In England erhielten unheilbar kranke Patienten Alkohol in unbeschränkter Menge, weil man hoffte, er werde ihren Schmerz und ihre Angst lindern.

Nikotin ist eine gewohnheitsbildende, keine suchtbildende Droge. Obwohl Raucher wahrscheinlich widersprechen würden, so ist die Wissenschaft doch der Meinung, daß es, wenn jemand das Rauchen aufgibt, nicht zu eigentlichen Entzugssymptomen kommt. Für den wohlbekannten Erregungseffekt des Nikotins – erhöhter Blutdruck, gesteigerte Herzfrequenz, vermehrte Atmungstätigkeit – ist wahrschein-

lich der Hippokampus des Gehirns verantwortlich. Seine appetithemmende Wirkung, die manchmal auf eine allmähliche Betäubung der Geschmacksbecher zurückgeführt wird, liegt wohl eher daran, daß es auf die Appetitzentren des Hypothalamus einwirkt.
In Human- wie Tierversuchen haben große Dosen Nikotin Tremor und sogar Konvulsionen hervorgerufen. Es kommt zu deutlichen Hirnwellenveränderungen, wie auch das EEG von Rauchern und Nichtrauchern Unterschiede aufweist. Italienische Forscher berichten, daß beim Rauchen die EEG-Spannung um 80 Prozent absinkt und der Alpha-Rhythmus sich beschleunigt. Die EEG-Veränderungen können an einer erhöhten Adrenalinausschüttung liegen oder an einem verminderten Sauerstoffgehalt des Gehirns, der durch eine Verbindung aus Kohlenmonoxid und Nikotin herbeigeführt wird. Das mag erklären, daß Raucher erheblich weniger Alpha-Aktivität aufweisen als Nichtraucher und daß die Alpha-Aktivität, die sie zeigen, gewöhnlich von höherer Frequenz ist. Schon vierundzwanzigstündiger Nikotinentzug brachte eine Verlangsamung der Alphafrequenzen.
Auch psychologische Aspekte mögen beteiligt sein. In einer Untersuchung an gesunden, jungen Erwachsenen wurde eine Steigerung der vorherrschenden Alphafrequenz nicht nur bei Nikotineinnahme beobachtet, sondern auch an Versuchspersonen, die Placebos rauchten.

Kein vernünftiger Beobachter würde leugnen, daß psychoaktive Präparate im Waffenarsenal, über das die Menschheit zur Krankheitsbekämpfung verfügt, ein positiver Posten sind. Amphetamine haben, so gefährlich sie bei Mißbrauch sind, Tausenden von neurologisch gehandikapten Kindern in den Jahren entscheidenden Lernens normales Funktionieren ermöglicht. Selbst Barbiturate dienen einem guten Zweck, wenn sie einem Menschen Ruhe verschaffen, der sie drin-

gend braucht. Die Lithiumtherapie hat einer ungezählten Schar einst manisch-depressiver Personen neue Lebenszuversicht gegeben. Neuroleptika und Tranquilizer erfüllen, mit Vorsicht gebraucht, wichtige therapeutische Funktionen.
Doch leider haben wir zuviel von den Drogen erwartet. Zehn Millionen Rezepte für Tranquilizer, Barbiturate und Stimulanzien werden jährlich ausgefüllt. Diese Präparate bestimmen den Lebensstil von Millionen unserer Mitbürger. Um diese Frage ging es in dem obenerwähnten *Science*-Artikel: «Die Veränderung der menschlichen Umwelt ist ein gigantisches Unterfangen. Zwar ist es bequemer und wirtschaftlicher, kognitive Formen auf chemischem Wege zu verändern, doch hat sich die Lösung durch die Droge bereits als ein neues trojanisches Pferd der Technologie herausgestellt.»
Die Wirkung eines Medikamentes hängt nicht nur vom geistigen Zustand ab (d.h. von der Phase der Hirnaktivität), sondern auch von der Tageszeit. Gay Gaer Luce weist warnend darauf hin, daß unsere gegenwärtigen Verfahren zur Erprobung von Medikamenten unzulänglich sind, weil sie nicht die 24stündigen Schwankungen im chemischen Körperhaushalt in Rechnung stellen. Amphetamindosen, die sechs Prozent der Labormäuse morgens um sechs Uhr töteten, brachten um Mitternacht 77,6 Prozent der Exemplare gleicher Rasse um. Sogar die Wirkung von Alkohol ist großen Schwankungen unterworfen. Man hat Mäusen eine Quantität Alkohol injiziert, die beim Menschen etwa einem Liter Wodka entsprochen hätte. Die Gruppe, die ihre Injektion beim Erwachen erhielt, wies eine Sterblichkeitsquote von 60 Prozent auf. Nur 12 Prozent betrug die Sterblichkeit hingegen bei den Mäusen, die den Alkohol zu Beginn ihrer Ruheperiode bekamen.

Wieso Drogen ein trojanisches Pferd sind, läßt sich an der Geschichte der harten Rauschmittel zeigen. Als Morphium in der medizinischen Welt des Abendlandes verfügbar wurde, schien es, als habe man endlich den harmlosen Schmerzkiller gefunden. Doch dann erwies sich die Suchtbildung als ein gravierendes Problem. Als es gelang, Heroin aus Morphium zu gewinnen, hoffte man, diese Substanz sei weniger gefährlich. Im Jahre 1914 hatte man nach offizieller Schätzung 200000 Süchtige in den Vereinigten Staaten, wahrscheinlich lag die Dunkelziffer um das Mehrfache höher.

Heute gehen die Behörden nur von 60000 aus; davon fast die Hälfte allein in New York City. 75 Prozent der Süchtigen leben in den zehn größten Städten. Überraschenderweise sind weniger Vietnamveteranen als andere Personen süchtig. Da Heroinsucht gefährlicher als irgendein anderer Drogenmißbrauch ist, hat man aufwendige Programme durchgeführt, die dem Süchtigen vom Heroin herunterhelfen sollten. So hat man aus Heroinsüchtigen Methadonsüchtige gemacht. Methadon ist billiger, sicherer und gestattet dem Abhängigen ein relativ normales Leben. Immerhin sind einige Todesfälle durch Methadonüberdosis bekanntgeworden, und man weiß, daß die Kinder von Methadonsüchtigen schon vor der Geburt süchtig sind. In einer Studie heißt es, daß 23 solcher Säuglinge bis zu neunzig Tagen nach der Geburt an Symptomen des Methadonentzugs gelitten hätten: Reizbarkeit, heftigen Zuckungen und Ausbrüchen kalten Schweißes.

Selbst unsere subtilsten psychoaktiven Pharmaka sind unbeschreiblich grob im Vergleich zu dem System, auf das sie einwirken. Es ist, als ob wir versuchten, eine empfindliche Uhr mit einem großen Schraubenzieher und einer Warenhauszange zu reparieren.

Schlafbewußtsein: Das träumende Gehirn

«Der Traum ist seine eigene Deutung.»
TALMUD (Zitiert bei C. G. Jung)

Um herauszufinden, ob Tiere bei sensorischer Isolierung genauso halluzinieren wie Menschen, haben Wissenschaftler ein spezielles Trainingsverfahren entwickelt. Rhesusaffen wurden auf Stühle gesetzt, festgeschnallt und abgerichtet, rasch einen Hebel zu drücken, wenn ein schwaches Bild auf einer Leinwand erschien. Taten sie es nicht, erhielten sie einen Schock. Nach gründlichem Training erhielten die Affen Hornhautkontaktlinsen, die für Eintönigkeit ihres Gesichtsfeldes sorgten, und wurden isoliert. Wie Menschen in entsprechend monotonen Umwelten schliefen auch die Affen ein. Sobald die Phase rascher Augenbewegungen (REM-Schlaf) erreicht war, begannen sie heftig den Hebel zu drücken.
Schlaf- und Traumforschung hat sich in den letzten zwanzig Jahren rascher als irgendein anderer Bereich der Hirnforschung entwickelt, trotzdem sind der Öffentlichkeit die Ergebnisse kaum bekannt. Obgleich man beispielsweise seit Anfang der sechziger Jahre viele Anhaltspunkte dafür gesammelt hat, daß Träume, Bruchstücke von Träumen und zufällige Gedanken alle Schlafphasen begleiten, wird in Büchern und Zeitschriften immer noch der Eindruck erweckt, REM-Phasen und Träumen seien synonyme Begriffe.
«Schlaf» ist zu einer fast bedeutungslosen Bezeichnung geworden. Es gibt keinen einheitlichen Schlafzustand, sondern

mindestens zwei Schlaftypen, die von zwei einander überschneidenden Gehirnsystemen hervorgerufen werden. Auch ist der Schlaf kein friedlicher Zustand. Viele Gehirnzellen sind aktiver als im wachen Zustand. Außerdem bleibt sich der Verstand seiner Umgebung ständig bewußt und kann manchmal selbst im tiefsten Schlummer reagieren. Probanden im Labor haben gezeigt, daß sie mit einer Abweichung von wenigen Minuten zu einer angegebenen Zeit erwachen können. Und jetzt gibt es Evidenz dafür, daß selbst chemisch hervorgerufene Bewußtlosigkeit nicht vollkommenes Vergessen bedeutet.

Da die geistige Tätigkeit offensichtlich fortgesetzt wird, versucht die Forschung Einigkeit darüber zu erzielen, was den Traum ausmacht. David Foulkes von der Universität Wyoming hat als einer der ersten das Definitionsproblem in den Blick gerückt und eine Traumphantasieskala ersonnen, die von eins bis sieben reicht. Fragmentarische und prosaische Gedanken werden mit eins bewertet; bizarre, kompliziert zusammenhängende Alpträume mit der höchsten Punktzahl sieben.

Wenn das Gehirn dem Schlaf entgegentreibt, verändern sich seine elektrischen Muster. Serien langsamer, hochamplituder Alpha-Schwingungen erscheinen. Vorstellungsbilder können sich zeigen – fragmentarisch in ihrer Natur und ohne besondere emotionale Bedeutung. Das ist die hypnagogische Phase, die weder Schlafen noch Wachen ist.

Nach ein paar Minuten kommt es zu einer Zustandsänderung – auf dem EEG an Mischfrequenzen erkenntlich. Schlafspindeln (auseinandergezogene, gezackte Muster) markieren auf dem Schreiber den Beginn von Phase 2. Werden Menschen in diesen Phasen geweckt, behaupten sie unter Umständen, gar nicht richtig geschlafen zu haben. Die geistige Aktivität in diesem Zeitraum läßt sich am besten als Träumerei bezeichnen.

Dann beginnt das EEG große Gipfel und Täler auszuweisen, die die Spannung wacher Alpha-Aktivität um ein Mehrfaches übertreffen. Kennzeichen von Phase 3 ist eine Verlangsamung der physiologischen Prozesse: Herzfrequenz, Blutdruck, Temperatur. Ein Beobachter würde die betreffende Person als fest schlafend bezeichnen.
Vertieft sich der Schlummer der Versuchsperson weiter, so beginnt Phase 4, und das EEG läßt deutlich eine größere Zahl der langsamen Wellen erkennen. Es ist ein merkwürdig veränderter Zustand. Schwer nur ist die Versuchsperson jetzt zu wecken. Kommt sie dann endlich zu sich, hat sie wahrscheinlich jede Erinnerung an Träume oder Gedankenfragmente verloren – obgleich geistige Tätigkeit eindeutig vorgelegen hat. Sogenannte Nachtängste, Sprechen im Schlaf, Schlafwandeln – das alles findet in Phase 4 statt. Der Schlafwandler mag mit offenen Augen durch das Labor gehen. Er kann Hindernissen ausweichen und geheimnisvolle Bemerkungen von sich geben und trotzdem blind und taub für die Versuchsleiter sein. Wenn er geweckt wird, erinnert er nichts von dieser Szene, auch weiß er nicht, wovon er geträumt hat. Nachtängste sind charakterisiert von panischem Erwachen, wobei der Betroffene manchmal laut schreit, aber nichts von dem erinnert, was ihn so erschreckt hat.
Etwa alle neunzig Minuten steigt der Schläfer aus den tieferen Phasen zu jener merkwürdigen Welt auf, die manchmal als REM-Phase (Phase schneller Augenbewegungen) bezeichnet wird und manchmal als paradoxer Schlaf (weil das Gehirnwellenmuster dem des wachen Zustands so ähnlich ist). Wenn wir die Phasen 1 bis 4 als anmutiges Ballett bezeichnen, so kommt der paradoxe Schlaf (REM-Phase) wie eine Horde tanzender Derwische daher. Auch der Hintergrund verändert sich. Vor dem allgemeinen Bild von rascherer EEG-Aktivität, verringertem Muskeltonus, verdoppeltem Blutvolumen im Gehirn zeigen sich periodische, fast

krampfartige Veränderungen während des paradoxen Schlafes. Die Wandlungen des allgemeinen Zustands bezeichnet die Forschung als *tonisch*, die periodischen Phänomene als *phasisch*.
Das sympathische Nervensystem des Körpers bietet das Schauspiel eines spektakulären Alarmzustandes. Die Herzfrequenz steigt, sinkt und geht wieder heftig nach oben. Auch die Körpertemperatur steigt, der Blutdruck wird unregelmäßig. Streßhormone treten vermehrt auf, die Konzentration der Fettsäuren nimmt zu. Die Atmung wird beschleunigt. Unter den geschlossenen Lidern rollt das Auge mit einer Geschwindigkeit, wie sie bei wachem Bewußtsein nicht zu beobachten ist.
Paradoxer Schlaf kann erhebliche Risiken bergen: Patienten mit Zwölffingerdarmgeschwüren können eine Übersäuerung des Magens erleiden. Eine heftige Phase paradoxen Schlafes kann einen Schlaganfall oder Herzinfarkt heraufbeschwören. Kaum kann man dann davon sprechen, daß der Tod im Schlaf ein friedliches Ende ist. Die Statistik lehrt, daß Herzanfälle gewöhnlich in den Nachtstunden auftreten, in denen die REM-Frequenz am größten ist. Man vermutet sogar, daß das Syndrom plötzlichen Todes bei Säuglingen während dieser Phase des Schlafes eintritt.
Bei Männern aller Altersstufen steigt der Testosteronspiegel von den Phasen des paradoxen Schlafes an. Es kommt zur Peniserektion. Dabei scheinen diese Veränderungen in keiner Beziehung zu erotischen Trauminhalten zu stehen.
In der heftigen REM-Phase vermehrt sich die Überträgersubstanz Norepinephrin oder wird verfügbarer. Daraus mag sich erklären, daß manche Manisch-Depressiven depressiv zu Bett gehen und manisch aufwachen. Auch heftige Zellaktivität ist in diesen Phasen beobachtet worden; die Proteinsynthese scheint heraufgesetzt zu werden.
Die geistige Betätigung nimmt jene bizarre Form an, an die wir vor allem denken, wenn von Träumen die Rede ist. Eine

weitgehende Lähmung, die durch ein plötzliches Absinken des Muskeltonus verursacht wird, hindert den Träumenden daran, seinen Traum zu agieren (woraus sich das schreckliche Alptraumerlebnis erklären mag, plötzlich weder schreien noch laufen zu können). Sehr wahrscheinlich liegt es an dieser dynamischen Erregung, daß REM-Träume lebhafter sind und leichter erinnert werden. Sie sind auch phantastischer als die Träume in der Schlafphase langsamer Wellen.

Im Fortgang der Nacht werden die Vorstellungsbilder aller Schlafphasen intensiver und traumähnlicher. Längere Intervalle paradoxen Schlafes und häufigere Stürme im autonomen System sind zu beobachten. Ein Schläfer, den man von allein erwachen läßt, wacht gewöhnlich aus paradoxem Schlaf auf.

Schlaf ist nicht Vergessen. Aus Gründen, die wir nur vermuten können, haben die höheren Säuger dieses besondere Doppelgespann von veränderten Zuständen entwickelt, und es birgt Elemente, die lebenswichtig sind. Schlaf kann den Körper heilen, unbekannte lebenswichtige Substanzen regenerieren und vielleicht unbekannte Gifte entschärfen.

Das Rätsel, das Schlaftheoretiker am meisten fasziniert, ist der paradoxe Schlaf. Warum gibt es ihn? Was löst ihn aus, und was stellt ihn ab? Die Verwendung von Psychopharmaka zwingt zur Beantwortung dieser Fragen, denn die meisten psychoaktiven Präparate beeinträchtigen den paradoxen Schlaf. Wir wissen heute, daß sein Entzug schwerwiegende Folgen haben kann.

Rasche Augenbewegungen, wie sie für paradoxen Schlaf typisch sind, hat man bei ungeborenen Kindern gemessen, bei Menschen mit angeborener Blindheit und selbst bei Tieren und Menschen ohne Hirnrinde. Heute gibt es kaum noch Wissenschaftler, die glauben, REMs seien identisch mit der tatsächlichen visuellen Erfassung von Traumbildern, obgleich es zu einer gelegentlichen Deckung kommen mag. Ralph

Berger, Schlafforscher an der Universität von Kalifornien in Santa Cruz, hat darauf hingewiesen, daß manche Menschen beim paradoxen Schlaf eigentümliche Augenbewegungsmuster zeigen – vertikale, horizontale –, die sich im Laufe ihres Lebens langsam verändern. Die raschen Augenbewegungen können unter Umständen auch eine gewisse Bedeutung für die Binokularität der Augen haben.

Dem paradoxen Schlaf kommt möglicherweise mehr Bedeutung für das Überleben zu, als die ersten Forscher vermutet haben. Frederick Snyder vom National Institute of Mental Health vertritt die Auffassung, daß «schon die Universalität, Regelmäßigkeit und Gesetzmäßigkeit dieses Phänomens auf einen grundlegenden biologischen Prozeß schließen lassen». Snyder vermutet, daß Träumen sich mit diesem älteren Mechanismus verbunden hat, wie sich die menschliche Rede des älteren biologischen Mechanismus der Atmung bedient.

Barry Sterman von der Universität von Kalifornien erinnert daran, daß Nathaniel Kleitman, Koautor des ersten Berichtes über das REM-Phänomen, ursprünglich vermutet hatte, die Phase könnte den Zyklen wachen Zustandes entsprechen. «Aber die Forschung hielt sich an die Vermutung, es gäbe eine Entsprechung zwischen Traum und REM. Sie vergaß, daß er immer gesagt hat, REM gehöre zu einem permanenten Zyklus.»

Heute sprechen Wissenschaftler von der biologischen Stunde, dem grundlegenden Aktivitäts-Ruhe-Zyklus. Diese Zeitabschnitte von 90–120 Minuten prägen unsere Aktivität im Wachzustand ganz ähnlich wie die des REM-Schlafs. Ein häufig zitiertes Beispiel ist die Zeiteinteilung eines typischen Arbeitstages, bei der man davon auszugehen scheint, daß etwa alle neunzig Minuten ein Bedürfnis nach Ruhe und Erholung vorliegt: um 9 Uhr Arbeitsbeginn, Pause um 10.30 Uhr, Arbeit bis mittags – und so fort, rund um die Uhr. Die Gipfel dieser Wellen wären die paradoxen Schlafphasen oder ihre Pendants im Wachzustand, Höhepunkte voller Energie und Leistungsfähigkeit.

Der Entzug paradoxen Schlafs führt zu leichten Verhaltensveränderungen wie erhöhter sexueller Spannung und gesteigertem Appetit. Es ist fast unmöglich, jemandem diesen Schlaf längere Zeit zu entziehen, da er dann, sobald er einschläft, in die REM-Phase eintritt. Bei dem Versuch, Versuchspersonen an der REM-Aktivität zu hindern, mußte man sie dreißigmal pro Nacht und häufiger wecken. Menschen und Tiere unter REM-Entzug zeigen einen ausgeprägten Nachholeffekt bezüglich dieser Phase, wenn man sie wieder spontan schlafen läßt. Aber auch so scheinen sich die Wirkungen nach längerer Entzugszeit abzuschwächen.

Der paradoxe Schlaf hat zahllose Theorien inspiriert, von denen sich viele ergänzen. Stimmen mag eine, alle oder keine. Die periodische Erregung dient vielleicht dazu, den Organismus vor Umweltbedrohungen zu schützen. Ian Oswald, dessen Arbeit an der Universität von Edinburgh wesentlich zur Schlaftheorie beigetragen hat, glaubt, daß paradoxer Schlaf eine Phase der Zellregeneration ist. Andere meinen, das Phänomen sei eine Quelle sensorischer Stimulation für das Nervensystem, die es vielleicht für seine Reifung braucht. Eine weitere Theorie vermutet, REM-Schlaf widerspiegele heftige Entladungen, die mit der Reifung des Vorderhirns beim Säugling allmählich unterdrückt würden.

William Dement und seine Mitarbeiter an der Stanford-Universität hielten sich an das von Giuseppe Moruzzi entwickelte Konzept, das von zwei Aktivitätstypen während des paradoxen Schlafs ausgeht, und beschäftigten sich eingehend mit einer neuralen Entladung, an der offensichtlich eine Wechselwirkung von Gehirnstrukturen beteiligt ist. Diese Entladungen – PGO-Spikes* – treten besonders gehäuft,

* Pontine-geniculo-occipital-Spikes.

wenn auch nicht ausschließlich, während des paradoxen Schlafs auf. Möglicherweise sind es diese Aktivitätsausbrüche, die für jene heftige, den REM-Schlaf begleitende visuelle Vorstellungswelt verantwortlich sind. Während der Pausen zwischen den Ausbrüchen würde das Gehirn als Dramaturg die Elemente zu einer dramatischen Einheit verschmelzen.

Dements Team wies in einer Reihe von ausgeklügelten Experimenten nach, daß die PGO-Spikes, nicht der REM-Schlaf, der entscheidende Faktor sind. Es gelang ihnen, Katzen den paradoxen Schlaf zu entziehen, ohne die Spikeproduktion zu stören. Nach diesem Entzug blieb der übliche REM-Nachholeffekt aus. Als man den Tieren ihren Schlaf ganz und gar entzog, traten die PGO-Spikes auch im wachen Bewußtsein auf. Die Katzen schienen zu halluzinieren, wurden wütend, heißhungrig und hypersexuell. Die Forscher beobachteten, wie zuvor gleichgültige männliche Katzen «einen wutschnaubenden, die Krallen zeigenden, äußerst widerstrebenden Kater solange verfolgten, bis sie die Beute schließlich in die Ecke gedrängt hatten und besteigen konnten».

Dement vermutet, daß nicht eigentlich der Mangel an paradoxem Schlaf jene mysteriöse Spannung aufbaut, die zum Nachholeffekt führt, sondern die Akkumulation nicht entladener phasischer Aktivitäten. Er nimmt eine Art Kraftreservoir im Gehirn an, ein neurales System, das die Energie für bestimmte «mehr oder weniger vorprogrammierte Reflexe» liefert. Dieses hypothetische System würde metabolische Energie ohne Verlust speichern. Dem Gehirn stünde damit ein Reservoir für plötzliche Anforderungen zur Verfügung. Im Notfall wäre der Organismus in der Lage, in kurzer Zeit große Mengen von Energie freizusetzen.

Natürlich müßte das Kraftreservoir aus Sicherheitsgründen von Zeit zu Zeit Energie ablassen. Das Sicherheitsventil wäre nach dieser Theorie der paradoxe Schlaf; er würde die über-

schüssige Energie abführen. Da die motorischen Zentren praktisch ausgeschaltet sind, kann das Gehirn wahre Stürme von neuraler Aktivität entfesseln, «ohne Verhaltenskonsequenzen» heraufzubeschwören. Dement nimmt an, daß Nervenzellen, welche auf die Überträgersubstanz Serotonin reagieren, dieses mächtige Triebsystem steuern. Ein verwirrendes Ergebnis in der frühen Forschung war die Höchstgrenze des REM-Nachholeffekts. Nach Entzug ging dieser Effekt nur bis zu einem bestimmten Punkt. Die Kraftreservoir-Theorie würde das erklären. Sobald der Energievorrat erschöpft ist, liegt kein Bestreben nach Entladung mehr vor.
Die Akkumulation wäre wie die Kraft, die sich in einem Schnellkochtopf entwickelt. Solange kleine Mengen von Dampf freigesetzt werden, wird im Innern ein relativ stabiler Zustand bewahrt. *Ohne* diese periodische Entladung könnte der Druck im Kochtopf so groß werden, daß er das Sicherheitsventil herausrisse: Ein ständiger Dampfstrahl würde durch das Loch schießen. Schließlich aber wäre der Druck, der sich im Innern aufgebaut hätte, nach draußen abgeführt, die unkontrollierte Entladung beendet.
Schizophrene Patienten zeigen nach Entzug paradoxen Schlafs keinen Nachholeffekt. Das läßt mit einiger Wahrscheinlichkeit darauf schließen, daß sie phasische Aktivität (PGO-Spikes) im Wachzustand entladen. «Dies ist von weitreichender Bedeutung für das Verständnis der bizarren Verhaltensanomalien, die diese Krankheit begleiten», sagt Dement. Wenn nämlich der akut erkrankte Schizophrene im Wachzustand PGO-Ausbrüche erlebt, wird er ihre Ursache möglicherweise in der Außenwelt suchen. Tiere haben sich im Experiment verhalten, als glaubten sie, die Phänomene kämen von außen. Wenn das so ist, wird verständlich, warum Schizophrene sich so häufig beklagen, daß sie «von Strahlen durchbohrt» würden, daß «Elektrizität vom Himmel fällt» oder sie aus «Luftlöchern und Sendern» anfalle.

Die offensichtliche Verbindung zwischen Schlafstörung und Geisteskrankheit fällt ins Auge. Paranoide Schizophrenie, Schlafentzugspsychose und Amphetaminpsychose sind Verwandte ersten Grades. Einiges spricht dafür, daß akute Schizophrenie manchmal das Produkt längerer Schlaflosigkeit und nicht ihre Ursache ist. Die Beeinflussung des chemischen Haushaltes, die zu experimenteller Schlaflosigkeit führt, ähnelt den chemischen Anomalien, die bei Schizophrenen beobachtet wurden. Schlaftherapie bringt bei akuter Schizophrenie häufig Heilung. Verschiedene EEG-Studien an geisteskranken Patienten haben gezeigt, daß ihrer Besserung häufig eine Zunahme des REM-Schlafs vorangeht.
Psychotisch depressive Patienten lassen außerdem reduzierte REM-Aktivität erkennen und schlafen insgesamt weniger. Eine Studie läßt darauf schließen, daß der die PGO-Spikes erzeugende Mechanismus nicht normal arbeitet. Wenn die Depression sich legt, wird das Muster allmählich wieder normal.

Schlafentzugsstudien sind gewöhnlich mit bezahlten Versuchspersonen in sorgfältig kontrollierten Umfeldern durchgeführt worden. Selbst unter diesen Bedingungen kann die Versuchsperson am vierten Tag beginnen, den Versuchsleitern vorzuwerfen, sie hätten sich gegen sie verschworen. Sie mag in ihnen Agenten einer fremden Macht sehen und zu der Überzeugung gelangen, aus irgendwelchen finsteren Gründen in das Projekt hineingezogen worden zu sein.
Der Marineforscher LaVerne Johnson hat einige der dramatischen, schwer beeinträchtigenden Veränderungen zusammengestellt, die bei Schlafentzug zu beobachten sind: Verfolgungsgefühle, Konzentrationsunfähigkeit, Desorientierung, Täuschungen und Halluzinationen (meist taktiler und visueller Natur). Einige Forscher haben festgestellt, daß die Phasen heftigster Halluzinationen wie die REM-Phasen in

Intervallen von 90–120 Minuten auftreten. Johnson merkt an, daß die Versuchspersonen sich von Zeit zu Zeit erholen. Die Auf- und Abschwünge folgen der Zu- und Abnahme von Alpha-Aktivität. Bei Schlafentzug war der Tiefpunkt von Alpha-Aktivität und körperlicher Verfassung um drei Uhr morgens. Man ist an die berühmte Passage aus *Crack-Up* erinnert, F. Scott Fitzgeralds erschütternden Essay über Schlaflosigkeit: «Um drei Uhr morgens besitzt irgendein Stück Packpapier die gleiche tragische Bedeutung wie ein Todesurteil…, und in einer richtig schwarzen Nacht der Seele ist es immer drei Uhr morgens, Tag für Tag.» Eine intuitive Beobachtung. Es hat den Anschein, als ob für tief verstörte Menschen die Uhr tatsächlich um drei Uhr morgens zum Stillstand gekommen ist.

Nach ungefähr 115 Stunden Schlafentzug ruft noch nicht einmal das Schließen der Augen Alpha-Wellen hervor. Johnson, Dement und J. J. Ross beobachteten Randy Gardner, einen siebzehnjährigen Highschool-Schüler aus San Diego, der aus Rekordgründen 264 Stunden ohne Hilfe von Kaffee oder anderen Stimulanzien wach blieb. Gardners psychische Störungen waren relativ gering, was vielleicht an seiner Jugend lag und an der Tatsache, daß er sich zu Hause aufhielt und vom Hausarzt betreut wurde.

Doch nach 249 Stunden Schlafentzug reagierte sein EEG nicht mehr auf das Öffnen und Schließen der Augen. Externe Reize blieben ohne Einfluß auf das Hirnwellenmuster.

Peter Tripp, ein 32jähriger Diskjockey aus New York, veranstaltete aus Wohltätigkeitsgründen einen Rekordversuch im Wachen. Tripp zeigte die klassischen Symptome. Er sah Spinnengewebe in seinen Schuhen, Würmer in seinem Tweedanzug und Flammen in einer Kommodenschublade. Am erschreckendsten war für Tripp die wachsende Überzeugung, daß er nicht wirklich er selbst sei. Inzwischen war sein Hirnwellenmuster das eines schlafenden Menschen, obgleich er immer noch die Funktionen wachen Zustands bewältigte. Sein Verfolgungswahn war nach 200 Stunden so heftig, daß er vor den untersuchenden Ärzten davonlief, weil er einen von ihnen für einen Leichenbestatter hielt und glaubte, sie wollten ihn lebendig begraben. Dreißig Stunden Schlaf brachten ihn wieder in Ordnung, wenn er auch noch einige Monate depressive Symptome zeigte.

Niemand weiß, wie lange ein Mensch es ohne Schlaf aushält, bevor er an Erschöpfung stirbt. Ausgewachsene Hunde starben nach neun bis siebzehn Tagen. In anderen Studien hielt man Welpen vier bis sechs Tage wach, woraufhin viele starben. Auf dem Seziertisch zeigten sich bedeutende Hirnschäden. Der Anpassungsfähigkeit des Gehirns haben es einige Tiere zu verdanken, daß sie solche Experimente überlebt haben: Sie gingen zu Mikroschlaf über – kurzen Augenblicken des Schlafs, die dem Beobachter entgehen, aber vom EEG aufgezeichnet werden. In einer Studie wurden Katzen auf eine Tretmühle gesetzt. Wenn sie sich nicht fortgesetzt bewegten, beförderte die Tretmühle sie in ein Wasserfaß. Die Katzen lernten, rasch an das Ende der Tretmühle zu laufen, sich hinzulegen und zu schlafen, während das Förderband sie dem Wasser entgegentrug. Kurz vor dem Bandende sprangen sie auf, huschten zum anderen Ende und legten sich zu einem weiteren Mikroschlaf auf dem Band nieder.

Wilse Webb von der Universität von Florida setzte Ratten auf ein Rad aus Maschendraht, das teilweise in Wasser eintauchte. Sehr junge Ratten konnten sich bis zu siebenundzwanzig Tage auf dem Rad halten, bevor sie herunterfielen. Wie die Katzen legten sie sich lange genug auf dem Gerät nieder, um sich ein paar Sekunden Schlaf zu verschaffen.

Anscheinend sind Soldaten beim Marschieren zum Mikroschlaf in der Lage. Ein Seemann, der auf offenem Meer von seinem Schiff gespült worden war und erst am nächsten Tag gerettet wurde, berichtete, er habe die ganze Zeit schwim-

men müssen... und sei einmal beim Brustschwimmen aufgewacht.
Nächtlicher Schlaf kann durch Schlummer am Tage zuvor beeinflußt werden. Medizinstudenten, die morgens schliefen, wiesen einen überwiegenden Prozentsatz an paradoxem Schlaf auf. Ihr Nachtschlaf zeigte keine Einwirkungen. Nachmittagsschläfer dagegen verbrachten ihre Siesta größtenteils in Phase 4, wodurch ihr Nachtschlaf in seinem Anteil an dieser Phase deutliche Einbußen erlitt. (Träume beim Nachmittagsschlaf sind weniger aggressiv und phantastisch als Nachtträume, was vermutlich darauf zurückzuführen ist, daß es tagsüber nicht zum REM-Schlaf kommt.)
Niemand weiß, wieviel Schlaf dem Menschen am besten bekommt. Man hat Leute untersucht, die regelmäßig drei Stunden pro Nacht schlafen, und festgestellt, daß es sich um gesunde und produktive Menschen handelt. In Boston hat Ernest Hartmann die Leistung, Gesundheit und Persönlichkeit von dreißig Kurzschläfern mit dreißig Langschläfern verglichen. Personen, die fünf Stunden pro Nacht oder weniger schliefen, waren in der Regel tüchtige, ordentliche und zuverlässige Staatsbürger. Es schien ihnen weder physiologisch noch emotional etwas auszumachen, so wenig Schlaf zu haben. In den Tests schnitten sie besser ab als die Versuchspersonen, die regelmäßig mehr als neuneinhalb Stunden pro Nacht schliefen. Die Langschläfer waren im Vergleich zu den Kurzschläfern meist intellektueller ausgerichtet und in kreativeren Berufen beschäftigt. Dafür gab es mehr gestörte Persönlichkeiten unter den Langschläfern.
Phase 4 scheint der unentbehrlichste Schlafzustand zu sein. Hier ist der Nachholeffekt nach Schlafentzug am ausgeprägtesten. Dazu führt Wilse Webb aus: «Man weiß, daß Kurzschläfer ihren Schlaf so strukturieren, daß es zu keinem Entzug von Phase 4 und REM kommt, jenen beiden Phasen also, die – wie gezeigt – ‹Bedürfnischarakter› haben.» In drei

Studien an Vorschulkindern hat sich gezeigt, daß intelligente Kinder etwas weniger als ihre Altersgenossen von durchschnittlicher Intelligenz schlafen. Andererseits hat Lewis Terman in seiner Monumentalstudie über begabte Kinder berichtet, daß diese etwas mehr als ihre durchschnittlichen Altersgenossen schlafen.

Ein Problem liegt – wie Allen Rechtschaffen betont – darin, daß wir noch nicht wissen, was Schlaf bewirkt. «Wie können wir behaupten, genug Schlaf zu bekommen, wenn wir nicht wissen, was er leistet?»

Menschen, die an Schlaflosigkeit leiden, scheinen häufiger aufzuwachen und unruhiger zu schlafen. Ihr Herzschlag ist rascher, sie werfen sich herum, drehen sich von einer Seite auf die andere, und ihre Rektaltemperatur ist höher. Rechtschaffen glaubt, daß diese physiologischen Unterschiede auf einen erregteren Zustand hinweisen. Die REM-Dauer bei Schlaflosigkeit liegt niedriger als normal, und die Häufigkeit von Persönlichkeitsstörungen ist größer. Rechtschaffen erblickt in ihren Beschwerden eine Art kriminalistisches Rätsel, ein «Kausalnetz», eine Matrix aus vier Variablen: ungenügendem Schlaf, verminderter REM-Zeit, physiologischer Erregung und Persönlichkeitsstörung. Alle vier könnten von demselben unbekannten Faktor verursacht sein, oder einer der vier könnte für die drei anderen verantwortlich sein. «Oder es könnte ein reziprok verstärkender Echoeffekt zwischen allen vier Variablen vorliegen.»

Aus was für Gründen auch immer, der Schlaf solcher Menschen ist unvollständig und bringt keine Erholung. Mit offensichtlichem Recht beklagen sie sich darüber, daß sie schlecht schlafen. Nacht- und Schichtarbeiter zeigen von Schlaf zu Schlaf sehr unterschiedliche Phasen und unterscheiden sich damit von den meisten Schläfern, die eine Art regelmäßiges Muster entwickeln.

Während Kinder und Säuglinge noch einen großen Teil ihrer Schlafzeit in Phase 4 verbringen, nimmt dieser Anteil im Laufe der Jahre immer weiter ab. Alte Menschen gelangen fast nie in Phase 4. Ihre Klagen über Schlaflosigkeit werden von der Forschung bestätigt. Im Durchschnitt wachen ältere Menschen siebenmal pro Nacht auf, vermutlich weil die Steuermechanismen des Gehirns degeneriert sind. (Häufiges Erwachen ist Symptom einer schweren Alterskrankheit, des sogenannten chronischen Gehirnsyndroms.)

Eine signifikante Korrelation ist zwischen der Häufigkeit paradoxer Schlafzeit und IQ (Intelligenzquotient) ermittelt worden. Einige Forscher vermuten, die REM-Phase stehe mit der Gedächtniskonsolidierung in Verbindung. Jedenfalls leiden die meisten geistig Retardierten unter einem Mangel an REM-Schlaf. Die tschechische Forscherin Olga Petre-Quadens hat die Schlafmuster von Säuglingen und Kleinkindern aufgezeichnet. Da mongoloide (am Downschen Syndrom leidende) Säuglinge gewöhnlich keinen normalen REM-Schlaf aufweisen, verabreichte sie ihnen oral bestimmte Dosen einer Substanz, die vom Körper in Serotonin umgewandelt wird. Man vermutet, daß diese wichtige Überträgersubstanz des Gehirns entscheidend zur Entstehung von REM-Schlaf beiträgt.

Der Schlaf der Säuglinge zeigte vergrößerte REM-Dichte, und sie entwickelten sich im ersten Jahr normal. Beobachter berichten, daß die Zunge weit weniger heraustrat und der Muskeltonus normaler war, als bei mongoloiden Säuglingen gewöhnlich zu beobachten ist. Nach einem Jahr mußte die Dosis von Zeit zu Zeit erhöht werden. Es schien eine Art Gewöhnung eingesetzt zu haben. Bezeichnenderweise begann eines der Kinder auf die höhere Dosis hin autistisches Verhalten an den Tag zu legen. Bei autistischen Kindern wird gewöhnlich von einem hohen Serotoninspiegel berichtet.

Vor der Geburt gibt es beim normalen Fötus offensichtlich zwei Zyklen paradoxen Schlafs – den eigenen und den von den mütterlichen Hormonen beeinflußten. Geschlechtshormone scheinen mit der Chemie des Schlafs auf das engste verbunden zu sein. Sie sind in der Gehirnregion konzentriert, in der man die Schlafmechanismen vermutet. Mit den Zyklen paradoxen Schlafs besonders verknüpft ist die Testosteronproduktion. Hohe Progesteronkonzentrationen können Schlaf, Betäubung, sogar Krämpfe hervorrufen. Erhöhte Progesteronspiegel werden auch für das unwiderstehliche Schlafbedürfnis zu Anfang der Schwangerschaft verantwortlich gemacht. Während der Schwangerschaft nimmt der REM-Schlaf zu, besonders kurz vor der Entbindung. Bei Frauen, die ihre Kinder stillen, bleibt der hohe REM-Anteil, während er bei den anderen zurückgeht.

Die REM-Zeit schwankt auch mit den Hormonveränderungen des Menstruationszyklus. Östrogen scheint sie zu unterdrücken; Enovid, eine Pille, die Östrogen und Progesteron kombiniert, löscht – wie gezeigt werden konnte – das REM-Segment, das weibliche Kaninchen gewöhnlich nach dem Paarungsakt erleben.

Ob der Einfluß der Geschlechtssteroide bei Auslösung des Schlafes direkt oder indirekt ist, weiß man nicht. Leider liegt noch keine umfassende Theorie zur Chemie des Schlafes vor. Mit den Befunden, die Schlafforscher aus allen Teilen der Welt berichten, scheinen mehr Fragen als Antworten auf den Tisch zu kommen. Zumindest aber werden die Fragen immer differenzierter.

Paradoxer Schlaf und Schlaf mit langsamen Wellen (Phasen 1–4) scheinen mit zwei untereinander verbundenen, aber doch relativ autonomen Gehirnsystemen zu tun zu haben. Beide Schlafformen können durch chirurgischen Eingriff eliminiert werden. Die den paradoxen Schlaf steuernden Strukturen liegen offensichtlich in der rückwärtigen Region der Brücke. Bei intakter Brücke wird paradoxer Schlaf durch die Entfernung aller anderen Gehirnstrukturen nicht beeinträchtigt. Bei chemischer Aktivität in diesem Bereich kommt es zu spontanen Entladungen in die visuelle Region, woraus sich mit an Sicherheit grenzender Wahrscheinlichkeit die reiche Bildwelt dieses Zustandes erklärt.

Michel Jouvet von der Universität Lyon berichtet, daß der die motorische Aktivität hemmende Bremsmechanismus wahrscheinlich von der Locus coeruleus genannten Hirnstruktur kontrolliert werde. Wenn sie beschädigt wird, scheinen Labortiere ihre Träume zu agieren.

An den Schlafphänomenen scheinen verschiedene chemische Substanzen des Gehirns beteiligt zu sein. Um dem Gehirn das Serotonin zu entziehen, verabreichte Jouvet Ratten, Kaninchen und Katzen eine bestimmte Dosis PCPA*. In den ersten vierundzwanzig Stunden wurde keine Veränderung beobachtet. Von der dreißigsten bis zur sechzigsten Stunde litten die Laborkatzen unter völliger Schlaflosigkeit. Nach der sechzigsten Stunde begann der Schlaf sich zu normalisieren, und etwa um die hundertste Stunde wies er wieder sein übliches Muster auf. Wenn Jouvets Team den Tieren jedoch eine Substanz gab, die das Serotonin regenerierte, konnten sie die Schlaflosigkeit früher beenden. Offensichtlich spielt Serotonin in den chemischen Prozessen des Schlafes eine entscheidende Rolle. Eine Region des Hirnstamms, das sogenannte Raphe-System, ist reich an Zellklumpen, die Serotonin enthalten. Zu tödlicher Schlaflosigkeit kam es, als Jouvet diese Zellen bei Katzen chirurgisch entfernte.

Jouvet glaubt, daß es beim paradoxen Schlaf drei Schlüsselsubstanzen gibt: Serotonin, Norepinephrin und Acetylcholin. Sie alle sind – an ihrem besonderen Ort im Gehirn und in festgelegter Reihenfolge – entscheidend beteiligt. «Wie in einem Sicherheitssystem», sagt Jouvet. Er glaubt, daß die Sicherheitsvorrichtung gewöhnlich dafür sorgt, daß die hallu-

* Parachloralphenalamin.

zinatorischen Prozesse nicht in den Wachzustand einbrechen. Seine Ergebnisse scheinen in Einklang mit der Vermutung von Dement zu stehen, der meint, daß in den Wachzustand eindringende PGO-Spikes für schwere geistige Störungen verantwortlich sein könnten. Dement hat einmal gemeint, daß bei Schizophrenen möglicherweise so etwas wie ein Sicherheitssystem zusammengebrochen sei.

Wichtig für den Schlaf ist auch ein Areal an der Basis des Vorderhirns. Eine Reizung an dieser Stelle hat bei Tieren innerhalb von zwanzig Sekunden zu Schlaf geführt. Eine Läsion bewirkt eine ein- oder zweimonatige Schlaflosigkeit. Schwere Verletzungen haben zu tödlicher Schlaflosigkeit geführt. Barry Sterman und seine Mitarbeiter haben diese Region bei Katzen stimuliert, die mit einer eben gefangenen Ratte spielten. Gewöhnlich ließ das betreffende Tier die Ratte fallen, als habe es jedes Interesse verloren – und fiel kurz darauf in Schlaf. Bei ähnlichen Experimenten in anderen Labors hat die Reizung den Schlaf manchmal so plötzlich herbeigeführt, daß Tiere, die gerade fraßen, nach vorne sanken und mit dem Kopf im Freßnapf einschliefen.

Durch Biofeedback brachte Sterman Katzen bei, einen Hirnrhythmus zu erzeugen, der typisch für einen bewegungslosen Zustand ist. Er ging von der Überlegung aus, daß das veränderte EEG das Einschlafen erleichtern könnte. Die Ergebnisse lassen darauf schließen, daß Tiere nach dem Training effizienter schlafen, motorisch weniger gestört sind und im EEG eine größere Zahl von Schlafspindeln aufweisen. Die Technik wird gegenwärtig an Menschen erprobt, die unter Schlaflosigkeit leiden. Man möchte feststellen, ob sie lernen können, eine erholsamere Schlafphysiologie herzustellen. Erste Ergebnisse sind ermutigend.

Die erstmals von den Russen benutzten Elektroschlafmaschinen versetzen dem Gehirn ganz leichte elektrische Impulse. Das scheint manchen ängstlichen Patienten ihre Spannung zu nehmen. Normale Versuchspersonen berichten von einer Euphorie, die eine junge Frau mit dem Zustand nach einer *Happy Pill*, einem Antidepressivum, verglich. Andere meinten, nach einer Elektroschlafbehandlung seien sie weniger geneigt, sich Sorgen zu machen.

Am Institut für Gehirnforschung der Universität von Kalifornien ließen die Versuchsleiter eine Glocke ertönen, während sie die Schlafregion im Gehirn von Tieren reizten. Nach einer gewissen Zeit fielen die Tiere schon beim Glockenklang allein in Schlaf. Für viele Menschen dürften die Rituale ihres Zubettgehens eine ähnliche Konditionierung im Pawlowschen Sinne bedeuten.

Eine gewisse Form von Bewußtsein wird offensichtlich auch durch Schlaf und chemisch hervorgerufene Ohnmacht nicht unterbrochen. Bereits 1927 berichteten Forscher, daß Versuchspersonen mit einer Genauigkeit von plus/minus zehn Minuten zu einer bestimmten Zielzeit aufwachen konnten. In zahlreichen Studien sind diese ersten Ergebnisse bestätigt worden. Beim Aufwachen sind die Versuchspersonen desorientiert, wissen nicht, wie sie aufgewacht sind, und können sich auch an keinen Trauminhalt erinnern, der das Erwachen ausgelöst haben könnte. «Der Prozeß, dank dessen die Versuchspersonen diese Aufgabe ausführen können, ist völlig unbekannt», schreiben W.M.Zung und William Wilson in *Biological Psychiatry*. Alle Umweltreize waren ausgeschaltet. Das Erwachen zu einer Zielzeit kann in jeder Schlafphase und bei jeder Schlaftiefe erfolgen.

Schlafbewußtheit ist für jede Sinnesdimension nachgewiesen worden, wenn auch die taktile und auditive Wahrnehmung besonders scharf zu sein scheint. Auch in tiefem Schlaf ist das Gehirn zu erstaunlicher Differenzierung fähig. In einem Experiment mußten Versuchspersonen, die unter Schlafentzug litten, in periodischen Abständen einen Mikroschalter betätigen, wenn sie einen unangenehmen Schock vermeiden wollten. Bald waren sie dazu in der Lage, ohne Spuren von Erregung auf dem EEG erkennen zu lassen.

Das Gehirn kann sich auch dazu entschließen, Geschwätz und sogar laute Geräusche nicht zur Kenntnis zu nehmen, auf relevante Reize aber weiterhin zu reagieren. Schlafenden Versuchspersonen spielte man vom Tonband eine Reihe von Namen vor, von denen einige rückwärts aufgezeichnet worden waren. K-Komplexe (ein Gehirnwellenmuster, das Erregung, aber keinen Wachzustand anzeigt) traten bei bedeutungsvollen Namen häufiger als bei sinnlosen Namen auf.

Eine schlafende Versuchsperson mag sich durch plötzliches Getöse nicht stören lassen, aber erwachen, wenn ihr Name oder ein Schlüsselwort geflüstert wird. Namen, die der Versuchsperson emotional etwas bedeuten, können ihrem Trauminhalt eingegliedert werden – auch nachträglich. Der Name Robert kann den Träumenden veranlassen, seinem Freund eine Rolle in dem Traum zuzuweisen, er kann aber auch ein Traumkaninchen so benennen.

Schlaflernen ist von Phase zu Phase und je nach Nachtzeit verschieden. An der Universität von Florida wurde Material, das fünf Nächte lang in tiefem Schlaf dargeboten worden war, zu 13 Prozent erinnert. Wurde das Material in den Phasen leichten Schlafes dargeboten, lag dieser Wert zwischen 10 Prozent (die ersten drei Nächte) und 17 Prozent (die letzten beiden Nächte). Besser erinnert wurde Tonbandmaterial, das gegen Ende der Nacht bei leichtem Schlaf gehört wurde. Hier lag das Ergebnis im Durchschnitt bei 30 Prozent. Möglicherweise ist die höhere REM-Frequenz gegen Morgen für die bessere Verarbeitung verantwortlich. Die Versuchsleiter Michael Levy und Wilse Webb geben an, daß Schlaflernen sich bei Training zu verbessern schien.

David Cheek, ein Gynäkologe am Children's-Krankenhaus in San Franzisko, meint, man täte gut daran, in allen Operationssälen ein Schild anzubringen, auf dem zu lesen steht: «Pst, Patient hört mit!» Cheek und Bernard Levinson aus Johannesburg haben Fallgeschichten von Patienten veröffentlicht, die nach der Operation unter Hypnose angeben konnten, was während des Eingriffs gesagt worden war. Cheek vertritt die Auffassung, daß der Gehörsinn «bis in Tiefen chemischer Intoxikation erhalten bleibt, in denen alle anderen Wahrnehmungen längst ausgeschaltet sind». Er erwähnt den Fallbericht eines Kollegen, in dem es heißt, daß die Patientin plötzlich eine Krise hatte. Als der Chirurg ihr den Magen wie vorgesehen heraushob, setzten Atmung und Herzschlag aus. «Bevor der Chirurg das Herz für die Massage freilegte, verlangte er, daß man den Ehemann von der bedrohlichen Situation in Kenntnis setze. Niemand wußte, wo sich der Mann aufhielt. In diesem Augenblick regte sich die Patientin und flüsterte am Endotrachealtubus vorbei: 'John ist im Gang.'»

Eine von Cheeks Chirurgiepatientinnen hat unter Hypnose berichtet, sie habe es bei dem Eingriff in der Woche zuvor mit der Angst zu tun bekommen. Fast wörtlich erinnerte sie sich an eine beiläufige Bemerkung, die der Anästhesist gegenüber dem Chirurgen hatte fallenlassen: «Alles klar, Dave. Sie kann das Blutplasma jederzeit haben, wenn sie es braucht.» Cheek hatte darauf rasch irgend etwas erwidert, was die Patientin beruhigen sollte (und was dem Operationsteam etwas absurd vorkam, weil es die Patientin doch für bewußtlos hielt). Sie fügte hinzu: «Ich... ich wußte nicht, daß ich eine Blutkonserve brauchte, und dachte, es muß schlimmer sein, als sie mir gesagt hatten.» Seine Erwiderung habe sie beruhigt.

In einer Untersuchung hörten fünfzehnhundert Patienten gegen Ende ihrer Operation, aber noch in tiefer Narkose eine Reihe therapeutisch-suggestiver Informationen. In der Regel erhielten sie einen beruhigenden, optimistischen Bericht über den Erfolg der Operation und die Versicherung, daß der Operationsbereich keine Beschwerden bereiten werde. Die Suggestion wirkte bei 50 Prozent, die keine ausgewählte Gruppe darstellten. Nicht ein einziger Patient im Kindesalter berichtete nach dem Eingriff von Schmerzen, Übelkeit oder Erbrechen.

In einem Doppelblindversuch wurden 81 Chirurgiepatienten Ohrhörer angelegt, die mit einem von vier Tonbändern gespeist wurden: 1. fünf Minuten Musik, dann nichts; 2. nur Musik; 3. leicht suggestive Hinweise zu Entspannung und Schmerzlinderung; 4. stark suggestive Bemerkungen zu Entspannung und Heilprozeß. Die Ergebnisse führten eine deutliche Sprache. Die Patienten, die eines der suggestiven Bänder gehört hatten, blieben im Durchschnitt 8,63 Tage im Krankenhaus. Die Gruppe, die nur Musik oder das teilweise leere Band gehört hatte, blieb 11,05 Tage.

Cheek und Levinson berichten übereinstimmend, daß Patienten in tiefer Narkose nur bedeutsame Bemerkungen oder unheilschwangeres Schweigen zu hören scheinen. Banale Gespräche werden unter späterer Hypnose selten erinnert, fehlerlos dagegen können Patienten Sätze wiedergeben wie: «Mein Gott! Das ist vielleicht gar keine Zyste. Das kann Krebs sein...» (Von diesem Fall berichtet Levinson.) Manche Ärzte fragen sich heute, ob nicht so mancher unerklärliche Todesfall auf dem Operationstisch auf die Dinge zurückzuführen ist, die der Patient erlauscht hat.

Die Evidenz spricht dafür, daß Träumen ein sekundärer und kein primärer biologischer Prozeß ist. Der Traum scheint der wechselnden neuralen Aktivität der verschiedenen Schlafphasen unterworfen zu sein. Die geistige Tätigkeit schaltet um, wenn die EEG-Muster sich verändern. Der unendlich flexible Verstand scheint diesen so vielfältig veränderlichen Bewußtseinszustand entschieden zu seinem Vorteil zu nutzen. Im tropischen Regenwald der malaiischen Halbinsel lebt der Stamm der Senoi, ein Volk, das nicht lesen und schreiben kann. Doch die Differenziertheit seiner Traumkultur hat man mit dem Entwicklungsniveau unserer Kernphysik verglichen.

Beim Frühstück diskutiert das Kind seine Träume mit den übrigen Familienmitgliedern, die ihm helfen, die Träume zu verstehen und Ängste zu überwinden, die möglicherweise geweckt worden sind. Wenn ein Senoi träumt, daß er jemanden verletzt hat, muß er sich bei dem Betreffenden entschuldigen, ihm einen Gefallen erweisen oder etwas schenken. Wenn ihm selbst in seinen Träumen Unrecht geschehen ist, so teilt er das dem Schuldigen mit, der es dann seinerseits mit einem Geschenk oder einer Freundlichkeit wiedergutzumachen versucht.

Sein Leben lang sucht der Senoi bei kryptischen Träumen den Rat der Gemeinschaft. Die Männer des Stammes versammeln sich täglich nach der Traumerörterung im Familienkreis, um die Träume der älteren Kinder und der Männer weiterzudiskutieren. Träume, die Vorzeichen enthalten, gelten als besonders wertvoll. Wer durch den Traum eines anderen vor drohender Gefahr gewarnt wird, ist abermals zu Dank oder auch einem Geschenk verpflichtet.

Der verstorbene Kilton Stewart, in Psychologe, der sich fünfzehn Jahre lang mit der Senoikultur beschäftigt hat, sagt, der Stamm glaube, daß «jeder Mensch mit Hilfe der anderen alle Wesen und Kräfte im Traumuniversum ertragen, meistern und sich sogar zunutze machen kann».

Berichtet das Senoikind, es habe von einem Fall geträumt, so gratulieren ihm seine Eltern. «Das ist ein herrlicher Traum, einer der schönsten, die du haben kannst!» Sie fragen, wohin es gefallen sei und was es gefunden habe. Unter Umständen erwidert das Kind, daß der Traum alles andere als schön gewesen sei, vielmehr ziemlich schrecklich und daß es vor der Landung aufgewacht sei. Daraufhin erklären ihm die Erwachsenen, daß alle Träume einen Zweck hätten. Wenn es das nächste Mal einen Fall im Traum erlebe, solle es sich entspannen und das Ereignis genießen, bedeute es doch, daß ihm die geistige Welt ihre Macht abtrete. «Das Erstaunliche ist», sagt Stewart, «daß nach einer gewissen Zeit... der Traum, der mit der Angst vor dem Fallen begann, zur Lust am Fliegen wird. So geht das jedem in der Senoi-Gesellschaft.»

Die Senoi kennen keinen Krieg, keine Gewaltverbrechen und ein erstaunliches Maß an geistiger Gesundheit. Stewart glaubt, daß alle Menschen von ihnen lernen könnten. «Im Abendland bleibt Schlafdenken gewöhnlich konfus, kindisch oder psychotisch, weil wir Träumen in unseren Reaktionen keine gesellschaftliche Bedeutung zuerkennen und sie aus dem Erziehungsprozeß ausschließen.»

Die Senoi sind zu einem so geschätzten Interessengegenstand von Anthropologen und Psychologen geworden, daß man sich fragt, ob sie überhaupt noch Zeit zum Träumen haben. Zahlreiche Colleges bieten heute Kurse in Senoi-inspirierter Traumtherapie an, und eine Gruppe amerikanischer Studenten lebte achtzehn Monate in einer traumzentrierten Kommune, die sich am Vorbild der Senoikultur orientierte. Einige Psychologen haben damit begonnen, Senoitechniken in die Gruppentherapie zu übernehmen. Die Senoibewegung zeigt wie das blühende Interesse an den östlichen Techniken der Bewußtseinsveränderung, daß sich das Abendland zunehmend von den Psychotechniken anderer Kulturen faszinieren läßt.

Ohne Zweifel spricht vieles dafür, daß die Geistestätigkeit im Schlaf Sinn und Verstand hat. Montague Ullman, der Leiter der Psychiatrie am Maimonides-Krankenhaus in Brooklyn, glaubt, daß sich Restbestände des Tagesgeschehens als Trauminhalt niederschlagen und dort als «schwacher Lichtstrahl in einem dunklen, unbekannten und manchmal ziemlich erschreckenden Reich umhergeistern». Er vermutet, der Träumende errichte seine Abstraktion aus konkreten Blökken: Erfahrungsfragmenten des Vortages. Diese Vorfälle werden zu Traumanalogien, «Metaphern in Bewegung». Ullman wendet sich gegen die Auffassung, der Traum sei infantile Wunscherfüllung. Er versteht ihn vielmehr als «wahrere und umfassendere Wiederaufnahme dessen, was sich unlängst und bruchstückhaft im Leben des Träumenden zugetragen hat». Der Träumende fragt sich: *Was stößt mir zu? Was kann ich dazu tun?* Er ist aktiv bemüht, einen bestimmten Aspekt seines Lebens aufzuarbeiten.

Ein Beispiel, das Ullman anführt, ist der Traum eines Architekten, der sich an vier aufeinanderfolgenden Sonntagen in seinem Arbeitszimmer eingeschlossen hat, um einen bestimmten Termin einzuhalten. Bei der Arbeit war er sich unklar bewußt, daß seine Frau die Kinder von Zeit zu Zeit unwirsch anfuhr. Er schlief ein paar Minuten. Im Traum rief er das Wetteramt an und fragte, ob zu erwarten sei, daß die Stadt am Nachmittag von einem Hurrikan heimgesucht werde. «Als ich die Frage stellte, fühlte ich mich verlegen und schuldig.» Es wurde ihm immer unangenehmer, seiner Frau eine solche Last aufzubürden, aber er war der Meinung, daran ließe sich nichts ändern. Im Schlaf war er gezwungen, sich einem ungelösten Problem zu stellen: dem Sturm, der sich zusammenbraute.

Wie Stewart bedauert Ullman, daß die Geschichte unserer Kultur so wenig Interesse am Traumleben aufzuweisen hat. Er meint, daß die Traumanalogie den Träumenden dazu zwingt, etwas Neues über sich selbst zu äußern; aber «wenn eine Metapher ungelesen und unverstanden stirbt..., wird ihre Möglichkeit, das Ich-Bewußtsein voranzubringen, vertan».

David Foulkes berichtet, daß sein Interesse an einer Traumtheorie, die 1917 von dem Wiener Arzt Otto Poetzl aufgestellt worden ist, kürzlich wiederaufgelebt sei. Poetzl glaubte, daß visuelle Erlebnisse, die über Tag nicht vollständig ins Bewußtsein dringen, den Nachtträumen einverleibt werden. Poetzl bot seinen Versuchspersonen in raschem Tempo eine Reihe ungewöhnlicher Farbdias dar. Anschließend berichteten sie, an welche Dias sie sich erinnerten. Sie wurden aufgefordert, sorgfältig auf ihre Träume zu achten. Wenn sie am folgenden Tag ins Labor zurückkehrten, schilderten sie, was sie an Traumfragmenten erinnern konnten. Merkwürdigerweise schienen diese Schilderungen einem bestimmten Gesetz des Ausschlusses zu folgen. Nichts von dem Material, das sie am Vortage wahrgenommen hatten, tauchte in den Traumbeschreibungen auf – jetzt wurden *nur die Elemente genannt, die in ihrer bewußten Erinnerung nicht vertreten gewesen waren.*

Die meisten Experimente, die Poetzls Befunde wiederholen sollten, wiesen – so meint Foulkes – Mängel in ihrer Anlage auf. Foulkes glaubt, daß Untersuchungen des Schlafbeginns die komplementäre Natur des Traums offenbaren könnten. Als Foulkes und Gerald Vogel Vorstellungsbilder bei Schlafbeginn aufzeichneten, stießen sie auf einen Traumbericht, in dem von einem abstrakten Bild blauer Schuhe die Rede war. Am folgenden Morgen war die Träumende in dem großen Büro, in dem sie arbeitete. Zufällig fiel ihr Blick auf einen Kunstkalender, der ein abstraktes Bild zeigte. Viele Male hatte sie es schon gesehen, aber nie verstanden. Jetzt fiel der Groschen. Sie fragte einen Kollegen, was er auf dem Bild erkenne, und er versicherte ihr, es stelle – und dies war ihr selbst gerade klargeworden – zwei Paar überkreuzte Ballettschuhe dar. Davon ein Paar blau.

Ein anderer Hinweis auf die komplementäre Funktion von Träumen mag darin zu finden sein, daß selbstsichere, gut angepaßte Menschen – wie Traumpsychologen herausgefunden haben – weniger zu bizarren, emotionalen Träumen neigen

als der Durchschnitt. Traumintensität scheint mit Unsicherheit und Hemmungen im Wachzustand einherzugehen.
Träume scheinen sogar das Bedürfnis nach Gesellschaft befriedigen zu können. Wenn man Versuchspersonen in der Zeit, da sie wach sind, isoliert, zeigen sie sich in ihren Träumen äußerst gesellig. Die Geistestätigkeit im Schlaf kann überraschend präzise auf die Bedürfnisse des Menschen antworten.
«Die meisten Forscher», sagt Ralph Berger, «sind heute der Auffassung, daß geistige Aktivität auch während des Schlafes nie ganz zum Erliegen kommt.» Das Vorkommen niederfrequenten Denkens oder Nicht-REM(NREM)-Schlafs ist heute hinreichend belegt. Im allgemeinen wird es Geistestätigkeit (mentation) genannt, um es von der bizarren Aktivität hochfrequenten Schlafs zu unterscheiden. David Foulkes, wahrscheinlich der führende Wissenschaftler auf dem Gebiet von NREM-Geistestätigkeit, vergleicht sie mit dem Hintergrunddenken wachen Lebens, «jenen Erfahrungsbruchstükken, die an den Rändern des Bewußtseins vorbeigleiten...». Gerald Vogel hat beobachtet, daß Berichte von NREM-Träumen den Inhalt anderer, in derselben Nacht aufgezeichneter NREM- und REM-Berichte manchmal wiederholen und manchmal vorwegnehmen. Er versteht die heftigeren REM-Traumphasen als «den lebhaftesten und erinnerungswürdigsten Teil eines größeren Teppichs, gewebt aus der geistigen Aktivität während des Schlafs».
Wenn Vogel, Foulkes und zahlreiche andere Forscher recht haben, würde die geistige Tätigkeit zur Zeit der REM-Phasen nur ein stürmisches, überfrachtetes Zwischenspiel in einer die ganze Nacht währenden Träumerei sein.
Die oberen und unteren Grenzen des Schlafbewußtseins sind noch nicht erforscht worden. Schlafbewußtheit ist von Frederik van Eeden, einem englischen Forscher, als luzider Traum bezeichnet worden. Er begann 1896 eine große Zahl

subjektiver Traumbeobachtungen zu sammeln. Im luziden Traum meint man zum normalen Bewußtsein zu erwachen und weiß doch, daß man schläft, so daß man die Traumwelt aus einer Doppelperspektive erlebt. Jogis, diese Kenner veränderter Bewußtseinszustände, haben natürlich bestimmte Techniken zur Kontrolle des Bewußtseins im Schlaf entwikkelt. Verschiedene Meditationsschulen bieten Methoden an, mittels deren sich ein ständiger luzider Traumzustand herstellen läßt. Von einem Teilnehmer wird die euphorische Wirkung ausgesprochen kulinarisch beschrieben: «Als wenn man die ganze Nacht Vanilleeis im Kopf hat.»

Charles Tart nennt eine Schicht des Schlafbewußtseins Rauschtraum. Obgleich sie einem LSD-Trip ähnele, habe er gezögert, sie als psychedelischen Traum zu bezeichnen, weil das Adjektiv allzu ungenau verwendet werde. «Die primäre Verschiebung dieses Traums ist die Steigerung der Sinneseindrücke und die Abkehr von normaler intellektueller Tätigkeit. Schließlich hebt sich für den Träumenden die übliche Trennung von Erkennendem und Erkanntem auf. Er fühlt sich häufig noch nach dem Erwachen ekstatisch.»

Träume verschaffen mystische Erlebnisse, die eine auffällige Ähnlichkeit aufweisen mit den Erfahrungen, die von anderen veränderten Bewußtseinszuständen berichtet werden. Ein Beispiel erzählt J. B. Priestley in *Rain Upon Godshill.* Der Autor träumt, er stünde allein auf einem sehr hohen Turm und blicke hinab in einen «riesigen Himmelsstrom von Vögeln». Zehntausende von Vögeln flogen vorbei. Dann schien die Zeit rascher zu verstreichen, und vor seinen Augen begannen die Vögel zu schrumpfen, zu welken, zu bluten und zu zerfallen. Traurigkeit übermannte ihn angesichts dessen, was ihm als der Aberwitz von Leben und Sterben erschien. «Ich stand auf meinem Turm, immer noch allein und unaussprechlich unglücklich. Aber wiederum veränderte sich das Geschehen, und die Zeit verrann noch schneller. Sie jagte so rasch vorbei, daß die Vögel keine Bewegung mehr erkennen ließen und aussahen wie eine gigantische, mit Federn besäte Ebene. Doch über diese Ebene hinweg, durch die Körper selbst flackernd, huschte jetzt eine Art weißer Flamme, zukkend, tanzend, dann forteilend, und kaum hatte ich sie gesehen, wußte ich, daß sie das Leben selbst war, das innerste Wesen des Seins. Dann stürzte sie auf mich zu, in einem explosiven Ausbruch von Ekstase, der mir sagte, daß nichts zählte, nichts je zählen konnte, weil nichts wirklich sein konnte außer diesem bebenden, schwebenden Feuer des Seins... Was ich für Tragödie gehalten hatte, war nichts als Leere oder Schattenspiel. Alles wahre Fühlen war jetzt gefangen und geläutert und tanzte fort mit der weißen Flamme des Lebens.»

Wie andere veränderte Zustände scheint Schlafbewußtsein übersinnliche Phänomene zu fördern. Die wissenschaftliche Beschäftigung mit der Telepathie und dem Hellsehen des Traumes hat zu statistisch beeindruckenden Daten geführt. Im Maimonides Traumlabor haben Montague Ullman, Stanley Krippner und Charles Honorton viele sorgfältig kontrollierte Experimente entworfen, die den Zusammenhang zwischen Träumen und dem Vorkommen von Psi aufdecken sollten.

Freud und Jung haben von telepathischen Erscheinungen in Träumen berichtet. Und erst unlängst hat Carl Meier, ein Schweizer Psychiater, gesagt: «Nennen Sie mich von mir aus abergläubisch oder unwissenschaftlich, aber ich bin davon überzeugt, daß solche Dinge häufig vorkommen, häufiger, als wir glauben oder bemerken, und in seltenen Fällen können wir mit einer fast an Sicherheit grenzenden Wahrscheinlichkeit nachweisen, daß diese Ereignisse nicht auf Zufall beruhen können, vor allem wenn die Ähnlichkeit zweier zusammentreffender Phänomene bis ins kleinste Detail von photographischer Präzision ist...»

Er fragt seine Forschungskollegen, ob nicht die Welt der Träume der Ort sein könnte, an dem sich die beiden Wirklichkeiten von Psyche und Soma begegnen – ob nicht vielleicht der Traumzustand «das fremdartige, schwer faßbare Etwas ist, das seit Jahrhunderten der ‹spirituelle Körper› genannt wird».

III
Das verwundbare Gehirn

«Die transzendentalste Leistung des Menschen wäre die Eroberung des eigenen Gehirns.»
Santiago Ramon y Cajal

Hirnschäden: Wer ist normal?

1966 erschoß ein aufgeweckter, gutaussehender junger Mann namens Charles Whitman in Austin Texas seine Frau und seine Mutter, bevor er sich zu einem weithin sichtbaren Turm, dem Wahrzeichen der Universität von Texas, begab, wo er auch den Pförtner tötete. Von der Spitze des Turms suchte er sich sorgsam seine Opfer aus. Vierzehn tödliche Schüsse gab er aus seinem Gewehr ab, vierundzwanzig Menschen verwundete er. Da Whitman getötet wurde, konnte er nicht erklären, warum er das Massaker begonnen hatte.

Psychologen, Stammtischpsychologen und die Massenmedien spekulierten über mögliche Ursachen. Die Trennung seiner Eltern habe ihn bedrückt. Das Studium habe ihn belastet. Er sei auf Gewalt dressiert worden, habe er doch schon seit frühester Kindheit Schußwaffen besessen. Die Zeitschrift *Life* zeigte ihren Lesern den zweijährigen Charles, wie er auf dem häuslichen Hinterhof stolz mit dem Gewehr des Vaters posiert.

Doch Whitman hatte ein Tagebuch geführt, in dem er seit einigen Monaten Merkwürdiges berichtet hatte. Über Kopfschmerzen hatte er geklagt und einem Universitätspsychiater mitgeteilt, er werde manchmal so wütend, daß er «auf den Turm der Universität klettern und auf die Leute zu schießen beginnen» könnte.

Eine sorgfältige Obduktion von Whitmans Gehirn offenbarte «einen Primärtumor des Gehirns von äußerst bösartiger Form, ein sogenanntes Glioblastom multiforme». Obgleich Whitmans Kopf von dem Gewehrfeuer, das seinem Leben ein Ende setzte, buchstäblich zerfetzt worden ist, brachte William Sweet, einer der mit der Untersuchung betrauten Neurochirurgen, die Überzeugung zum Ausdruck, der Tumor habe sich in einem der Schläfenlappen befunden, einer Region, wo sich, wie man festgestellt hat, Hirnschäden häufig in gewalttätigem Verhalten äußern.

Wenn wir uns klarmachen, wie prekär und gefährdet unser Anspruch auf Normalität ist, so bedeutet das einen harten Schlag für unser Selbstbild. Ein Viertel der Bevölkerung hat vermutlich eine genetische Anlage zur Schizophrenie. Ein Viertel neigt zu Flimmerattacken. Bei mehr als der Hälfte von uns lassen sich unter bestimmten Umständen Anfälle auslösen. Vielleicht eine Million von uns sind nichtdiagnostizierte Schläfenlappenepileptiker, weitere Millionen leiden unter Alkoholismus, unter Hyperkinese oder Senilität. Ein Zehntel hat rhythmusgestörte EEGs. In Abwandlung der bekannten Redensart ließe sich sagen: «Die ganze Welt ist verrückt – auch du und ich.»

Untersuchungsausschüsse, die sich mit dem Problem unmotivierter Gewalt beschäftigen, suchen die Schuld gewöhnlich bei so einleuchtenden Faktoren wie Fernsehprogramm, Armut und der erschreckenden Verfügbarkeit von Waffen. Ohne Zweifel sind gesellschaftliche Faktoren wichtig für die Verhütung unmotivierter Gewalttätigkeit, doch die Erregbarkeit und Aggressivität von Millionen unserer Bürger können auch auf Gehirnanomalien zurückzuführen sein

In unserem Kampf gegen das Verbrechen ist die frühzeitige Diagnose und Behandlung solcher Probleme vielleicht vielversprechender als Jugendgericht und Gefängnisberatung. Der Psychiater Frank Erwin und seine Mitarbeiter auf den neurologischen Stationen der Allgemeinen Krankenhäuser von Massachusetts und Boston haben dringend dazu aufgefordert, daß Rechtsanwälte, Psychiater, Richter, Gefängnisbeamte und Wärter eine Ausbildung erhalten sollten, die es ihnen ermöglicht, eventuelle Anhaltspunkte für pathologische Veränderungen des Gehirns bei den Heißspornen unserer Gesellschaft zu entdecken. Selbst Verkehrspolizisten sollten darauf hingewiesen werden, daß wiederholtes gefährliches Fahren häufig für eine unkontrollierbar gewalttätige Persönlichkeit symptomatisch sei.

Das Team aus Boston berichtete beispielsweise von dem Fall eines brillanten 34jährigen Erfinders, der, abgesehen von wiederholten Episoden gewalttätigen Verhaltens, die zehn Jahre zuvor erstmalig aufgetreten waren, ruhig und freundlich war. Gewöhnlich brütete er etwa eine halbe Stunde über irgendeiner geringfügigen Meinungsverschiedenheit mit seiner Frau, bis er sich selbst in eine Stimmung so brutaler Gewalttätigkeit hineingesteigert hatte, daß er Frau und Kinder schlug oder ihnen mit einer Zigarette Brandwunden beibrachte.

Seit sieben Jahren war er ohne Erfolg in psychiatrischer Behandlung. Glücklicherweise bemerkte sein aufmerksamer dritter Psychiater zufällig die schwachausgeprägten Symptome einer Schläfenlappenepilepsie. Der Erfinder bekam einen leeren Blick, schmatzte mit den Lippen und wiederholte bedeutungslose Sätze. Eine Behandlung mit Spasmolytika half nicht. Anders verhielt es sich mit elektronischer Reizung. An einer bestimmten Stelle des Mandelkerns verursachte sie dem Patienten Schmerz und rief das Gefühl hervor, er verliere die Kontrolle über sich und sei im Begriff loszuschlagen. An einer nur vier Millimeter entfernt gelegenen Stelle führte die Reizung zu einer euphorischen Überentspannung. Der Erfinder sagte, er habe das Gefühl, unter Demorol zu stehen. «Das Zimmer wird größer und heller... Ich habe das Gefühl, auf einer Wolke zu schweben.»

Die Euphorie dauerte 36 Stunden. Seine Ärzte begannen mit einem elektrischen Stimulationsplan, der das gewalttätige Verhalten drei Monate lang verhinderte. Da weitere Behandlung erforderlich schien, zerstörten sie ein wenig von dem Gewebe der betreffenden Hirnregion. Sie berichteten, daß es in den folgenden zwei Jahren zu keinen Wutanfällen mehr gekommen sei. Bei einem Patienten mit ähnlichen Symptomen unterband die Stimulation allein ein Jahr lang alle Wutanfälle, dann wurde er rückfällig. Die Ärzte implantierten Elektroden und setzten einen kleinen Stimulator unter die Haut. Wenn der Patient nun einen Anfall nahen spürte, konnte er ihn durch Stimulation der betreffenden Hirnregionen kupieren.

Ein schreckliches Beispiel für unerkannte Funktionsstörungen des Gehirns ist der Teenager Gloria, die Tochter chronischer Alkoholiker. Ihre Pflegeeltern, die sie aufzogen, sagten, sie sei bis zum Alter von dreizehn Jahren ein vorbildliches Kind gewesen. Dann sei sie «launisch und verschlossen» geworden. Als die Pflegeeltern einmal gegen die Lautstärke protestierten, mit der das Mädchen seine Platten hörte, zerschlug sie ihre Zimmereinrichtung, zerriß die Vorhänge und zerstörte einen Teil ihrer Zimmertür mit einem schweren Gegenstand. Die Polizei überwältigte sie. Fortan schwankte ihr Verhalten, so ihre Fallgeschichte, zwischen «engelhaft» und «teuflisch». Dann, am 11. Mai 1967, bekam sie einen schreienden zweijährigen Pflegebruder «satt» und wurde «wütend». Sie erstickte ihn in einer Plastiktüte. In einer staatlichen Irrenanstalt unternahm sie einen Selbstmordversuch. Außerdem griff sie ein jüngeres Kind an. Als ein Psychiater erfuhr, daß ihr 23jähriger Bruder wegen epileptischer Gewalttätigkeit in Anstaltsverwahrung sei, vermutete er einen organischen Hirnschaden und überwies sie zu einer neurologischen Untersuchung an das Allgemeine Krankenhaus von Massachusetts. Alle üblichen Tests erbrachten normale Ergebnisse. Und eigentlich nur zufällig stießen die untersuchenden Ärzte auf anomale Entladungen des Hippokampus.

Inzwischen hatte Gloria ihnen gestanden, sie habe bereits ein anderes ihrer Pflegegeschwister erstickt. Ihre Eltern hatten damals angenommen, es sei an einer Lungenentzündung gestorben. Die Ärzte setzten Elektroden an, um die Aktivität des betreffenden Bereichs zu messen. Sie begannen, ruhig zu ihr zu sprechen. Die EEG-Aufzeichnung war normal. Dann wurde Babygeschrei von einem Tonband abgespielt. Innerhalb von Sekunden steigerte sich die Hirnwellenaktivität des Hippokampus zu einem Anfallsmuster. Abrupt traten abnorme EEG-Muster auf, deren Ausprägung im Laufe der nächsten Minute noch krasser wurde. Als man das Tonband ausschaltete, normalisierte sich auch das EEG.

Nicht immer haben Beobachter es leicht, rein psychologische Ursachen für unkontrollierbare Wut von Symptomen organischer Funktionsstörungen des Gehirns zu unterscheiden. Zum einen sind die pathologischen fast immer von psychologischen Ursachen überlagert. Menschen, die zu Wutausbrüchen neigen, werden wahrscheinlich einer gewissen sozialen Ächtung verfallen und außerdem von Schuldgefühlen heimgesucht werden. Zum anderen können die organischen Symptome verschwommen sein, sich etwa als Kopfschmerz, Schwindelgefühl, Vergeßlichkeit äußern. Ervin und seine Mitarbeiter haben eine Reihe von Anzeichen zusammengestellt, die auf eine mögliche Störung des Gehirns hindeuten.

Wenn in der Krankengeschichte Geburtstrauma, Meningitis oder andere hochfiebrige Erkrankungen in der Kindheit nachzuweisen sind, kann das bedeuten, daß so empfindliche Gehirnregionen wie der Hippokampus durch Sauerstoffmangel Schaden erlitten haben. Kopfverletzungen können eine Schläfenlappenepilepsie verursacht haben, die häufig mit zeitweiliger Kontrollstörung verknüpft ist. Lange Bewußtlosigkeit, wie sie nach Autounfällen vorkommt, ist ebenfalls von Interesse. Da gewalttätige Personen in der Regel in viele

Schlägereien verwickelt werden, muß die Fallgeschichte zwischen Kopfverletzungen unterscheiden, die der Kontrollstörung vorangehen, und solchen Verletzungen, die ihre Folge sind. Auch die Häufigkeit der Schläfenlappenepilepsie bei Alkoholikern ist nach Meinung dieser Wissenschaftler auf die vielen Stürze zurückzuführen, die Betrunkene erleiden.

Ein Patient des Allgemeinen Krankenhauses von Massachusetts war ein 27jähriger Mordverdächtiger, der sich später im Gefängnis erhängte. Im Verlaufe der psychiatrischen Untersuchung erklärte er, er habe als 16jähriger einen Kopfschuß erlitten. Er klagte über vorübergehende Bewußtseinsstörungen, Zeiten der Verwirrung, gelegentliche visuelle Halluzinationen von Tieren wie Büffeln und Eichhörnchen. Seine Krankengeschichte berichtete von zeitweiligen Gewaltausbrüchen, die in der Mordanklage gipfelten.

Nach dem Gefängnisselbstmord des Patienten stellten Neuropathologen fest, daß die Kugel, die sich elf Jahre zuvor einen Weg durch seinen Kopf gebahnt hatte, jene Arterien durchtrennt hatte, die das limbische System mit dem lebenswichtigen Sauerstoff versorgen. Dadurch kam es zu einer ausgedehnten Schädigung dieser Region, in der die Impulskontrolle vermutet wird.

Pathologische Intoxikation*, ein Zustand, in dem ein Individuum Handlungen begeht, ohne später klare Erinnerungen daran zu haben, läßt möglicherweise auf eine Herdepilepsie schließen. Das Bostoner Team meint, daß es sich bei solchen Bewußtseinsstörungen um Anfälle von Schläfenlappenepilepsie handelt. «Sie werden immer wieder ignoriert, vernachlässigt oder noch nicht einmal bemerkt. Beispielsweise haben wir im Krankenhaus Patienten aufgenommen, von denen alle Welt meinte, sie zeigten keine Epilepsiesymptome. Doch

* Wenn diese Menschen spüren, daß sich Spannungen und zerstörerische Impulse in ihnen aufbauen, versuchen sie häufig eine Selbstbehandlung mit Alkohol. Die Folge davon ist natürlich, daß ihre Erregung zunimmt.

wir brauchten sie nur acht Stunden auf der Station zu beobachten, dann konnten wir eindeutig klassische Epilepsien der einen oder anderen Art an ihnen feststellen. Dies trifft insbesondere für den Herdepileptiker zu. Was sich die meisten amerikanischen Ärzte nicht klarzumachen scheinen, ist der Umstand, daß Herdepilepsien die häufigste Form der Epilepsie sind, häufiger als das Grand mal oder das Petit mal.»

Brandstiftung, Tierquälerei und Bettnässen sind drei Dinge, von denen es heißt, anhand ihrer ließe sich kriminelles Verhalten vorhersagen. Natürlich werden die meisten Bettnässer keine Gewalttäter, doch in Verbindung mit Pyromanie und Tierquälerei ist länger andauernde Enuresis offensichtlich ein Anhaltspunkt.

In gefährlichem Fahrverhalten zeigt sich häufig eine Tendenz zu episodischen Gewaltausbrüchen. Die Fallgeschichten berichten nicht selten, daß Patienten ihren Wagen wütend in andere Autos lenken. Ein Patient erregte sich so sehr darüber, daß ein anderes Auto sich plötzlich vor seinen Wagen setzte, daß er den Fahrer zwei Häuserblocks weit jagte. Andere haben ihre Wagen gegen Mauern und Bäume gefahren. Wenn die Betroffenen vom Zerstörungsdrang befallen werden und niemand anders zur Hand ist, richten sie ihre Wut notfalls gegen sich selbst. Einer Studie zufolge hat die Hälfte der Menschen, die unter zeitweiliger Kontrollstörung leiden, Waffen in ihrem Besitz. Für die andere Hälfte kann das Auto zu einer wirksamen Waffe werden.

Schwierigkeiten mit der Geschlechtsidentität und deviantes Sexualverhalten sind bei einem auffälligen Prozentsatz gewalttätiger Patienten zu beobachten. Viele sind homosexuell oder berichten von tiefverwurzelter Homosexualitätsangst, die manchmal dazu führt, daß sie auf jeden Mann, der in einer Bar ein Gespräch mit ihnen anfängt, mit dem Messer oder den Fäusten losgehen. Einige Menschen mit dem Kontrollstörungssyndrom klagen über Impotenz und berichten,

daß sie gegenüber Frauen, bei denen sie impotent sind, gewalttätig werden.
Die Diagnose ist nicht leicht. Selbst das EEG ist zu grob und ungenau, um geschädigte Regionen tief im limbischen System zu lokalisieren und einzugrenzen. Robert Young, ein Neurologe und Spezialist für Elektroenzephalographie, sagt: «Es ist durchaus möglich, das EEG eines Patienten aufzuzeichnen, der gerade einen Herzanfall erleidet, ohne daß sich irgendeine Anomalie in den Hirnstrombahnen zeigt.» Zur Entdeckung der abnormen Entladung ist es unter Umständen erforderlich, daß man auf chirurgischem Wege Tiefenelektroden implantiert. Vernon Mark, der Leiter der chirurgischen Abteilung des Boston City Hospital, sagt, niemand wisse mit Sicherheit, wie die normalen Funktionen des limbischen Systems aussehen. Diese Regionen antworteten «auf klinische Untersuchungen mit Schweigen». Die Diagnose wird erschwert durch die Gewalttätigkeit der Patienten. Krankenhauspersonal und selbst untersuchende Ärzte begegnen den Patienten verständlicherweise mit großer Vorsicht. Sie vermeiden es, in ihre Reichweite zu kommen, während die verdächtigen Gehirnregionen stimuliert werden. Telemetrische Ausrüstungen ermöglichen es heute in manchen Krankenhäusern, die exploratorische Reizung aus sicherer Entfernung vorzunehmen.
Niedriger Blutzucker kann bei Schläfenlappenepileptikern einen Anfall auslösen. Alkohol scheint Anfälle zu beschleunigen. Das Präparat Dilantin vermindert die Anfallhäufigkeit. Librium, ein Tranquilizer, erhöht die Schwelle für Anfälle im limbischen System. Antidepressiva – Mittel zur Hebung der Stimmung – erhöhen gelegentlich die Aggression. Manche hyperkinetischen Kinder und einige Jugendliche werden durch Amphetamine beruhigt, doch kann ihr Mißbrauch zu gewalttätigem Verhalten führen. Psychedelische Pharmaka scheinen gewalttätiges Verhalten kurioserweise zu mildern

und könnten eines Tages sogar zur Therapie verwandt werden. Auch Hormone sind möglicherweise am Gewaltsyndrom beteiligt. Da das Syndrom bei Männern weit häufiger anzutreffen ist, kann Testosteron – von dem man weiß, daß es bei Versuchstieren heftige Aggressionen hervorruft – durchaus eine Rolle spielen.

Obgleich es das kriminelle Gehirn an sich nicht gibt, können Anomalien manche Menschen anfälliger für bestimmte psychologische Faktoren machen – etwa für Züchtigungen in der Kindheit, sexuelle Übergriffe durch Eltern, extreme Armut, zerrüttete Familien, niedriges Selbstwertgefühl, Streit mit Ehepartnern oder Freunden, die Verpflichtung, eine Familie zu unterhalten oder für sie zu sorgen. Seelische Ereignisse können die Anfälligkeit solcher Gehirne manifest werden lassen.

Chromosomenanomalien wurden bei Gefängnisinsassen zwanzig- bis fünfzigmal so häufig wie beim Durchschnitt der Bevölkerung festgestellt. In einer Studie an Kriminellen ergaben sich bei 50% der Untersuchten EEG-Anomalien. In einer anderen Untersuchung an 100 Kriminellen zeigten 33 eindeutig abnorme EEGs. 77% ihrer Fallgeschichten enthielten organische Anhaltspunkte wie Krämpfe, Kopfverletzungen, Bewußtseinsstörungen und unkontrollierbare Gewaltausbrüche.

Wie man Menschen behandeln soll, die unter Kontrollstörungen leiden, ist äußerst umstritten. In seinem Roman *The Clockwork Orange* entwirft Anthony Burgess das fantastische Bild einer möglichen Methode (die im Film besonders melodramatische Gestalt gewinnt), woraufhin die Presse Alarm schlug. Können Neurochirurgen Konformität mit dem Skalpell herstellen? Verträgt es sich mit unseren ethischen Normen, das Gehirn eines anderen Menschen zu verändern, wenn dadurch möglicherweise ein Mord verhindert wird? Wie unterscheiden sich heutige chirurgische Techniken von den Lobotomien, die aus den Patienten friedliche Schwachköpfe machten? Kann ein Mensch durch Implantation von Elektroden wie ein Roboter ferngesteuert werden?

Psychologen haben mit Erheiterung und mit einer gewissen Erleichterung zur Kenntnis genommen, daß die elektronische Stimulation von Labortieren nicht unbedingt ihrem natürlichen Instinkt in die Quere kommt. Eine elektronisch auf Gewalttätigkeit programmierte Katze wird selten in blinder Wut auf eine größere Katze losgehen. Ein Affe wird kaum einen Käfiggenossen herausfordern, dem er sich in der Vergangenheit untergeordnet hat.

Affen können – ebenso wie viele Gewalttäter – lernen, ihre elektronisch ausgelösten Gewaltimpulse zu steuern und diese Antriebe in Gehirnaktivitäten höherer Ordnung einzugliedern. Beispielsweise lernen sie es, Türen zu öffnen und Kunststücke auszuführen, um an ein Objekt – etwa ein ausgestopftes Tier – heranzukommen, an dem sie sich schadlos halten können, statt daß sie blindlings auf die nächste Wand einschlagen.

Gewiß könnte ein Mensch, ferngesteuert mit Hilfe elektronischer Reizung, in einen Zustand der Angst, der Wut oder der Euphorie versetzt werden. Doch ist das Verfahren zu schwierig, nicht immer genau genug und viel zu umständlich und teuer, um die Umwelt in den Griff zu bekommen. Wie ein Spaßvogel bemerkt hat, wäre es für einen Möchtegerntyrannen leichter, sich dazu althergebrachter Methoden zu bedienen, beispielsweise der traditionellen politischen Massenhypnose.

In der kalifornischen Auseinandersetzung ging es um neurochirurgische Eingriffe, die an Gefängnisinsassen vorgenommen worden waren. Diese hatten entweder darum gebeten oder sich freiwillig bereit erklärt. Insassen, welche man anhand bestimmter psychiatrischer Diagnoseverfahren ausgewählt hatte, wurden chirurgischen Eingriffen unterzogen.

Dabei fügte man bestimmten Bereichen im limbischen System Läsionen zu, die die Patienten in die Lage versetzen sollten, Gewaltausbrüche zu kontrollieren. Die Ergebnisse waren unterschiedlich.

Das größte Problem der Neurochirurgie wie der elektronischen Hirnstimulation ist, daß wir relativ wenig über das limbische System wissen. Wenige Millimeter beim Ansetzen der Elektroden können den Unterschied zwischen Himmel und Hölle ausmachen. Genauigkeit ist von äußerster Bedeutung – und von ihr sind wir noch weit entfernt.

In Tierexperimenten stellte sich heraus, daß «Angriffsverhalten, das durch Stimulation des limbischen Systems ausgelöst wird, durch Eingriffe ‹stromabwärts› verhütet werden kann». Die Entfernung des Mandelkerns zähmt selbst so wilde Geschöpfe wie Luchs und Rotluchs für eine gewisse Zeit. Die Entfernung eines Teils des Schläfenlappens führt beim Menschen gelegentlich zu Gedächtnisbeeinträchtigung und deviantem Verhalten, besonders zu sexuellen Problemen. Deshalb sind Lobektomien eine letzte Zuflucht. Wenn weder medikamentöse Kontrolle noch elektronische Stimulation des Gehirns Erfolg haben, lassen sich winzige Teile des Mandelkernkomplexes durch Radiowellen zerstören, die durch Tiefenelektroden gesteuert werden. Solche Operationen, sogenannte Amygdalotomien, haben in Dänemark, Japan und den Vereinigten Staaten zu Ergebnissen geführt, die hoffen lassen.

Ein gesellschaftlich eher vertretbares Verfahren könnte aus einem gegenwärtig laufenden Versuchsprogramm erwachsen, das im Veterans Hospital in Sepulveda, Kalifornien, durchgeführt wird: Die Unterweisung von Epileptikern im Gehirnwellen-Biofeedback. Da Katzen, die gelernt hatten, ein bestimmtes Gehirnwellenmuster zu erzeugen, keine Krampfanfälle erlitten, selbst wenn sie krampferzeugende Mittel erhielten, begann Barry Sterman Menschen, die unter Epilepsie litten, darin zu unterweisen, ein ähnliches Muster zu erzeugen. Wenn sie einen großen epileptischen Anfall nahen spürten, veränderten sie durch Willensanstrengung ihre Gehirnwellenaktivität so, daß das betreffende sensomotorische Muster entstand. Auf diese Art kupierten sie den Anfall.

Eine junge Frau mit einer achtjährigen epileptischen Krankengeschichte konnte ihre Anfallhäufigkeit von drei im Monat (trotz Behandlung mit Spasmolytika) auf drei im halben Jahr verringern. Sie berichtete auch von einer dramatischen positiven Persönlichkeitsveränderung. Sie finde leichter Schlaf – so berichtete sie –, erhole sich während des Schlafes besser und habe weniger Mühe beim Aufwachen. Diese Daten erregten das Interesse Stermans, da sie den effektiven Schlafmustern der trainierten Katzen entsprachen.

Das Vorspiel eines Schläfenlappenanfalls mag dem Epileptiker weniger deutlich ins Bewußtsein treten als die Aura eines Grand mal. Das Biofeedback-Training hat jedoch Versuchspersonen die Sinne selbst für noch geringfügigere Veränderungen geschärft – beispielsweise für den Wechsel von Alpha- zu Beta-Wellen. Das Training ist ein vielversprechendes Instrument zur Kontrolle episodischer Gewaltausbrüche, die durch elektrische Anomalien im Gehirn ausgelöst werden.

Die epileptische Aura ist ein vieldiskutiertes Phänomen, das sich natürlich nur subjektiv definieren läßt. Epileptiker berichten von Lichtblitzen, Farben, von summenden oder sirrenden Geräuschen, dem Gefühl zu schweben oder von Schwindel, der Empfindung, daß die eigenen Hände oder Füße nicht dort sind, wo sie sich allem Anschein nach befinden; von Prickeln ist die Rede, von *Déjà-vu*-Erlebnissen und manchmal von merkwürdigen Geruchs- oder Geschmackserlebnissen.

«Plötzlich, inmitten des Elends, der geistigen Düsternis und der Niedergeschlagenheit, schien manchmal ein Lichtblitz in sein Gehirn zu dringen, und unvermittelt begannen all seine Lebenskräfte mit extremem Ungestüm in höchster Anspannung zu arbeiten... Sein Geist und sein Herz wurden von außerordentlichem Licht überflutet. All sein Unbehagen, all seine Zweifel, all seine Ängste fielen mit einem Mal von ihm ab... Doch diese Augenblicke, diese Blitze waren nur das Vorspiel jener abschließenden Sekunde (nie war es mehr als eine Sekunde), mit der der Anfall begann. Diese Sekunde war natürlich unerträglich.» Fjodor Dostojewskij, *Der Idiot.*

Die Fallsucht, auch als heilige Krankheit bekannt, ist nicht so selten, wie man vermuten könnte. Einige Fachleute schätzen, daß von zehn Menschen einer durchschnittlichen Bevölkerung einer ein rhythmusgestörtes EEG hat und vermutlich unter nicht erkannten Anfällen leidet. Nach Untersuchungen am Neurologischen Institut Burden erleiden mehr als 50% der normalen Erwachsenen paroxysmale Entladungen epileptischer Art, wenn sie einem Licht ausgesetzt werden, dessen Strahl im Rhythmus des Gehirns abgegeben wird.

Eine überraschend große Zahl von Menschen ist auch dann noch anfällig, wenn die Flimmerrate durch zufällige Ereignisse bestimmt wird. In einer französischen Studie untersuchten Wissenschaftler eine Gruppe von hervorragenden Verkehrspiloten, die bewiesen hatten, daß sie über sehr gute Reflexe verfügten und die Fähigkeit besaßen, sich in einer Krise adäquat zu verhalten. Die Piloten waren für Flimmerattakken doppelt so anfällig wie die Durchschnittsbevölkerung.

Samuel Livingston, ein Epilepsiefachmann, zählt folgende Erscheinungen zu den Auslösefaktoren: ein feinmaschiges Muster im Gesichtsfeld, Musik, überraschende Empfindungen (etwa ein plötzliches Geräusch) und Lichter, emotionale Störungen, prämenstruelle Hormonveränderungen, Überventilation, Fieber, Allergien, Alkohol und bestimmte Präparate können einen Anfall beschleunigen. Es gibt sogar eine Unterkategorie, die als Leseepilepsie bekannt ist. Ein 9jähriger jüdisch-amerikanischer Junge mußte seine Hebräischstunden aufgeben, weil das Lesen von rechts nach links einen Anfall verursachte. Von einem Londoner wird berichtet, er habe jedesmal einen Anfall, wenn Big Ben schlage.

Jeder vierte kann unter erblicher Lichtempfindlichkeit leiden, mit sichtbaren Symptomen oder ohne. Ein unregelmäßiges fluoreszierendes Licht oder eine psychedelische Lichtshow können einen Anfall oder ein sonderbares Empfinden hervorrufen. Die vorbeihuschenden Trennpfosten der Autobahn können selbst bei Nichtepileptikern eine ziemliche Erregung auslösen – ein Phänomen, das in den *Medical World News* «Umweltepilepsie» genannt wurde. Menschen, in deren Geschichte sich keinerlei Störung feststellen ließ, verloren ihr Gleichgewicht oder wurden unerklärlich benommen, während sie an einer langen Reihe von Pfeilern vorbeigingen oder eine pappelgesäumte Straße entlangfuhren. Rotierende Hubschrauberblätter sind besonders geeignet, schlimme Anfälle hervorzurufen. Ein flimmernder Fernsehapparat löste bei einem Jugendlichen einen Schläfenlappenanfall aus. Er griff Familienmitglieder mit einem Baseballschläger an. Einige Menschen sind besonders rotempfindlich. Sie schützen sich durch Brillen, die die roten Wellenlängen ausfiltern. Aus irgendwelchen Gründen sind Frauen für Flimmerattacken anfälliger als Männer.

Der Schlüssel zu dieser Erscheinung ist die Gleichförmigkeit der Stimuli, besonders wenn sie um zehn Hertz liegen – also in der Nähe des Alpha-Rhythmus. Das Gehirn tut unheimliche Dinge, wenn es unter den Einfluß solcher gleichförmiger Stimuli gerät. Wie Grey Walter sagt: «Selbst das normale Gehirn verfügt möglicherweise nur über ein geringes Maß an Betriebssicherheit.» Er glaubt, daß jemand, der zur Epilepsie neigt, eine anormal niedrige Widerstandskraft gegen den Alpha-Rhythmus hat.

Die Möglichkeit, daß die Neigung zu solchen Attacken recht

häufig ist, läßt sich ohne Schwierigkeiten bei der Autobahngestaltung in Rechnung stellen. Mancher tödliche Unfall, in den nur ein Auto verwickelt ist, könnte auf die Flimmerbenommenheit zurückzuführen sein und nicht darauf, daß der Fahrer am Steuer eingeschlafen ist. In einem besonders häufig von Unfällen heimgesuchten Autobahnabschnitt in der Nähe von Los Angeles errichteten die Ingenieure des Staatlichen Verkehrsamtes anstelle der üblichen Pfosten ein durchgehendes Trennelement aus Beton. Eigentlich sollte es die Wagen daran hindern, zwischen den Pfosten durchzubrechen und auf die Gegenfahrbahn zu geraten. Während des nächsten halben Jahres sank die Rate der tödlichen Unfälle auf Null. Gewiß konnten die Wagen den Mittelstreifen nicht mehr durchbrechen, doch vielleicht spielte auch eine Rolle, daß das Flimmern der Trennpfosten beseitigt worden war.

Wenn es in der einen Gehirnhälfte einen organischen Epilepsieherd gibt, erscheint in der anderen häufig ein Spiegelherd. Die chirurgische Exzision der ursprünglichen Schädigung bleibt auf den Spiegelherd ohne Wirkung. Offensichtlich hat diese Hemisphäre «gelernt», die betreffende Aktivität auszulösen.

Die nähere Beschäftigung mit der Wechselwirkung zwischen den Gehirnhemisphären hat zu einem spektakulären Forschungsdurchbruch geführt. In einer Handvoll verzweifelter Fälle war diese Wechselwirkung an gewalttätigen Epilepsieanfällen beteiligt. Neurochirurgen haben den Verbindungsteil des Gehirns, das Corpus callosum, auch Balken genannt, herausgeschnitten. Eine Patientin hatte in den drei Tagen zuvor fünfzig Anfälle und lag im Koma, als der Eingriff beschlossen wurde. Nach der Operation war sie anfallsfrei, und nach einigen Monaten wurden auch wieder erste Ansätze zur Koordination sichtbar. Sie konnte schwimmen, ihre Schuhe zubinden und Fahrradfahren.

Doch speziell entworfene Tests zeigten, daß sie und die anderen Patienten mit durchtrenntem Gehirn jetzt zwei anscheinend autonome Bewußtseinszentren besaßen, eines in jeder Hemisphäre. Wenn die linke Hand einen Gegenstand hinter einem Sichtschirm fühlte – eine Zahnbürste beispielsweise –, konnte ihn der Patient verbal nicht identifizieren. Doch wenn er aufgefordert wurde, den Gegenstand abermals zu ergreifen, konnte die linke Hand ihn unter zahlreichen Dingen herausfinden. Die linke Hand konnte die Form einer dreidimensionalen Zahl erfühlen und zutreffend signalisieren, um welche Zahl es sich handelte, indem sie die korrekte Zahl von Fingern hob. Der Patient konnte die Zahl jedoch nicht nennen und schien sie auch nicht zu wissen.

Bei den meisten Menschen ist die Sprache primär in der linken Hemisphäre lokalisiert, die nur mit den Dingen in Berührung steht, die der rechten Hand zustoßen. (Die Gehirnhälfte, die der Sitz des primären Sprachvermögens ist, wird als die dominante Hemisphäre bezeichnet.)

Bei einem Patienten mit durchtrenntem Gehirn weiß die linke Hand buchstäblich nicht, was die rechte tut. Roger Sperry vom California Institute of Technology, der sich ausführlich mit solchen Patienten befaßt hat, meint, daß die für die Sprache zuständige linke Hemisphäre, wenn sie die Antwort nicht weiß, einfach eine erfindet. «Wenn eine Hemisphäre hört, wie die andere eine falsche Antwort gibt, scheint sie das sehr zu frustrieren. Die stumme rechte Hemisphäre mag dann den Kopf schütteln, während die linke Hemisphäre verbal eine falsche Antwort gibt. Manchmal sagt die Versuchsperson: ‹Warum zum Teufel hat sich mein Kopf bewegt?›»

Die linke Hemisphäre tendiert dazu, das Ganze in seine Teile zu zerlegen, während die rechte das Ganze sieht. Aus welchen Gründen auch immer ist die rechte Hemisphäre der anderen im räumlichen Denken überlegen. In einem Film, den die Forscher drehten, versucht eine männliche Versuchsperson, einen Satz Holzformen so anzuordnen, daß sie mit einer Vorlage übereinstimmen. Solange die Versuchsperson nur die rechte Hand (linke Hemisphäre) benutzt, kann sie das Muster nicht nachbilden. Sie muß auf der linken Hand *sitzen,* um sie am Mittun zu hindern. Schließlich läßt der Versuchsleiter die Person beide Hände verwenden – und die räumlich orientierte linke Hand muß die rechte Hand mehrfach *beiseite stoßen,* um das Muster richtig zu vervollständigen.

Auf die Frage, warum dic Patienten nicht schizoid werden, antwortete Sperry: «Vielleicht werden sie es. Möglicherweise ist die rechte Gehirnhälfte sehr unglücklich, aber wir können es nicht feststellen, da sie stumm ist.»

Da beide Hemisphären gewöhnlich gleichzeitig den Input von Augen und Ohren erhalten, haben sie meist keine ernsthaften Koordinierungsprobleme. Während der Wochen und Monate nach dem Eingriff haben die Patienten möglicherweise Schwierigkeiten, ihren Namen zu schreiben, doch schließlich gewinnen sie die meisten Funktionen zurück. Die motorischen Zentren lernen offensichtlich in dem Maße zusammenzuarbeiten, wie sie sich an ihren gespaltenen Zustand anpassen. Sperry vermutet, daß sich die nichtdominante Hemisphäre, die das größere Operationstrauma erleidet, noch einige Zeit nach der Operation in einem Schockzustand befindet.

Einige wenige Menschen werden ohne das Corpus callosum geboren. Ihr Gehirn ist von Geburt an durchtrennt. Die meisten dieser Fälle sind bei der Autopsie entdeckt worden. Doch als eine 19jährige Studentin der Universität von Südkalifornien in einer Klinik erschien und sich über Kopfschmerzen beklagte, zeigte eine neurologische Routineuntersuchung an der Stelle, an der sich das Corpus callosum hätte befinden müssen, ein Loch. Sperry und seine Mitarbeiter nutzten diese seltene Gelegenheit, ein lebendes Exemplar von Agenesie des Corpus callosum zu untersuchen.

Das stets flexible Gehirn hatte in jeder Hemisphäre redundante Funktionen entwickelt. «Das spricht für die Anpassungsfähigkeit des Gehirns», sagt Sperry, «doch wurde offensichtlich das notwendige Überangebot von Funktionen in jeder Hemisphäre nicht ohne einen gewissen Preis erreicht. Als wir die Studentin auf ihre komplexen geistigen Fähigkeiten hin testeten, lagen ihre Leistungen in einigen Bereichen unter dem Durchschnitt. Ihr Sprachvermögen war übernormal, doch schnitt sie mangelhaft in nonverbalen Bereichen wie Mathematik, Kartentests und räumlichen Beziehungen im allgemeinen ab.»

In einigen seltenen Fällen wird die dominante Hemisphäre des Gehirns wegen eines bösartigen Tumors entfernt. Gewöhnlich sind die Patienten stumm, nur daß sie merkwürdigerweise singen und fluchen können! Manchmal können sie eine Antwort singen, die sie in normaler Sprache nicht artikulieren. Vielleicht enthält die nichtdominante Hemisphäre nicht nur das Zentrum für das Musikverständnis, sondern auch, als davon unterschiedene Funktion, die Fähigkeit, im Gesang zu verbalisieren.

Welche Bedeutung Sprachzentren zukommt, zeigte sich in einem anderen Fall. Der Patient wurde aus einem ganz anderen Grund einer Gehirnoperation unterzogen, als der operierende Arzt bemerkte, daß sich in jeder Hemisphäre ein Sprachzentrum entwickelt zu haben schien. Da er wußte, daß der Patient unter schwerem Stottern litt, «räumte» er das Sprachzentrum in der nichtdominanten Hemisphäre «aus». Der Patient stotterte nie wieder.

Das Alter spielt bei der Frage, inwieweit der Patient sich von einer Durchtrennung des Gehirns erholt, eine wichtige Rolle. Ein 18jähriger litt unter weit weniger Nachwirkungen als ältere Patienten. Heute kann er auch Gegenstände, die er, ohne sie zu sehen, in der linken Hand hält, verbal identifizieren. Er kann dreidimensionale Zahlen mit der linken Hand erfühlen und sie bezeichnen, indem er die Finger seiner rechten Hand hebt.

Während Tiere symmetrische Gehirnhemisphären haben, zeigt sich die Händigkeit von Menschen sogar bei totgeborenen Kindern. Nach einem kürzlich erschienenen Bericht wird die Dominanz möglicherweise partiell durch die Blutversorgung der beiden Hemisphären bestimmt. Händigkeit scheint ein familiärer Zug zu sein. Frauen scheinen besser integrierte Hemisphären zu haben als Männer, was bis zu einem gewissen Grade das häufigere Vorkommen von Lese- und anderen Wahrnehmungsproblemen bei Jungen erklären kann.

Hemisphärendominanz kann sich in bestimmten Grenzen auf Persönlichkeit und geistige Prozesse auswirken. Angeblich lassen sich Menschen mit Dominanz der rechten Hemisphäre (Linkshänder) leichter hypnotisieren. Auch sollen sie mehr Alpha-Wellen erzeugen. Paul Bakan, ein Psychologe, meint, die rechte Hemisphäre könnte bei veränderten Bewußtseinszuständen eine wichtige Rolle spielen. Diese Zustände, die mit Euphorie verbunden sind und sich gewöhnlich nicht beschreiben lassen, gehören in der Tat in den Bereich der nichtdominanten Gehirnhälfte.

Bakan glaubt, die zerebrale Dominanz lasse sich ermitteln, indem man eine Frage stelle, die zum Nachdenken zwinge. Ein Mensch, dessen linke Hemisphäre dominant ist, wird beim Überlegen nach rechts sehen. Wird die rechte Hemisphäre aktiviert, geht der Blick nach links. Bakan sagt, daß die «Rechtsorientierten» in der Regel höhere Schulleistungen zeigten, während Linksorientierte verbal überlegen sind: Linksorientierte schreiben flüssiger, Rechtsorientierte werden eher Wissenschaftler. Rechtsorientierte leiden häufiger unter Ticks und Zuckungen, sind schlaflos, ziehen kalte Farben vor und treffen Berufsentscheidungen früher. Linksorientierte haben in der Regel eine lebhaftere Vorstellungsgabe, sind

umgänglicher und neigen stärker zu Alkoholismus, Musikalität und Religiosität. Asthma ist häufiger bei Linksorientierten, Kopfschmerzen (Migräne) bei Rechtsorientierten.
Eine Untersuchung von Marcel Kinsbourne, einem Neurologen am medizinischen Zentrum der Duke University, differenziert diese Beziehung zwischen Nachdenken und Blickrichtung. Seiner breitangelegten Untersuchung zufolge wird die Blickrichtung von der Art des Problems und der Links- oder Rechtshändigkeit der Versuchsperson bestimmt. Ein Mensch mag in die eine Richtung blicken, während er über ein räumliches Problem nachdenkt, in die andere Richtung, wenn es um eine sprachliche Aufgabe geht.

Das Tourette'sche Syndrom (Maladie des Tics) ist eine relativ seltene Störung des zentralen Nervensystems. Die Opfer leiden unter zwanghaften Anfällen, in deren Verlauf sie Grunzlaute ausstoßen, fluchen, Ticks und Zuckungen haben. Das zwanghafte Fluchen, Koprolalie genannt, kann dazu führen, daß die betreffenden Menschen aus Theatern, Kirchen und Warenhäusern gewiesen werden. Gilles de la Tourette beschrieb das Syndrom anhand der Erfahrungen, die er mit acht französischen Patienten gesammelt hatte. Zu ihnen gehörte auch die Marquise Dampierre, die mit neunzig Jahren starb, nachdem sie wegen der erniedrigenden Anfälle siebzig Jahre in völliger Zurückgezogenheit verbracht hatte.
Arthur Shapiro von der Payne-Whitney-Klinik in New York hat fünfundvierzig Fälle diagnostiziert und behandelt. Die meisten sprechen auf Haloperidol (Haldol) an, einen starken Tranquilizer. Ein Patient bemerkte, daß er sich zum erstenmal in seinem Leben keine Gedanken darüber machen müsse, ob seine Fenster offen seien oder nicht. Als Shapiro ihn das erstemal gesehen hatte, wollte er sich einer Lobotomie unterziehen – ein letzter, verzweifelter Schritt nach Jahrzehnten der unerträglichen Krankheit.

Faruk Abuzzahab, Psychiater an der Universität von Minnesota, sagt: «Die Krankheit ist nicht so selten, wie wir einst gedacht haben. Von vielen Kinderärzten, Psychologen und Neurologen wird sie übersehen.» In ungefähr 95% der Fälle ist Haldol wirksam. Ein Fachmann auf diesem Gebiet berichtet, daß Menschen, deren Anfälle durch das Mittel nicht vollständig kontrolliert werden, manchmal lernen, anstelle der üblichen Flüche akzeptable Ausdrücke zu murmeln. Andere können den Anfall, den sie nahen spüren, so lange unterdrücken, bis sie eine öffentliche Toilette erreicht haben, in der sie den tierischen Lauten oder Obszönitäten ihren Lauf lassen können. Bei einem jungen Mann wurde diese Krankheit diagnostiziert, nachdem seine Familie 50000 Dollar für nutzlose medizinische und psychiatrische Behandlungen ausgegeben hatte. Nach der Arzneitherapie ist er heute ein vorzüglicher Musiker und fleißiger Collegestudent. Aber seine Eltern sagen: «Du hast einige seelische Narben davongetragen, nachdem man dich den größten Teil deines Leben verrückt genannt hat.»

Der Soziopath unterscheidet sich grundsätzlich von dem Menschen, der unter zeitweiliger Kontrollstörung leidet. Viele unkontrollierbar gewalttätige Menschen suchen freiwillig die Notdienste der Kliniken auf und bitten um Hilfe, weil sie Angst haben, sie könnten jemanden verletzen. Nichts könnte dem Soziopathen – auch Psychopath genannt – gleichgültiger sein. Er kennt keine Gewissensbisse, wird nie welche kennen. Unfähig, sich in andere hineinzuversetzen, unfähig vorauszusehen, welche Folgen seine Handlungen haben werden, ist er äußerst gefährlich. Wie das kleine Mädchen in *The Bad Seed* haben viele Soziopathen schon Kinder getötet, haben möglicherweise Spielkameraden umgebracht, weil sie sich um irgendwelche Spielzeuge oder andere begehrte Gegenstände mit ihnen gestritten haben. Überra-

schend häufig werden diese Todesfälle als Unfälle deklariert. Wer würde auch vermuten, daß ein Kind seinen Bruder von einer Klippe oder einer Mole stoßen würde? Aktenkundig werden diese Fälle nur, wenn der Soziopath den Vorfall beiläufig einem Gefängnispsychiater gegenüber erwähnt.
Niemand weiß, ob der Soziopath seinen Mangel von Geburt an besitzt oder ob sich diese gebieterische Selbstsucht in Abhängigkeit von Umwelteinflüssen entwickelt. Häufig hat er normale Brüder und Schwestern, was gegen die Umwelthypothese sprechen würde. Andererseits scheint frühe Heimerziehung eine unverhältnismäßig hohe Zahl von psychopathischen Persönlichkeiten hervorzubringen.
Psychotherapie ist im Falle von Soziopathen sinnlos. Experimente, die in letzter Zeit überall in der Welt in EEG-Laboratorien durchgeführt worden sind, bieten eine mögliche Erklärung für die relative Aussichtslosigkeit der Resozialisierung von Psychopathen. 1964 entdeckte W. Grey Walter ein bestimmtes Hirnwellenmuster, das bei einer normalen Versuchsperson im EEG sichtbar wird, wenn sie weiß, daß irgend etwas geschehen wird – daß ein Ton zu hören sein, ein Licht einen Augenblick lang aufblitzen wird. Dieses Antizipationsmuster nannte Walter die negative Kontingenzvariation (contingency negative variation – CNV).
Alle normalen Menschen zeigen die CNV kurz vor einem erwarteten Ereignis. Bei Schizophrenen ist die Reaktion unterschiedlich, beim manisch-depressiven Patienten schwach ausgeprägt. Wiederholte Tests an Soziopathen zeigten *überhaupt keine CNV*. Sie beziehen schlicht und einfach das, was geschieht, nicht auf das, was geschehen könnte – ein logisches Versagen, das erklären könnte, warum sie sich von kriminellem Tun nicht durch den Gedanken an Strafe – und noch weniger durch den an das Leiden des Opfers – abhalten lassen, oder warum sie aus Bestrafung nicht lernen.
In einer Untersuchung hatten die Versuchspersonen zu wäh-

len, ob sie einen schmerzhaften Schock sofort erhalten oder ob sie 10 Sekunden warten wollten. Normale Menschen und nichtsoziopathische Kriminelle baten gewöhnlich sofort um den Schock, wohingegen die Soziopathen es vorzogen zu warten. J.E. Orme aus Sheffield in England meint dazu: «Nicht-Psychopathen empfinden das Warten auf ein unlusterregendes Ereignis als so quälend, daß sie es vorziehen, es hinter sich zu bringen. Psychopathen suchen in der Regel unmittelbaren Unannehmlichkeiten aus dem Wege zu gehen, da die künftigen Folgen ihres Verhaltens kaum emotionale Bedeutung für sie besitzen.»

W. Grey Walter kommt anhand der übermäßigen Herz-, Pupillen- und Schmerzgrenzreaktionen von Soziopathen zu dem Schluß, daß der Stimulusinput reduziert oder in anderer Weise verzerrt wird. Dadurch würden sie veranlaßt, «falsche und impulsive Reaktionen» zu zeigen. Es kommt zu Überreaktionen ihres autonomen Nervensystems; ihre Reizwahrnehmungsschwelle ist hoch. Dies ist das Spiegelbild jener physiologischen Veränderungen, zu denen es bei Meditation kommt. Dort werden die autonomen Reaktionen (Herzrhythmus, Atmung, elektrochemische Hautreaktion) stabiler und die Sinneswahrnehmung schärfer.

Experimentell hat man zur Behandlung von Psychopathen LSD eingesetzt. In einer Studie wurde die Droge zwanzig psychiatrischen Patienten verabreicht, von denen neun Psychopathen waren. Die Versuchsleiter stuften sie während der LSD-Sitzung als reagierend oder nichtreagierend ein, je nachdem ob sie frühe Erinnerungen hatten, Beziehungen anders sahen als sonst, Erinnerungen und Einsichten an gegenwärtigen Problemen festmachten und den Entschluß faßten, sich zu ändern. Von den acht Patienten, die als reagierend eingestuft wurden, waren sieben psychopathische Persönlichkeiten. Nach Ablauf von sechs Monaten zeigte die auf LSD reagierende Gruppe von allen untersuchten Patienten die deutlichsten Verbesserungen. Auch nach einem Jahr waren die Besserungen noch spürbar, doch zeigten sich bei einigen Rückfallerscheinungen. Die Forscher vermuten, daß wertvoller als eine einzige Behandlung eine Reihe von LSD-Sitzungen sein dürften.

Julian Silverman weist in seinem Bericht über die LSD-Therapie darauf hin, daß das nichtsozialisierte Verhalten des autistischen Kindes sich grundsätzlich vom antisozialen Verhalten des Soziopathen unterscheidet. Trotzdem gibt es Parallelen. In beiden Fällen hat LSD zu einem Durchbruch in der Therapie – einer fast normalen Beziehung zu anderen – beigetragen. Bei autistischen Menschen wie bei Psychopathen kann der Input verzerrt werden und das Gehirn nicht in der Lage sein, ihn zu integrieren. In beiden Fällen ist die emotionale Bindung an andere schwach oder nicht vorhanden.

Jahrelang wurde Autismus auf Umweltfaktoren zurückgeführt. Die Eltern autistischer Kinder wurden als «emotionale Eisschränke» beschrieben. Heute gibt es Wissenschaftler, die sagen, Autismus könne manchmal bei der Geburt durch eine abnorme Substanz im Urin diagnostiziert werden. Ob der Ursprung dieser Krankheit von genetischer oder pränataler Art ist, läßt sich jedoch nicht entscheiden. James Simons, Leiter der psychiatrischen Kinderklinik der Universität von Los Angeles, meint, daß die Krankheit in der Erbanlage vorgezeichnet sei. Bernhard Rimland, der Leiter des Institute for Child Behavior Research in San Diego, selbst Vater eines autistischen Kindes, führt das Leiden auf eine biochemische Funktionsstörung zurück, möglicherweise auf die Unfähigkeit, bestimmte Vitamine zu verarbeiten.

Zu Unrecht wird Autismus häufig als infantile Schizophrenie bezeichnet. Kinder, die an Schizophrenie erkranken, können sich bis zu ihrer Krankheit normal entwickelt haben. Häufig können sie auch geheilt werden. Autismus hingegen – wörtlich: Selbstbezogenheit, Insichgekehrtheit – gilt bislang als angeboren und unheilbar. Doch kann Training das Sozialverhalten und die Lernfähigkeit des Kindes verbessern.

Im Säuglingsalter sind die Symptome unter Umständen nicht allzu besorgniserregend. Viele normale Kinder erscheinen verschlossen, schlagen mit ihrem Kopf gegen die Gitter des Kinderbettes oder scheinen von einem einzigen Spielzeug besessen zu sein. Das autistische Kind ist teilnahmslos, so mag es ein wenig stumpfsinnig wirken. Die üblichen Späße der Erwachsenen rufen kein Anzeichen von Vergnügen hervor, auch vermag der Anblick vertrauter Gesichter dem typisch autistischen Baby kein Lächeln zu entlocken.

Möglicherweise ist es in seiner motorischen Entwicklung frühreif. Es mag früher gehen als seine Geschwister. In der Sprachentwicklung hinkt es hinterher. Gewöhnlich äußert es sich in nachgeplapperten Redensarten und Werbeslogans. In abstrakten und verallgemeinerten Begriffen zu denken, scheint dem autistischen Kind fast unmöglich zu sein. Unter Umständen sagt es: «Möchtest du einen Keks haben?», wiederholt also die Standardfrage der Mutter, statt zu fragen: «Kann ich einen Keks haben?» Das Kind hat große Schwierigkeiten, «ich» im richtigen Zusammenhang zu verwenden.

Autistische Kinder verbringen Stunden damit, sich hin und her zu wiegen, sich zu drehen oder dem Wirbeln ihrer Hände zuzusehen. Diese Selbststimulation scheint ihnen großes Vergnügen zu bereiten. Ein autistisches Kind kann durch jeden Gegenstand gebannt werden, der sich in rascher Bewegung befindet. Das kann sogar die wirbelnde Wasserspülung einer Toilette sein. Dieses Verhalten erinnert an die Bewegungen epileptischer Kinder und Jugendlicher, die ihre Hände vor der Sonne oder einer künstlichen Lichtquelle rotieren lassen, um photische Anfälle auszulösen, weil ihnen die Aura vor dem Anfall Genuß bereitet.

Rimland hat das autistische Kind mit einem Reisenden auf einem schmalen Pfad verglichen, der nur durch den dünnen

Strahl einer Taschenlampe erhellt wird. Das Kind sei, so sagt er, «erheblich in einer für alle Kognition grundlegenden Funktion beeinträchtigt – der Fähigkeit, neue Stimuli auf erinnerte Erfahrung zu beziehen».

Ein schwerwiegendes Problem liegt darin, daß das rekurrente, bizarre und destruktive Verhalten des Kindes seine frustrierten Eltern häufig veranlaßt, auf eine Weise zu reagieren, die das autistische Verhalten verstärkt. Die Mutter wird unter Umständen seine Bedürfnisse antizipieren, um möglichen Unstimmigkeiten vorzubeugen. Dadurch erstickt sie auch noch den letzten schwachen Kommunikationsdrang, der möglicherweise in dem Kind vorhanden ist. Die erfolgreiche Arbeit mit autistischen Kindern besteht zum größten Teil in unnachgiebiger, aber geduldiger Konditionierung des Verhaltens. Die Kinder lernen, daß sie nicht belohnt werden, wenn sie sich nicht in der gewünschten Weise verhalten – wenn sie beispielsweise nicht zum Blickkontakt mit dem Therapeuten bereit sind oder nicht sagen: «Ich möchte» das und das. Destruktives Verhalten wird nicht belohnt. Einige Therapeuten gehen sogar so weit, ein autistisches Kind, das sich falsch verhält, zu schlagen, wobei sie sich auf die Theorie berufen, daß nur eine drastische Stimulation die Wolke durchdringen kann, die allem Anschein nach die Wahrnehmung des Kindes umhüllt.

Ein anderer Ansatz beruht ebenfalls auf Verhaltenskonditionierung, aber ohne Bestrafung oder aversive Stimuli. In Untersuchungsprojekten, die in den Central Midwestern Regional Education Laboratories durchgeführt werden, beschränken sich die Therapeuten einfach darauf, «Interaktionen zu beenden, die autistische Verhaltensmuster bekräftigen, und Interaktionen aufzubauen, die normale Verhaltensmuster bekräftigen». Die Kinder leben im größeren Umkreis von St. Louis und werden zu den täglichen Sitzungen in die Laboratorien gebracht. Diese schwanken in ihrer Dauer zwischen zwanzig Minuten und drei Stunden. Außerdem verbringen sie eine gewisse Zeit in Vierer- oder Fünfergruppen in den Klassenräumen. Ihre Mütter werden zu Hilfstherapeuten ausgebildet. Diese Funktion üben sie zu Hause und im Laboratorium aus. Die Mitarbeiter des Projekts glauben, das Verhalten der meisten autistischen Kinder richte sich nach der Melodie «Guck mal, ich bin dumm» oder «Guck mal, ich bin komisch». Die Reaktion der Erwachsenen bekräftigt das Verhalten. So wird beispielsweise von Larry berichtet, bei dem zuvor eine geistige Retardierung von etwa 30 IQ diagnostiziert worden war. Aufgrund seiner Blickaversion vermuteten die Mitarbeiter, er sei ein autistisches Kind, das sich dumm stelle, um von den Erwachsenen zu bekommen, was es haben wolle. Larry «begann seinen kleinen Finger herauszurücken» – wie die Mitarbeiter es nannten, als er sich an Interaktionen zu beteiligen begann. Seine Mutter, die zur Hilfstherapeutin ausgebildet worden war, teilte Larry mit, sobald er einige Glasperlen auf eine Schnur gezogen habe, könne er einen Kaugummi aus einem Automaten auf der anderen Seite des Raums bekommen.

«Ungefähr zehn Minuten machte er ungeschickte Versuche und quängelte. Dabei weinte er die ganze Zeit und sagte: «Ich kann das nicht!» Schließlich warf er die Perlen nach seiner Mutter. Da hatte die Mutter den glücklichen Einfall, den Raum zu verlassen, wobei sie sagte: «Sobald du diese Perlen aufgezogen hast, kannst du deinen Kaugummi haben.» Als seine Mutter aus dem Zimmer war – so berichten unsere Beobachter –, setzte er sich sofort hin und hatte ohne erkennbare Schwierigkeiten in weniger als dreißig Sekunden eine Schnur voller Perlen.

Obgleich ein gänzlich normales Verhalten selten, wenn überhaupt, erreicht wird, kann dem autistischen Kind doch spektakulär geholfen werden. Die Psychologen und Pädagogen der CEMREL sagen in einem Bericht über das Autismusprojekt: «Zu sehen, wie diese Kinder am Ende einer jeden Versuchsreihe friedlich und produktiv an ihre Aufgaben gehen, ist ein ermutigendes und bewegendes Erlebnis. Man kann kaum glauben, daß so viele von ihnen von Fachleuten als «unerziehbar» abgeschrieben, daß die meisten von ihnen ohne diese Form von Therapie und Training – oder ein ähnliches Verfahren – zu einer düsteren und hoffnungslosen Zukunft verurteilt wären.» Ein neues Verfahren zum Training autistischer Kinder wurde fast zufällig entdeckt. Als sich die kleine Privatklinik für Lese- und Erziehungsprobleme in El Cajon, Kalifornien, für 40000 Dollar eine sprechende Schreibmaschine anschaffte, hatte der Leiter Lloyd Smith die Absicht, sie in der regelmäßig betreuten Gruppe neurologisch beeinträchtigter Schüler einzusetzen. «Ich hatte nicht vor, sie bei autistischen Kindern zu verwenden», sagte er später. «Doch außer der Reihe hatten wir fünf Kinder angenommen, bei denen die Diagnose entweder auf Autismus oder Aphasie* lautete. Sie alle reagierten.»

Die Sprechende Schreibmaschine, deren offizielle Bezeichnung Edison Responsive Environment lautet, ist von einem schalldichten Gehäuse umgeben. Außerdem gehört zu dem Gerät eine mehrfarbige Buchstabentastatur, zwei Videoschirme, ein Sprechsystem und ein Tonbandgerät. Das Kind wird durch eine Stimme, die aus dem Lautsprecher kommt, aufgefordert, einen bestimmten Buchstaben anzuschlagen oder die Schreibweise eines Wortes auf dem Videoschirm zu buchstabieren. Wenn es eine richtige Antwort liefert, gratuliert ihm ein Glockenspiel oder eine Stimme. Wenn es laut buchstabiert, wird seine Antwort auf Tonband aufgezeichnet und ihm vorgespielt. Für manchen Erwachsenen mag sich das ganze Konzept ein bißchen nach 1984 anhören, doch fraglos erweist es sich bei vielen Kindern mit Lese- und Wahrneh-

* Unfähigkeit zum Sprechen und vielleicht auch zu Sprachverständnis.

mungsstörungen als nützlich – und das selbst in Fällen, die vorher vielfach als hoffnungslos galten. Omar K. Moore, der an der Entwicklung der Sprechenden Schreibmaschine mitgearbeitet hat, sagt: «Lesen lernen heißt lernen lernen.»
Die «Reagierende Umwelt» hat die fünf Kinder, bei denen die Diagnose auf Autismus und/oder Aphasie lautete, zu sinnvollem Sprechen geführt und ihnen das Lesen ermöglicht. Noch bemerkenswerter ist, daß ein 5jähriger mongoloider Junge gelernt hat, die Buchstaben des Alphabets zu erkennen und auf der Maschine anzuschlagen, daß er mühelos bis zwanzig zählen kann und daß sein Wortschatz, seit er mit der Sprechenden Schreibmaschine arbeitet, nach Auskunft seiner Eltern förmlich explodiert ist. Zuvor war sein IQ auf 40 geschätzt worden.
Smith sagt: «Es kann sein, daß unser Glück mit der Schreibmaschine irgendwann zu Ende ist. Vielleicht ist bei allen sogenannten autistischen oder aphasischen Kindern, die wir hier gehabt haben, eine falsche Diagnose gestellt worden. Vielleicht könnten wir an das nächste Kind dieser Art, dem wir zu helfen versuchen, nicht herankommen. Doch meine ich, daß wir zu häufig Kinder in irgendeine Kategorie stopfen – in die autistische, aphasische, mongoloide oder welche auch immer – und sie von diesem Augenblick an entsprechend behandeln, ohne zu versuchen, sie weiterhin zu fördern.»
Eine von Smiths Patientinnen wurde ihm im Alter von sieben Jahren mit der Diagnose auf schwere Retardierung vorgeführt. Ein Optometriker entwarf ein visuell-motorisches Programm zur Behebung ihrer Wahrnehmungsschwierigkeiten. Unter anderem litt sie unter Strabismus, der unzureichenden Koordination der Augenmuskulatur. Außerdem wurde festgestellt, daß sie eine schwere Allergie hatte. Nach der Behandlung ihrer Körperschäden und sechs Jahren in der Leseklinik nahm sie am Unterricht einer normalen Schule

teil. In einem Standardtest erzielte sie einen IQ von 114, einen Wert also, der etwas über dem Durchschnitt liegt. Später galt sie im Fächerdurchschnitt als die herausragende Schülerin ihrer Schule. Sie absolviert auch weiterhin zwei Stunden Wahrnehmungstraining in der Woche.

An den Institutes for the Achievement of Human Potential in Philadelphia lassen sich Glenn Doman und Carl Delacato von vorgefaßten Meinungen seit jenem Tag in den fünfziger Jahren nicht mehr beirren, da ihnen Tommy Lunski, ein schwer hirngeschädigter vierjähriger Junge, zeigte, daß er lesen konnte. Sein Vater hatte es ihnen gesagt, doch sie hatten es ihm nicht glauben wollen. Tommy war ihnen als hoffnungslos stumpfsinniges Kind beschrieben worden. Als sie feststellten, daß er tatsächlich gelernt hatte, fließend zu lesen, nahmen sie den Unterricht mit anderen hirngeschädigten Kindern auf. Sie erlebten, daß sich Dreijährige, ja sogar Zweijährige begeistert auf das gedruckte Wort stürzten. In den Instituten hat man heute einigen tausend hirngeschädigten Kindern das Lesen beigebracht. Als Folge davon scheinen sich Koordinationsschwierigkeiten, Hyperaktivität und emotionale Probleme gebessert zu haben.

Die Zahl retardierter Menschen wird in den Vereinigten Staaten auf sechs Millionen geschätzt. Alle vier Minuten wird ein potentiell retardiertes Kind geboren. Merkwürdigerweise weist die Krankengeschichte der Retardierten keine der bekannten organischen Krankheiten auf, wie etwa das Downsche Syndrom. Zumindest teilweise sind sie das Produkt ihrer Umwelt. Erfahrung verändert das Gehirn – ein äußerst wichtiges Ergebnis jüngerer Forschung. Nicht nur bei von Geburt an geschädigten Kindern, sondern auch bei Kindern, deren sterile Umwelt die Entwicklung des Gehirns hemmt, bietet frühe Intervention die besten Aussichten, eine positive Entwicklung anzuregen. Retardierte Kinder werden mit keinem geistigen Mangel geboren, sondern machen einfach keine Fortschritte. Funktionale Retardierung zeigt sich auf tragische Weise bei Kindern, die in Heimen aufwachsen. In einem Teheraner Waisenhaus waren Kinder, die ihr Leben im Kinderbett zugebracht und nur die kahle Decke vor Augen gehabt hatten, noch mit drei Jahren nicht in der Lage, ohne fremde Hilfe zu gehen.

Die Chancen und Gefahren des Umwelteinflusses werden auf verblüffende Weise in einem Langzeitprogramm deutlich, das von Rick Heber durchgeführt wird, einem Psychologen an der Universität von Wisconsin. Eine sorgfältige Erhebung und Testreihe unter Slumfamilien in Milwaukee zeigte, daß die Ursache für schwerwiegende funktionale Retardierung möglicherweise die retardierten Eltern in den Slums sind und nicht der Slum selbst. Heber und seine Mitarbeiter wählten vierzig Neugeborene aus, deren Mütter einen IQ von 70 oder weniger aufwiesen – nach herkömmlichen Maßstäben also geistesschwach waren. Die Hälfte der Kinder erhielten im Laufe der nächsten vier Jahre intensive Stimulation. Vom Säuglingsalter an wurden sie jeden Morgen von ihren Betreuern abgeholt und in ein Zentrum gebracht, wo sie den größten Teil eines jeden Tages verbrachten. Zuerst erhielten sie Einzelbetreuung. Mit zwei Jahren spielten und lernten sie in Fünfergruppen; mit drei Jahren in Gruppen von acht Kindern. Mit vier Jahren kamen auf eine Gruppe von zehn Kindern drei Betreuer.

Diese Kinder entwickelten sich so phänomenal, daß selbst Heber verblüfft war. Mit vier Jahren hatten sie – als Kinder retardierter Mütter – einen mittleren IQ von 130 im Bereich der, wie es heißt, anlagebedingten Intelligenz. Ferner zeigten die Werte einen ständigen Anstieg. Von Testperiode zu Testperiode nahmen sie zu. Die Kinder der Kontrollgruppe erzielten im gleichen Alter Werte zwischen 80 und 90 – einen Mittelwert, der angesichts ihrer Lebensumstände den Erwartungen entsprach. Wenn ihre Entwicklung normal verläuft, werden diese Kinder im Laufe der nächsten Jahre ständig IQ-Punkte verlieren, bis ihr meßbares Intelligenzniveau dem ihrer Mütter ähnelt.

Frühgeburten weisen eine sehr viel höhere Retardierungsrate auf als ausgetragene Babys. Lewis Lipsitt, Psychologieprofessor und Direktor am Child Study Center der Brown-Universität, sagt: «Frühgeborene Kinder stellen einen großen Anteil der Nichtleser, der Gruppe, die Behandlung in Kinderberatungsstellen braucht, und der Gruppe schulschwacher Kinder.» Obgleich man weithin glaubte, solche Kinder seien von Geburt an geschädigt, gibt es vielleicht eine andere Erklärung.

«Auf der normalen, mit allem Nötigen versehenen Frühgeburtenstation lebt der Säugling in einer Umwelt, der es fast völlig an Reizvielfalt fehlt», sagt Lipsitt. «Der Säugling liegt in einem Inkubator, die Welt um ihn herum ist weiß. Durch das Plastikdach sickert diffuses Licht. Das einzige Geräusch, das an sein Ohr dringt, ist das monotone Summen des Inkubatormotors.» Während der entscheidenden Wochen oder Monate seines Lebens ist das Kind also einer extrem reizarmen Umwelt ausgeliefert.

In der Entbindungsanstalt Providence unterteilte E.R. Siqueland, ein Kollege Lipsitts, die Frühgeburten in zwei Gruppen. Die Säuglinge der Kontrollgruppe erhielten die übliche Pflege und Behandlung. Sie wurden nur hochgenommen, wenn die Windeln gewechselt wurden. Die Säuglinge in der Versuchsgruppe wurden gewiegt, hörten Lieder, wurden liebkost und gestreichelt – kurz ihnen wurde alle Stimulation und Zuwendung zuteil, die normale, ausgetragene Säuglinge erhalten hätten. Als später allen Säuglingen beigebracht wurde, durch das Saugen an einem Gummisauger einen Sichtschirm zum Leuchten zu bringen, zeigten die Säuglinge aus der Gruppe mit Stimulation ein deutlich besseres Lernverhalten.

Unter den zahlreichen Paaren eineiiger Zwillinge, die in den Test aufgenommen worden waren, lernten die Geschwister, die Stimulation erhalten hatten, rascher.
Lipsitt glaubt, daß sich der Reizentzug der Frühgeburten auch zu Hause noch fortsetzt, weil ihre Mütter sie schonen und Angst haben, sie hochzunehmen. Er schlägt vor, man sollte den Müttern schon im Krankenhaus erlauben, die Säuglinge zu berühren und mit ihnen zu sprechen.

Millionen von Kindern leiden unter Hyperkinese – einer heftigen, unkontrollierbaren Aktivität, die gewöhnlich von Schlafstörungen begleitet ist. Wissenschaftler vermuten, Hyperkinese sei das Ergebnis mangelnder Übertragung im Gehirn. Die Hirnwellenreaktion des hyperkinetischen Kindes auf Stimulation ähnelt der weit jüngerer Kinder. Dieses Syndrom tritt auf allen Leistungsebenen auf, beim schwer retardierten wie beim offensichtlich begabten Kind. Obgleich Hyperaktivität bei weitem nicht so problematisch ist wie Autismus, sind die Betroffenen durch ihre Konzentrationsschwäche in Lernsituationen ernsthaft gehandicapt. Ihre geringe Frustrationstoleranz bedeutet eine zusätzliche Lernbehinderung.
Die Behandlung, die sich bislang in den meisten Fällen als erfolgreich erwiesen hat, ist paradox: Anregende Medikamente, Amphetamine, beruhigen ungefähr 70% der Kinder, bei denen die Diagnose auf Hyperkinese lautet. Möglicherweise gelingt es den Amphetaminen in der Regel deshalb, die Aufmerksamkeit und Aggression zu normalisieren, weil sie die Transmitter im Gehirn freisetzen. In einem Experiment wurde gezeigt, daß hyperkinetische Kinder wesentlich besser in Intelligenztests abschnitten, nachdem sie ihre Medikamente erhalten hatten. In einer anderen Studie zeigte sich, daß Dextroamphetamine die «photischen Triebreaktionen» hyperkinetischer Kinder – das heißt ihre Anfälligkeit für lichtinduzierte EEG-Anomalien – abschwächen.

Auch Beruhigungstechniken wie Meditation, Gehirnwellentraining und Psychosynthese sind bei hyperkinetischen Kindern mit Erfolg verwendet worden. Diät kann ebenfalls zu Besserung führen. Viele haben niedrigen Blutzucker. Einige leiden unter einem gestörten Insulinhaushalt, einer Krankheit, bei der die Bauchspeicheldrüse nur sehr träge auf den Blutzucker reagiert. Dadurch erreicht dieser gefährlich hohe Werte. In einer Überreaktion produziert die Bauchspeicheldrüse dann eine derartige Insulinflut, daß der Blutzucker auf einen hypoglykämischen Stand absinkt. In beiden Fällen von Blutzuckeranomalien kann die Hypoglykämie-Diät von Harris wirksam helfen.

Die Bürger von El Paso in Texas zeichnen sich im Durchschnitt durch eine außergewöhnliche geistige Gesundheit aus. John Dawson, ein Biochemiker an der Universität von Texas, meint: «Es gibt bei ihnen fast überhaupt keine Einweisungen in neuropsychiatrische Krankenhäuser.» Dawson führt ihre Gesundheit auf das Wasser zurück. El Pasos Grundwasser besitzt einen hohen Lithiumgehalt. Dawson sagt, er habe eine mathematisch nachweisbare Beziehung zwischen dem Gehalt an Lithiumverbindungen im Trinkwasser und Anstaltseinweisungen in Dutzenden von texanischen Städten festgestellt.
Mit Lithiumverbindungen läßt sich bei einem großen Prozentsatz von manisch-depressiven Kranken die Manie kontrollieren. Die depressiven Symptome der Patienten werden gesondert behandelt. Erregte Depressionen werden durch eine bestimmte Arzneifamilie unter Kontrolle gehalten; unterdrückte Depressionen werden mit anderen Arzneitherapien oder Elektroschocktherapie behandelt. Charakteristisch für den Zustand erregter Depression sind Appetitverlust, Schlaflosigkeit und Angst, für den unterdrückten Typus Übergewicht und Ermüdung.

Die manisch-depressive Psychose folgt häufig einem 48-Stunden-Rhythmus, wobei sich Tage der Manie und der Depression jahrelang abwechseln.

Eine verseuchte Umwelt kann das Gehirn in Mitleidenschaft ziehen. Auf Hawaii zeigte eine Vorstudie an Landarbeitern, die Schädlingsbekämpfungsmitteln ausgesetzt waren, neurologische Veränderungen, darunter auch auffällige Anomalien des EEG. Außerdem litten viele der Arbeiter unter Hypoglykämie, Muskelschwäche «und einer verblüffenden Schlafsucht». Die Forscher fürchten, daß ihre Langzeitstudie möglicherweise erweisen wird, daß bis zu 45% der giftexponierten Arbeiter unter Gehirnanomalien leiden.
Die Gehirnschädigung kann sogar je nach dem Verschmutzungstypus variieren. In einer Untersuchung wurden schwangere Mäuse entweder schwachen Dosen von DDT oder Schwefel ausgesetzt. Die DDT-exponierten Mäuse brachten Tiere zur Welt, die weniger aggressiv als normale Mäuse waren, während die schwefelverseuchten Tiere aggressiver als normale waren.

Muß das Gehirn altern? Warum werden manche Menschen mit sechzig senil, während andere noch mit neunzig geistig regsam sind? Intellektuelle Anregung spielt natürlich eine wichtige Rolle. Ebenso wie zahlreiche konkrete Faktoren: Ernährung, Übung, die Sauerstoffversorgung des Gehirns.
Freie Radikale – Molekülfragmente, die die menschlichen Zellen von Geburt an angreifen – tragen zur Ausbildung eines fibrösen Proteins bei, das sich mit fortschreitender Zeit in immer größeren Mengen in den Blutgefäßen des Gehirns findet. Dieses Protein ist eine Substanz, die man im degenerierten Gehirngewebe seniler Patienten gefunden hat. Denham Harman von der School of Medicine der Universität von Nebraska meint, daß freie Radikale Senilität verschul-

den. Sie wirken im Laufe des Lebens auf die Zellen und Blutgefäße des Gehirns ein. Er fügte der Nahrung von Mäusen oxidationshemmende Chemikalien bei – BHT, Vitamin E – und hat so ihre natürliche Lebenserwartung um 25% bis 30% heraufgesetzt. Er glaubt, die oxidationshemmenden Mittel wirkten der Schädigung durch die freien Radikalen entgegen.

Even Cameron, der Direktor des Allen Memorial Instituts für Psychiatrie an der McGill-Universität, und Benjamin Frank, ein New Yorker Arzt, haben eine Nukleinsäure-Therapie versucht. Beide berichten von hoffnungsvollen Ergebnissen. Cameron verabreichte senilen Patienten RNS (Ribonukleinsäure). Ihr Gedächtnis verbesserte sich merklich, allerdings nur für die Dauer der Behandlung. RNS und DNS spielen eine entscheidende Rolle für den Regenerationscode und das Informationssystem des Körpers. Cameron nahm auch einige der ersten Humanversuche mit dem Präparat Magnesiumpemolin, das unter dem Handelsnamen Cylert bekannt ist. Dieses Präparat hat bei Ratten, die einen Elektroschock erhalten hatten, offensichtlich die Rückgewinnung des Gedächtnisses verbessert. Cameron berichtet, daß der doppelte Blindversuch an vierundzwanzig senilen Patienten deutliche Verbesserungen nachwies. Einige Patienten nahmen Beschäftigungen wieder auf, die sie seit langem aufgegeben hatten – etwa das Bridgespielen. Leider konnten weitere Versuche mit Cylert nicht in gleichem Maße überzeugen; deshalb ist das Mittel in den Vereinigten Staaten noch nicht auf dem Markt.

Wenn Sauerstoff von so entscheidender Bedeutung für das Gehirn ist, müßte ein deutlich erhöhter Blutdruck – so der theoretische Schluß – den Abbau der geistigen Fähigkeiten beschleunigen. Und dies ist tatsächlich der Fall. An der Duke-Universität wurden 87 freiwillige Versuchspersonen, die zu Beginn der Studie zwischen sechzig und siebzig waren, regelmäßig über einen Zeitraum von zehn Jahren untersucht. Alle dreißig Monate wurden sie einer Batterie von psychologischen und physiologischen Tests unterzogen, wozu auch eine Blutdruckmessung gehörte. In den zehn Jahren, die die Studie dauerte, war bei den Versuchspersonen, die unter Überdruck litten, ein deutlicher Abbau ihrer geistigen Fähigkeiten zu verzeichnen. Versuchspersonen mit normalem Blutdruck zeigten keine entsprechenden Erscheinungen.

Behandelt man Patienten, die unter vorübergehendem Gedächtnisverlust oder Senilität leiden, zwei Wochen lang zweimal täglich in der Sauerstoffkammer, lassen sich die Symptome bei den meisten von ihnen rückgängig machen. Durch Sauerstoffzufuhr sind bemerkenswerte Erfolge zu erzielen. Am Veterans Hospital in Buffalo haben Eleonor Jacobs und ihre Mitarbeiter achtzig ältere Patienten behandelt. In siebzig Fällen wurde die Behandlung als erfolgreich bezeichnet. Wie oben erwähnt, handelte es sich bei fünf der zehn Mißerfolge um chronische Alkoholiker, deren Hirnschädigung wahrscheinlich auf Alkoholmißbrauch und nicht allein auf das Alter zurückzuführen war.

In einer Studie erhielten fünf ältere Patienten in der Kammer reinen Sauerstoff, die anderen fünf nur normale Luft. Die Ergebnisse wurden blind beurteilt, doch war deutlich erkennbar, wer reinen Sauerstoff bekommen hatte. Die so behandelten Patienten waren aktiver, verlangten nach Lesestoff, pflegten sich – und vier erholten sich so, daß sie nach Hause geschickt wurden!

Die meisten von uns sind davon überzeugt, ihnen sei ein gewisses Maß an Selbstbestimmung gegeben. Jeder von uns ist – zumindest in gewissen Grenzen – Herr seines Schicksals und vielleicht sogar seiner Seele. Doch sollte er nicht vergessen, daß einige wenige Klümpchen Gehirnzellen den Unterschied zwischen Mündigkeit und Degeneration ausmachen können.

Schizophrenie und Überleben

«Leben ist mehr als Permutation im DNS-Molekül, die fünfte Sinfonie mehr als Luftschwingung. Ebenso ist Geisteskrankheit mehr als eine Häufung von Fehlern im physischen und chemischen Körperhaushalt. Sie ist eine universelle menschliche Erfahrung, die von entscheidender Bedeutung für die Aufrechterhaltung des lebendigen Gleichgewichts ist.»
KARL MENNINGER

Die neue Psychiatrie, wenn wir sie so nennen dürfen, meint, daß die Bezeichnungen unzutreffend sind; daß selbst in klinischen Fällen Anlaß zur Hoffnung bestehen kann. Für viele Menschen ist die Schizophrenie vielleicht wirklich ein wohltätiges Fieber, das Altes ausbrennt und den Weg freimacht für wirkliche Selbstentdeckung. Auf seine Weise ist der Wahnsinn ein anschaulicher Beleg für die kreative Technologie von Gehirn und Körper.
In der Forschung sucht man nach den schwer faßbaren biochemischen Ursachen der Schizophrenie. Man untersucht die möglicherweise beteiligten Bereiche des limbischen Systems, analysiert genetische Faktoren und katalogisiert eine unglaubliche Menge physischer und sensorischer Anomalien, die die Schizophrenie begleiten.
Schizophrene haben abnorm hohe oder niedrige Kupfer- und Histaminspiegel. In den Anfangsstadien akuter Schizophrenie sind die Patienten in der Lage, Stimuli zu erkennen, die normaler Sinneswahrnehmung unzugänglich sind. Viele Psych-

iater berichten, daß Schizophrene allem Anschein nach über besondere telepathische Fähigkeiten verfügen. Ihre Schlafmuster sind anormal, ihre Zeitwahrnehmungen inkonsistent, ihre Hirnwellenreaktionen atypisch.

Psychiater untersuchen manchmal die Nagelfalzkapillaren und die Handlinien, weil es dort Muster gibt, anhand deren sich gelegentlich infantile Schizophrenie vorhersagen läßt. Niedriger Blutzucker ist bei Schizophrenen üblich, doch ist Diabetes dreimal so selten wie in der Normalbevölkerung. Bei 70% der schizophrenen Kinder lagen nach einer breit angelegten Untersuchung unglückliche Geburtsumstände vor (Komplikationen bei Schwangerschaft oder Entbindung).

Viele exotische Substanzen, von denen einige noch nicht identifiziert worden sind, wurden im Urin oder Blutplasma von Schizophrenen gefunden. Drei dieser Substanzen wirken halluzinogen, wenn sie normalen Versuchspersonen verabreicht werden. Auch ein Mangel an Vitamin B_{12} wurde beobachtet.

Verantwortlich gemacht hat man auch die Selbstimmunisierung. Manche Forscher vermuten, daß es im Gehirn im Anschluß an Enzephalitis oder rheumatisches Fieber zu einer Antikörperreaktion kommt. Eine gewisse Rolle spielen Sexualhormone. Das Hormon, das der männliche Fötus in das Blut der Mutter absondert, kann angeblich ihre Schizophrenie bis zur Entbindung aufschieben. Der Zustand einiger schizophrener Frauen verbesserte sich deutlich, als man die Antibabypille absetzte.

Wie verwirrend die Ergebnisse auch immer erscheinen mögen, einen entscheidenden Punkt machen sie deutlich. Was immer Schizophrenie sein mag, Psychotherapie bleibt allem Anschein nach ohne Wirkung auf sie. Das mit Fachleuten besetzte Komitee der Schizophreniestiftung meint: «Ebensogut könnte man einen Diabetiker durch Psychotherapie zu heilen versuchen.»

Es gibt deutliche Anhaltspunkte für eine genetische Veranlagung zur Schizophrenie. Da ist zum Beispiel der Fall der Geschwister Paul und Esther, die getrennt aufwuchsen (je eines bei einem Elternteil). Von ihrer Mutter heißt es, sie sei eine pathologische Lügnerin gewesen und habe in ihrer eigenen Welt gelebt. Ihr Vater wurde auf psychiatrische Anordnung aus der Armee entlassen. Obgleich Paul ein begabter Schüler war, wurde er mit siebzehn zunehmend das Opfer von Verwirrung und Depression. Mit dreiundzwanzig wurde er mit der Diagnose auf Schizophrenie hospitalisiert. Esther war ebenso fleißig. Mit siebzehn zeigten sich die ersten Symptome geistiger Störung und mit dreiundzwanzig kam sie in eine Anstalt, wo auch bei ihr Schizophrenie diagnostiziert wurde. Über diese Fälle wurde im *American Journal of Psychiatry* berichtet. Die psychiatrische Literatur kennt viele ähnliche Berichte, die auf eine genetische Ursache der Schizophrenie hinweisen. So hat man schon Vierlinge behandelt, die alle schizophren waren. Eine Langzeitstudie in Kalifornien begleitete schizophrene Kinder, die, noch bevor sie ein Jahr alt waren, in Pflegeheimen untergebracht worden waren. Diese Kinder wurden um ein Vielfaches häufiger schizophren, als in einer durchschnittlichen Bevölkerungsgruppe zu erwarten gewesen wäre. Wenn ein eineiiger Zwilling schizophren ist, so besteht angeblich eine 85%ige Chance, daß der andere ebenfalls krank wird. In einem besonders merkwürdigen Fall wurden eineiige Zwillingsbrüder aus Texas, die getrennt aufgewachsen waren, im gleichen Monat in dieselbe staatliche Anstalt eingewiesen. Bei beiden lautete die Diagnose auf paranoide Schizophrenie. Beide meinten sie, sie würden vergiftet.*

* In diesem besonderen Fall – er wird von John Pfeiffer in *The Human Brain* ausgeführt – zeigte sich eine so auffällige Ähnlichkeit der Wahnvorstellungen, daß Telepathie eine glaubhaftere Erklärung zu sein scheint. Parapsychologen meinen, daß eineiige Zwillinge in ungewöhnlich enger telepathischer Beziehung stehen.

Die genetische Anfälligkeit läßt sich wahrscheinlich auf das Fehlen eines wichtigen Enzyms zurückführen. Es ist nicht ganz geklärt, um welches Enzym es sich handelt; doch ist in diesem Zusammenhang von Monaminoxydase (MAO) die Rede, einer Substanz, die zum Funktionieren des Nervensystems erforderlich ist. Eine psychiatrische Forschungsgruppe der US-Regierung hat berichtet, man habe nicht nur bei Schizophrenen, sondern auch bei ihren eineiigen Zwillingsgeschwistern subnormale MAO-Aktivitäten festgestellt. Die signifikant geringere MAO-Aktivität in *beiden* Zwillingen war eine wichtige Entdeckung, weil Wissenschaftler bis dahin angenommen hatten, die Trägheit des Enzyms könne auf Medikation, Ernährungsunterschiede oder die Auswirkungen von Hospitalisierung zurückgeführt werden.
Bei Zelda, der legendären Frau von Scott Fitzgerald, traten schon im Teenageralter periodische Gedankenstörungen auf, doch erst als sie Ende Zwanzig war, brach ihre Schizophrenie wirklich aus. Von da an, bis zu ihrem Tod bei einem Sanatoriumsbrand zwanzig Jahre später, war sie in periodischen Abständen krank. Fitzgerald griff nach jeder Möglichkeit, die die Medizin bot. Unter anderem versuchte er es auch mit berühmten psychiatrischen Anstalten in der Schweiz. Zelda, er und die Verwandten und Freunde machten einander endlose Vorwürfe für diese tragische Situation. Die Freudschen Theorien von Zeldas Ärzten dienten Fitzgerald als Material für einen seiner meist bewunderten Romane, *Tender is the Night.* Dennoch wurde er den hartnäckigen Verdacht nicht los, es müsse noch eine andere Erklärung geben. In einem plötzlichen Impuls schrieb Fitzgerald an Zeldas Schweizer Ärzte. Er entschuldigte sich für seine Ausführungen, die, wie er meinte, wie die Hirngespinste eines Laien erscheinen müßten, und meinte: «Irgendein nicht ausgeschiedenes Gift greift die Nerven an... Ich kann mich des Gedankens nicht erwehren, daß irgendein wichtiger materieller Stoff wie Salz, Eisen,

Samen oder irgendein heiliges Wasser, auf das man nicht kommt, entweder fehlt oder in zu großer Menge vorhanden ist.»

Ironischerweise hat Freud selbst einst Schilder, einen Lieblingsschüler, gedrängt, die Schizophrenie nur rasch zu untersuchen, da die Wissenschaft sicherlich kurz davor stehe, die chemischen Eigenschaften dieser Krankheit zu entdecken. Sie werde dann so selten sein wie der amerikanische Indianer. Auch Jung glaubte, man werde einmal entdecken, daß Psychosen eine biochemische Grundlage besäßen. Psychoanalytische Techniken könnten bestenfalls flankierende Maßnahmen sein.

Als man beobachtete, daß 50% der Patienten, die man einer Herztransplantation unterzogen hatte, vorübergehend psychotisch wurden, erklärte ein Psychiater der Presse, diese Patienten seien gewiß wütend darüber, daß sie das Herz eines Fremden hätten. Doch inzwischen ist das postkardiotomische Delirium als festumrissenes Syndrom bei Patienten mit Offenherzeingriffen beschrieben worden, ganz unabhängig davon, ob sie einer Transplantation unterzogen wurden oder nicht. Zwischen dem dritten und fünften Tag nach der Operation werden 20% psychotisch. Nach Auskunft von Ernest Hartmann von der Tufts School of Medicine beträgt die Dauer der Störung gewöhnlich zwischen 24 und 48 Stunden. Ihre Merkmale sind Halluzinationen, paranoides Denken und allgemeine Verwirrung.

Hartmann vergleicht die Symptome mit der Schlafentzug-Psychose und den Erscheinungen sensorischer Isolierung. Da Narkose und verringerte Körpertemperatur bei Offenherzeingriffen die Blut-Hirnschranke verändern können, liegt unter Umständen ein Überangebot von Serotonin im Gehirn vor. Auch durch Zerstörung der Blutplättchen kann es zu einer Steigerung des Serotoningehalts im Blut kommen. Außerdem «finden die Patienten nicht viel Gelegenheit zum

Schlaf, was einerseits an ihrer Angst liegt und andererseits an verschiedenen technischen Verfahren in der Zeit vor und nach Offenherzeingriffen».

Schizophrenie – wörtlich Geistesspaltung – beeinträchtigt einen größeren Teil unserer Mitbürger als irgendein anderes Leiden. *Ein Viertel aller Krankenhausbetten ist von Schizophrenen belegt.* Die zwei Millionen diagnostizierten Fälle, 1% der Bevölkerung der Vereinigten Staaten, bilden wahrscheinlich nur einen Bruchteil all der Menschen, die an diesem Leiden erkrankt sind. Bei leichter Schizophrenie lautet die Fehldiagnose häufig auf Neurose.

Die Selbstmordrate von Schizophrenen liegt zwanzigmal höher als bei der Normalbevölkerung, während ihre Fortpflanzungsrate nur 70% beträgt. Warum hat sich dann diese Krankheit von Generation zu Generation erhalten? Zufällige Mutationen können dafür keine Erklärung sein. Biologen und Genetiker haben die Vermutung geäußert, ein wichtiges dominantes Gen – gelegentlich SC genannt – sei mit einer Häufigkeit von 25% bei der Durchschnittsbevölkerung vertreten. Die Schizophrenie besitzt einige unerklärliche günstige Nebenwirkungen, die einen Ausgleich für statistische Risiken wie etwa den Selbstmord darstellen könnten. Manche Beobachter glauben, Schizophrene seien außerordentlich widerstandsfähig gegen Virusinfektionen. Eine sehr umfassende Untersuchung der Sterblichkeitsstatistiken in Rußland, Griechenland, Schottland, Wales und England offenbarte, daß psychiatrische Patienten mehr als dreimal so selten wie die Normalbevölkerung an Krebs erkranken. Schizophrene sind also außerordentlich widerstandsfähig gegen Krebs.

Vielleicht hat der langerwartete Durchbruch auch schon stattgefunden. Von den Tausenden chemischer Stoffe des Körpers kommt eine Substanz, das in jedem Menschen vorhandene Alpha-2-Globulin, bei vielen Schizophrenen in ungewöhnlich hoher Konzentration vor. Noch bedeutsamer ist

die Tatsache, daß ein hoher Prozentsatz der Alpha-2-Globulin-Moleküle defekt ist. Statt von zufälliger Gestalt, sind sie spiralförmig. Wird diese atypische Form Ratten injiziert, zeigen sie verwirrtes, desorientiertes Verhalten.
Charles Frohman, ein Biochemiker an der Lafayette-Klinik in Detroit, und Edward Domino von der Universität von Michigan behaupten, daß sich die Bildung des deformierten Alpha-2-Globulins aus dem Fehlen eines Enzyms erklären läßt, das sie «Anti-S» (S für Schizophrenie) nennen. Theoretisch müßte dieses Enzym, das sich aus Rindergehirnen gewinnen läßt, Ordnung in das gestörte Denken von Schizophrenen bringen, indem es die Windung aus den defekten Molekülen herausdreht.
John Berger, ein Physiologe an der Worcester Foundation, hat damit begonnen, die Auswirkung von Anti-S auf das Verhalten von Affen zu untersuchen. Da defektes Alpha-2-Globulin besondere Gehirnwellen erzeugt, kann Anti-S das EEG vielleicht normalisieren.
Alpha-2-Globulin steuert die Konzentration von Tryptophan, einem chemischen Stoff, der eine andere, für die Übertragung entscheidende Substanz erzeugt. Tryptophan kann bei Schizophrenen in einer Konzentration vorkommen, die 50% über der der Normalbevölkerung liegt. Dies könnte in gewissem Maße die sensorische Überflutung von Schizophrenen erklären. Ein anderes Tryptophanderivat ist DMT*, ein Halluzinogen. Im Normalfall verfügt der Mensch nur über eine geringe Menge DMT. Bei Schizophrenen wurde die dreifache Menge entdeckt.
Der Beginn akuter Schizophrenie ist gekennzeichnet durch Überreizung, Schlaflosigkeit und manchmal eine euphorische, psychedelische Wahrnehmung. Der Betroffene ist für

* Dimethyltryptamin.

Stimuli außergewöhnlich empfänglich und integriert sie rasch. Dieses Anfangsstadium ist im Grunde genommen identisch mit jenen schöpferischen Ausbrüchen, denen wir einige der größten musikalischen Kunstwerke, mathematischen Formeln und Bilder verdanken. Tatsächlich hat Joan Fitzherbert, eine englische Psychiaterin, herausgefunden, daß in der Phase, die einem psychotischen Ausbruch unmittelbar vorhergeht, schizophrene Kinder in Intelligenztests um zwanzig oder mehr Punkte besser als zu normalen Zeiten abschnitten. Während der Krankheit waren sie nicht zu testen, fielen aber auf den niedrigeren Wert zurück, sobald sie sich erholten. Ein anderer Forscher sagt: «Es gibt Anhaltspunkte dafür, daß an der Schizophrenie beteiligte Gene auf das Erregungsniveau des Gehirns einwirken und daß sie, abgesehen von ihrem Vermögen, Psychosen zu verursachen, auch Begabung und Kreativität steigern können.»

In der Anfangsphase kann der Schizophrene sich wie der Künstler oder Mystiker eins mit dem Universum fühlen, das Empfinden haben, zu neuem Leben erwacht zu sein. Er sagt unter Umständen, daß alles zum erstenmal in seinem Leben zusammenpaßt, einen Sinn ergibt. Wie ein Dichter, der Metaphern entdeckt, stellt er neue Verbindungen her, liest er neue Bedeutungen in die Alltagssprache hinein. Möglicherweise beginnt er plötzlich, geläufige Ausdrücke und Redefiguren wörtlich zu verstehen. Wenn ein Freund sagt: «Ich pfeif aus dem letzten Loch», glaubt der Schizophrene unter Umständen, daß er buchstäblich aus dem letzten Loch einer Blockflöte pfeift.

Wenn der Schizophrene zu diesem Zeitpunkt einer Schlaftherapie unterzogen wird, kann der pathologische Zusammenbruch ausbleiben. Gewöhnlich verschlimmert sich jedoch die Schlaflosigkeit, und die Erregung wächst. Die betäubenden, vibrierenden Reize in der Außenwelt werden unerträglich. Der Schizophrene sagt häufig, er habe das Gefühl, mit Elektrizität und Energie aufgeladen zu sein. Wenn er Faktoren in der Außenwelt dafür verantwortlich macht, kommt es möglicherweise zu einer paranoiden Konstellation. Dann ergibt sich ein Verlauf, der sich in einigen Zügen von dem nichtparanoiden Krankheitsbild unterscheidet. Unter Umständen kommt der Kranke zum Schluß, daß er, wenn er es wert ist, daß man ihn verfolgt, eine bedeutende Persönlichkeit sein muß, vielleicht Christus oder ein Astronaut.

Die meisten Halluzinationen sind auditiv. Manche Schizophrene erleben Gesichtsfeldveränderungen, die LSD-induzierten Halluzinationen ähneln – es mag den Anschein haben, als ob ein Gesicht sich verändere, eine Wand sich bewege –, doch ist das nicht der Normalfall. Bei ausgereifter Schizophrenie ist die geschärfte Wahrnehmung keine Freude mehr, sondern schreckliche Bedrohung. Die meisten der wichtigen antipsychotischen Medikamente sedieren das Gehirn und heben die Schwelle der Übererregung an. Nicht selten bedauern Patienten, nachdem sie sich erholt haben, daß die Welt im Vergleich zu der vibrierenden Lebendigkeit früherer Krankheitsstadien wieder farblos und langweilig geworden ist. Ihr Gefühl gleicht der Trauer Wordsworths darüber, daß die wunderbare Wahrnehmung der Kindheit vorübergeht und man danach im «Licht des gewöhnlichen Tages» lebt.

Manche Selbstmorde von Schizophrenen lassen sich auf die anfängliche Euphorie, andere auf Depression und Dämmerzustand späterer Stadien zurückführen. Häufig meint der Schizophrene, er sei unsterblich und könne deshalb ohne Gefahr von einem Turm springen oder einen fahrenden Zug anhalten. Auch der merkwürdige Hang zu wörtlichem Verständnis mag seine Opfer fordern. Ein Kranker wollte den Toilettenreiniger *Vanish* (unsichtbar werden) einnehmen, weil er verschwinden wollte.

Die Intensität schlägt häufig um in tiefe Depression, vielleicht weil die Gehirnamine erschöpft sind. In einem Drittel aller Fälle kommt es zu spontanen Heilungen; der chemische Körperhaushalt scheint in irgendeiner Weise sein Gleichgewicht zurückzugewinnen.

Die biochemische Fabrik des Menschen hat eine bemerkenswerte Fähigkeit zur Herstellung von psychedelischen Mitteln. Wie oben erwähnt, haben selbst normale Menschen in ihrem Blutkreislauf geringe Mengen des aus Tryptamin gewonnenen DMT. Dopamin kann zu Meskalin methylisiert werden. Adrenalin läßt sich in Adrenochrom verwandeln, ein schwächeres Halluzinogen. Serotonin kann chemisch in Bufotenin, eine psychedelische Substanz, umgewandelt werden. In einer Untersuchung wurde Bufotenin bei 25 von 26 halluzinierenden Schizophrenen gefunden. Der Körper kann auch Alkohol in Stoffe verwandeln, die sowohl Peyote (Meskalin) wie auch Morphium ähneln.

Die Tatsache, daß eine aggressive psychedelische Substanz im Körper festzustellen ist, beantwortet noch nicht die grundlegende Frage, wie ihre Wechselwirkung mit dem Gehirn die Denkstörung verursacht. Wenn sich nachweisen ließe, daß ein entscheidendes Schutzenzym fehlt, ließen sich die verschiedenen biochemischen Theorien sehr gut miteinander vereinbaren.

Ungeklärt ist die Rolle von Geschlechtshormonen. Testosteron-Therapie erweist sich als überraschend erfolgreich bei der Behandlung mancher schizophrener Frauen. Wie berichtet wird, erholen sich manche Frauen nach der Menopause spontan. Abnormer Hormonaktivität gibt man die Schuld für die Wochenbettpsychose, eine Störung, die man viele Jahre auf die Mutterschaftsangst der Patientin, auf ein Gefühl der Unzulänglichkeit oder die emotionale Antiklimax der Entbindung zurückführte. Die Schizophreniestiftung von New Jersey berichtet vom Fall einer Frau, die nach ihrem

fünften, sechsten, siebten und achten Kind unter Wochenbettpsychose litt.
Geschlechtshormone sind an einigen zyklischen Psychosen beteiligt. Viele Frauen berichten von offenen Symptomen nur zur Zeit der Menstruation. Auch einige Männer scheinen nach einem ähnlichen Monatsrhythmus unter geistig deviantem Verhalten zu leiden. Einige Schizophrene berichten, daß eine plötzlich gesteigerte Libido eines der ersten Anzeichen eines unmittelbar bevorstehenden Zusammenbruchs ist. Die Pubertät mit ihrer stürmischen Hormonaktivität löst einen hohen Prozentsatz der Fälle aus. Tatsächlich lautete die alte Bezeichnung für Schizophrenie Dementia praecox, Jugendirresein.
Mineralische Spurenelemente sind ebenso wichtig für die Hormonaktivität wie für die Histaminproduktion. Carl Pfeiffer und seine Mitarbeiter an der Princeton-Universität stellten fest, daß viele Schizophrene ungewöhnlich hohe Blutkupferspiegel aufwiesen. Kupfer aktiviert ein Enzym, das Histamin beseitigt. Bei Behandlung mit einem Kupferantagonisten schienen die Denkstörungen der Patienten in dem Maße nachzulassen, in dem ihr Histaminspiegel normale Höhe erreichte.
Histamin ist ein weiterer Transmitter des Gehirns, der zu einer anregenden Verbindung methylisiert werden kann. Das Princeton-Team hatte schon früher festgestellt, daß es zwei schizophrene Typen gibt, die Histaminreichen und die Histaminarmen. Histaminarme Patienten, *histapenisch,* waren hyperaktiv, hatten eine hohe Schmerztoleranz und eine geringe Aufmerksamkeitsspanne. Selten zeigten sie allergische Symptome oder irgendein Anzeichen von Kopfkälte. Die andere Gruppe, die *Histadelischen,* hatten einen hohen Histaminspiegel. Sie neigten zu Selbstmord und beklagten sich über Gedankenflucht. Obgleich mehr als die Hälfte der Patienten, die als histadelisch eingestuft wurden, Frauen waren,

warnt die Schizophreniestiftung vor voreiligen Schlüssen. Die Statistik könne nämlich den Umstand widerspiegeln, «daß der männliche Patient bei seinen Selbstmordversuchen erfolgreicher ist».

Das Princeton-Team berichtet auch, daß sich bei weiblichen Patienten während der prämenstruellen Zeit – einem Zeitraum, der gewöhnlich mit Angst und Depression verknüpft ist – deutlich Unterschiede hinsichtlich der metallischen Spurenelemente zeigten. Schizophrene Patientinnen, die die Pille nahmen, hatten höhere Kupferspiegel. Sie zeigten rasche Besserung, wenn die Pille abgesetzt wurde. Die elektrische Aktivität der Mineralstoffe besitzt eine lebenswichtige Aufgabe für den rasch ablaufenden Stoffwechsel des Körpers (5000 bekannte Enzyme, über 2 Millionen Reaktionen pro Minute).

Einige Forscher untersuchten die Auswirkungen von Spurenelementen auf die EEG-Aktivität des Gehirns. Eine Zinkverbindung verringert die Amplitude der Gehirnwellen in der Rinde und schwächt die Amplitudenabweichung im Hippokampus. Die Zinkverbindung kann als Antidepressivum wirken. In den dreißiger Jahren berichtete M. L. Robinet, ein französischer Wissenschaftler, daß Selbstmorde statistisch mit dem Magnesiumgehalt im Boden der betreffenden Gegenden korrelierten. Er sagte: «Die Verwendung von Magnesium erlaubt es dem Menschen, Unbill mit Heiterkeit zu ertragen.» Richard Kunin, ein Psychiater aus San Francisco, überprüft die mineralischen Spurenelemente seiner Patienten, indem er eine Haarlocke von ihnen analysiert. Abnorme Werte für Zink, Kupfer, Magnesium, Mangan und Kalium sind bei gestörten Patienten häufig anzutreffen. Eine Normalisierung der mineralischen Spurenelemente stellt die geistige Gesundheit häufig wieder her. Andere Studien haben gezeigt, daß Zink und Mangan einige Schizophrene sedieren; sie geben der Hirnwellenaktivität ein ruhigeres Muster.

Robert Heath von der Universität von Louisiana vermutet, daß eine Selbstimmunisierungsreaktion, die Empfindlichkeit dem eigenen Gehirn gegenüber, die Herstellung eines psychedelischen Proteins auslösen kann, das er Taraxein nennt. Wenn eine kleine Dosis Histamin in den Bereich des Septum pellucidium eines Affengehirns injiziert wird, zeigt das Tier schizophrene Symptome. Bei Schizophrenen weisen die Hirnwellenaktivitäten dieser Hirnregion manchmal epileptische Spikes auf.

Hypoglykämie wurde bei einem großen Prozentsatz von Geisteskranken festgestellt. Wenn der Blutzuckergehalt des Gehirns niedrig ist, stellen sich Symptome wie Verwirrung, Aufregung, Depression, Schwindel und Gedankenflucht ein. Die Häufigkeit von Hypoglykämie bei Geisteskranken läßt die einst beliebte Insulinschocktherapie nicht mehr ratsam erscheinen. Insulin könnte den hypoglykämischen Patienten in ein hirnschädigendes – vielleicht sogar tödliches – Koma stürzen.

Schizophrene zeigen einige schwach-charakteristische Hirnwellenreaktionen – besonders in Antwort auf Lichtblitze. In einer Studie offenbarten schizophrene Versuchspersonen variablere individuelle Reaktionen auf Geräusche. W. Grey Walter meint zu den Versuchspersonen, deren EEG er untersucht hat: «Einige dieser Patienten berichteten, wie schwer es ihnen angesichts der faszinierenden Ereignisse in ihrem Innern falle, sich auf die trivialen Stimuli (der Testsituation) zu konzentrieren.»

Die Forschung vermittelt ein recht genaues Bild des Schizophrenen, der sozusagen auf einem irrwitzigen Karussell sitzt. Unter dem Bombardement von Reizen, denen er überempfindlich ausgeliefert ist, kann der Nichtparanoide möglicherweise einen Vorhang zwischen sich und der Umwelt herunterlassen. Er wendet sich nach innen. Der paranoide Typus steigert seine Wachsamkeit, läßt sich auch nicht das trivialste Detail seiner Umwelt entgehen und ist doch taub für direkte Fragen und laute Geräusche.

Die Untersuchungen der Hirnwellen von katatonischen Schizophrenen zeigen – wie ihre Erinnerungen –, daß sie – wenn sie auch unbeweglich wie Felsblöcke erscheinen – in ein wildes inneres Geschehen verstrickt sind. Sie bewahren ihre äußere Starrheit, um die kochende Welt in ihrem Inneren unter Kontrolle zu halten.

Schizophrene zeigen abnorm empfindliche autonome Reaktionen auf Streß; auch erholen sie sich überraschend schnell. Ihre elektrochemische Hautreaktion auf ein durchdringendes Geräusch ist beispielsweise viel heftiger als die normaler Versuchspersonen. Es gelingt ihnen auch nicht, sich an das Geräusch zu gewöhnen. Jedesmal reagieren sie wie beim ersten Mal. Doch nach jeder Reaktion kehrt die Haut sofort zu ihrem Grundwert zurück, statt graduell wie bei normalen Menschen.

Dieses Phänomen wurde von Sarnoff Mednick, einem dänischen Forscher, beobachtet, der zu mehr als 9000 aufeinanderfolgenden Geburten an einer Kopenhagener Klinik Daten sammelte. Dann führte er eine Langzeitstudie an 207 Kindern durch, die von schizophrenen Müttern geboren worden waren. Außerdem zog er 104 Kinder ohne genetische oder andere Gefährdung heran. Sieben Jahre nach Untersuchungsbeginn waren zwanzig der hochgefährdeten Kinder gestört, davon dreizehn hospitalisiert.

Er verglich dann die kranken Kinder mit einer Gruppe stark gefährdeter Kinder, deren geistige Entwicklung bislang unproblematisch verlaufen war. Er stellte fest, daß *70% der kranken Kinder schweren Komplikationen vor oder während der Geburt ausgesetzt waren* – gegenüber nur 6% der gesunden Kinder mit starker Gefährdung. Mednick meint, es bestehe guter Grund zu der Annahme, daß Kinder, die typische Streßreaktionen zeigten, während der Schwangerschaft oder Geburt

Hirnschäden erlitten haben könnten. Der Hippokampus ist außerordentlich anfällig für Sauerstoffentzug. Bei Beschädigung ist er in seiner Funktion beeinträchtigt. Er kann dann das empfindliche Gleichgewicht der vom Hypophysen-Nebennieren-Rindensystem erzeugten Streßhormone nicht mehr angemessen steuern*. Ratten mit Hippokampusverletzungen verhalten sich in einer Testsituation sehr ähnlich wie die kranken dänischen Kinder. Sie überreagieren, zeigen keine Habituation und lernen die Vermeidungsreaktionen sehr rasch. Verlernen fällt ihnen schwer.
Unter der Schirmherrschaft der Weltgesundheitsorganisation führt Mednick eine Studie auf der Insel Mauritius im Indischen Ozean durch. Da die Inselbevölkerung sich nicht verändert und bequem überschaubar ist, sollte sich eine Langzeitstudie als fruchtbar erweisen. Mednick wird anhand von Geburts- und Schwangerschaftskomplikationen die stark gefährdeten Kinder bestimmen und dann die Dreijährigen ausmachen, die bereits bedenkliche physiologische und psychologische Symptome zeigen. In der Umwelt eines Kindergartens wird der Psychologe mit seinem Team versuchen, den Kindern beizubringen, wie sie Streß positiv bewältigen können, statt ihn zu vermeiden. Er sagt: «Der Kindergarten kann zur zentralen Vorbeugungsmaßnahme der Zukunft werden.»

Für Patienten, die wieder gesund werden, ist die Schizophrenie manchmal eine wertvolle Erfahrung. Sie verschafft Einsichten, die denen psychedelischer Therapie und mystischer Erfahrung ähneln oder mit jenen Erkenntnissen zu vergleichen sind, die sich aus vielen Jahren kostspieliger Analyse gewinnen lassen. Ein Psychiater verglich die Krankheit mit

* Derivate des Streßhormons wie Cortison haben bei Arthritikern psychotische Symptome verursacht. Streß wirkt sich auch deutlich auf den Bluthistaminspiegel aus.

einem Erdbeben, das «die oberen Schichten unseres Erdballs erschüttert und dadurch auf seine Oberfläche kostbare und wunderbare Versteinerungen wirft...».

Karl Menninger unterstreicht, daß viele Menschen ihre Krankheit überwinden. Dies sei «eine außerordentliche und kaum zur Kenntnis genommene Tatsache». Ein Patient, der sich von einer ziemlich langen Krankheit erholt, kann dabei solche Fortschritte machen, daß er über den früher als normal geltenden Zustand hinausgelangt. «Er wird nicht nur gesund, um es volkstümlich auszudrücken, sondern er wird so gesund, wie er war, und sein Zustand verbessert sich auch weiterhin. Seine Produktivität nimmt zu, sein Leben wird reicher, sein Horizont weiter. Er entwickelt neue Talente, neue Kräfte, neue Wirkungsmöglichkeiten. Er wird – so könnte man sagen – gesünder als gesund.»

Menninger räumt ein, daß dies nicht immer geschieht, meint aber, die Psychiatrie sollte auf solche Möglichkeiten achten, wie «der zitternde und stoßende Deckel auf der Teekanne seiner Mutter Watts Aufmerksamkeit fesselte».

Als Beispiele zählt er so bekannte Gestalten wie Abraham Lincoln, William James und John Stuart Mill auf, die alle eine Zeit psychotischer Depression durchlebten, bevor die Jahre kamen, in denen sie ihre strahlenden Leistungen vollbrachten. Er zitiert seinen Mitarbeiter und Kollegen Martin Mayer, der sagt, daß «innere Unruhe, ja Aufruhr, nicht unbedingt Krankheit bedeuten; häufig können sie auf eine unmittelbar bevorstehende Veränderung zum Besseren hindeuten». Mayer meint, daß auch beim Gesunden als verschwendete Mühe erscheinen könne, was in Wirklichkeit positives Bemühen sei.

Der Psychiater Julian Silverman, Forschungsbeauftragter am kalifornischen Amt für Psychoprophylaxe, vertritt die Auffassung, die Schizophrenie könne vielen Menschen helfen, wenn nicht wohlmeinende Ärzte die Reise chemisch abbrechen würden. «Es gibt schizophrene Erlebnisweisen, die von positiver und schöpferischer Konstruktivität sein können... Immer mehr Anhaltspunkte sprechen dafür, daß die tiefsten schizophrenen Desorganisationen beeindruckende Reorganisationen und Entfaltungen der Persönlichkeit vorbereiten – insofern sie nicht so sehr Zusammenbruch als vielmehr Durchbruch sind.»

Silverman glaubt, daß Schizophrenie gelegentlich die einzige Antwort darstellt, wenn alle unsere üblichen Problemlösungstechniken angesichts einer Krise versagen. Die größte Aussicht, aus seiner Schizophrenie Nutzen zu ziehen, hat ein Patient, dessen Krankheit plötzlich kommt und allem Anschein nach durch ein bestimmtes Ereignis ausgelöst wird. Daß sich langsam entwickelnde Schizophrenien als nützlich erweisen, ist weniger wahrscheinlich.

Silverman, R.D. Laing und eine Reihe anderer Psychiater haben vorgeschlagen, viele der Geisteskranken sollten nicht Behandlung, sondern einfach einen Zufluchtsort erhalten. Sie vergleichen die psychotische Erfahrung mit den religiösen Erfahrungen, die in anderen Kulturen von der Gesellschaft akzeptiert und sogar gepriesen werden.

Dr. Humphry Osmond aus Saskatchewan erinnert seine Kollegen an drogeninduzierte Erfahrungen. Sie müßten doch ein überzeugender Beweis dafür sein, daß der Schizophrene sich weder etwas ausdenke noch phantasiere, wenn er sage, die Welt habe sich verändert. «Wir sollten wahnsinnigen Menschen ernsthaft Gehör schenken. Denn sie versuchen uns in ihren häufig ungeschickten, fehlerhaften und sogar banalen Äußerungen von Reisen der menschlichen Seele zu berichten, angesichts derer die Irrfahrten des Odysseus als Sonntagsausflug erscheinen. Sie berichten uns von einem Fegefeuer, aus dem niemand unversehrt wiederkehrt. Sie erzählen von einer anderen als dieser Welt; doch meist hören wir nicht zu, weil wir zu ihnen sprechen, um sie davon zu überzeugen, daß sie sich irren. Das mindeste was wir für diese Weitgereisten tun können, ist, ihnen freundlich zuzuhören und zu versuchen, sie nicht zu verletzen.»

Psychotisches Erleben läßt sich ganz ähnlich sehen wie Traumerfahrung: Wie immer seine biochemischen Grundlagen auch aussehen mögen, es ist reich an Symbolen und neuen Selbsterkenntnissen – und manchmal liefert es sogar Antworten.

Bei einem Vergleich zwischen Mystik und Schizophrenie nennt der Psychologe Kenneth Wapnick als Beispiele die heilige Theresa und Lara Jefferson, eine Frau, die über den befreienden Einfluß ihrer Schizophrenie geschrieben hat. Der Schizophrene – so sagt Wapnick – wird ohne Vorbereitung in die siedende Welt seines Inneren geworfen. Der Mystiker dagegen bewegt sich allmählich und aus freiem Entschluß nach innen. So entwickelt er die – wie Wapnick es nennt – «Muskelkraft», um die aufwühlende Erfahrung auszuhalten. Einige Schizophrene werden jedoch im Grunde genommen wiedergeboren. Im Verlauf ihrer Reise legen sie ihre alten, beengenden und furchtsamen Personae ab und erleben die Geburt, die Befreiung eines reicheren authentischeren Selbst. Dazu sagt Lara Jefferson: «Denk daran, wenn eine Seele auf das unbekannte Meer hinausfährt, das Wahnsinn heißt, (hat sie) Erlösung erlangt.» Die Persönlichkeit, die während ihrer schizophrenen Erkrankung geboren wurde, wurde die überlebende Lara.

Viele Psychiater und Psychologen meinen, ihre eigene Rolle sei vielleicht nur die von Führern – ganz so, wie man einen Menschen durch einen LSD-Trip hindurchführt, ihm hilft, die Symbole zu erkennen, die er sieht, beruhigend auf ihn einspricht, wenn er in Panik gerät.

Zu den Behandlungsformen, die sich bei Schizophrenie als nützlich erwiesen haben, gehören Arznei-, Megavitamin- und Schocktherapie. Die wichtigsten Tranquilizer dämpfen die Übererregung des Schizophrenen und lindern dadurch das sinnverwirrende, blendende Durcheinander, das seine Wahrnehmung so peinigt. Einige der Nebenwirkungen antipsychotischer Arzneimittel sind Muskelkontraktionen, Tremor, Ruhelosigkeit, Zunahme roter oder weißer Blutkörperchen, Gelbsucht, Depression, Krämpfe, Empfindlichkeit der Haut gegen Sonnenlicht, Appetit- und Gewichtszunahme. Die klinische Depression, die sich manchmal als Folgeerscheinung einstellt, gibt dem Therapeuten zumindest einen Anhaltspunkt, an dem er neu ansetzen kann.

Megavitamintherapie hat sich allein wie in Verbindung mit Arzneibehandlung als äußerst erfolgreich erwiesen. Dabei werden große Dosen von Nikotinsäureamid (B_3) und manchmal B_6, C und E verabreicht. (Eine andere Form des B_3 – Niacinamid – wird häufig schizophrenen Kindern gegeben, scheint bei Erwachsenen jedoch Depressionen zu verursachen.) Einseitige Ernährung allein kann zu seltsamen geistigen Störungen führen. Pellagra – lediglich ein B_3-Mangel – füllte die Irrenanstalten in der ganzen Welt, bevor ihr Ursprung entdeckt wurde. Magnesium- und Kalziummangel haben Symptome verursacht, zu denen auch Selbstmorddepressionen gehörten. Heftige Störungen sind bei hypoglykämischen Patienten beobachtet worden; sie lassen sich durch Diät korrigieren.

Zu den Störungen, die einst der Schizophrenie zugeschlagen wurden, gehören die syphilitische Psychose, die durch eine bekannte chemische Anomalie verursachte Porphyrie, die schwere myxödematöse Geisteskrankheit (eine Unterfunktion der Schilddrüse), Amphitaminpsychose, Homozysteinurie – eine Enzymanomalie, die durch Diät behandelt werden kann – und Mangel an B_{12} (Cyanocobalamin) oder Folsäure. 1970 berichteten die Londoner Krankenhäuser über eine Flut von Patienten, die an der letztgenannten Mangelerscheinung erkrankt waren. Die meisten Patienten waren Veganer, Mitglieder einer vegetarischen Sekte, die sogar Eier und Milch ablehnt. Alte Menschen, die erstmalig eine Psychose entwickeln, leiden in der Regel unter einem Mangel an B_{12}.

Wenn wir zu dieser Liste noch Wochenbettspsychose, postcardiotomisches Delirium, Schläfenlappenepilepsie und Barbituratpsychose hinzufügen, wird deutlich, daß die Diagnose keine leichte Sache ist. Auch Gehirntumore und Gehirnerschütterungen können schizophrene Symptome verursachen.

In einem Fall klagte ein junger Ehemann und Vater monatelang über Kopfschmerz, Desorientierung und Angst. Psychotherapie schien keine Hilfe zu bringen. Eines Tages rief er seine Frau von einer Tankstelle an, die kilometerweit von ihrer Wohnung in Miami entfernt lag. Er erklärte, daß er sich hoffnungslos verirrt habe. Auf den Rat des Hausarztes ließ die Frau ihn in eine psychiatrische Station einweisen. Im Krankenzimmer stellte ein Neurologe bei einer Routineuntersuchung sofort eine Abszeß im Sinus cavernosus fest. Zu spät – der Patient starb innerhalb einer Stunde.

Im Anfangsstadium weist akute Schizophrenie eine große Familienähnlichkeit mit jenen veränderten Bewußtseinszuständen auf, die nicht eigentlich krankhaft sind. Wie diese wird auch die Schizophrenie mit gesteigerten Psi-Fähigkeiten in Zusammenhang gebracht.

Bereits 1948 – als solche Vermutungen noch unpopulär waren – berichteten 23% der Psychiater, die in einer Erhebung erfaßt wurden, sie hätten bei ihren Patienten Erscheinungen beobachtet, die ihnen als Manifestationen außersinnlichen Bewußtseins erschienen seien. Der englische Psychiater L.J. Bendit berichtet, daß viele psychiatrische Patienten Anzeichen für ASW erkennen ließen. Er überzeuge die Patienten davon, daß einige dieser Phänomene paranormal und nicht irrational seien. Das sei für sie weniger bedrohlich. Caroll Nash vom St. Josephs College in Philadelphia, der eine weltweite Erhebung zur medizinsichen Parapsychologie durchgeführt hat, berichtet, daß man in einigen brasilianischen Anstalten Patienten, die von Stimmen oder Visionen heimgesucht werden, darin unterweist, sie deutlicher zu hören und zu sehen. Dieses Verfahren scheint ihrer geistigen Gesundheit förderlich zu sein.

Einige Wissenschaftler geben der Regression von Schizophrenen die Schuld daran, daß sie häufig mit Psi-Phänomenen zu tun haben. Durch seine Krankheit entfremdet, müsse der Kranke möglicherweise auf primitivere Kommunikationskanäle zurückgreifen. Eine andere Lehrmeinung behauptet, die Kanäle seien stets zugänglich und einsatzbereit, doch bediene man sich ihrer nur in den seltensten Fällen – etwa in der Psychose. Jan Ehrenwald, ein New Yorker Psychiater, vermutet, daß die paranoide Persönlichkeit telepathisch empfänglich sein könnte für die verdrängten sadistisch-aggressiven Tendenzen im Unbewußten anderer. Er glaubt, daß viele Dinge, die der Patient als unheimlich empfindet, auf Telepathie zurückzuführen seien.

Ehrenwald, Jule Eisenbud und Montague Ullman gehören zu den bekannten Psychiatern, die sich als erste aufgrund telepathischer Interaktion mit Patienten für Parapsychologie zu interessieren begannen. Eines der ersten Beispiele, an die Ullman sich erinnert, ist die Traumsequenz eines Patienten, in der es um eine Katze, um Alkohol und um Sahne ging. Am Abend des Traums hatten Ullman und seine Frau Filme eines Kollegen gesehen, die zeigten, wie eine Laborkatze experimentell zur Alkoholikerin gemacht worden war. Das Tier mochte Alkohol lieber als Sahne.

Bereits 1949 bemerkte Ullman zu solchen Phänomenen: «Sehr kranke Menschen, die sich an der Grenze der Psychose bewegen, sie aber noch nicht überschritten haben, beweisen im Laufe der Analyse häufig bemerkenswerte Psi-Fähigkeiten... Sobald es zur Psychose – oder zum vollständigen Ab-

bruch funktionierender Beziehungen zu anderen Menschen – kommt, sind die Psi-Funktionen nicht mehr auffällig...»
Natürlich ist ein Patient, der unter einer akuten Psychose leidet, eine ungeeignete Versuchsperson. Vor allem ist er – wie EEG-Forscher herausgefunden haben – nicht motiviert. Wie Alice im Wunderland ist er verloren an eine Welt, die weit beeindruckender und realer ist als die Welt draußen.
Bei einigen psychiatrischen Patienten läßt sich schwer entscheiden, was zuerst da war – Psi oder Psychose. Thelma Moss berichtet, daß sie am Neuropsychiatrischen Institut der Universität von Kalifornien in Los Angeles im Laufe eines Jahres drei Menschen behandelt habe, die sich aus Liebhaberei mit automatischem Schreiben befaßt hätten. Zwei seien eingeliefert worden. Das Schreiben sei zur Obsession geworden. Jetzt überwältige es sie stets, wenn sie eine Notiz zu tippen oder einen Einkaufszettel aufzuschreiben versuchten.
Elmer Green versichert, daß verschiedene Formen des Psychotrainings zu zahlreichen psychotischen Zusammenbrüchen geführt hätten und sagt: «Viele Leute werden in veränderte Bewußtseinszustände hineingeschleudert, ohne im geringsten auf die psychischen Phänomene vorbereitet zu sein, denen sie dort begegnen können.»
Jeder Technik, die dem plötzlichen Freiwerden unbewußter Krafte den Weg ebnet, birgt natürlich Gefahren. Eine Reihe psychiatrischer Zeitschriften haben im Laufe der letzten Jahre dem Paranormalen ganze Ausgaben gewidmet, und Praktiker führen die Diskussion über die klinischen Aspekte des Problems mit noch größerer Offenheit. Bei einer Rede vor der Academy of Psychoanalysis sprach Montague Ullman 1971 folgende Warnung aus:
«Diejenigen unter uns, die öffentlich die Realität von Psi-Ereignissen anerkannt haben, wissen um die verlorene Schar jener Menschen, die in Not sind und die gerne psychiatrische Hilfe in Anspruch nehmen würden, die aber zögern, weil sie

Angst haben, zurückgewiesen zu werden. Diese Menschen haben Psi-Erlebnisse gehabt, die nach ihrer Auffassung genuin mit ihrem Problem zu tun haben – zentral oder doch eng mit ihm verwandt. Sie haben Angst, sich einem verkrusteten Vorurteil auszuliefern... (sie haben Angst, daß) sie keinerlei Glaubwürdigkeit finden werden und daß ihr Erlebnis... lediglich pathologischer Natur sein könnte. In diesem Dilemma gefangen, werden viele von ihnen schließlich auf der Suche nach der Unterstützung, die sie brauchen, in Randgruppen abgedrängt.»

Gehirnnahrung, Fettsucht und Unterernährung

Fettsucht ist ganz allein ein Problem des Menschen. Der Vorwurf dafür ist dem Gehirn zu machen..., nicht aufgrund verborgener seelischer Gründe – wenn diese auch eine Rolle spielen können –, sondern weil das neue Gehirn (der Neocortex) die Appetit- und Sattheitszentren im alten Gehirn so lange unterdrückt, bis sie die Körperbedürfnisse nicht mehr melden.

Dadurch, daß der Neocortex auf drei Hauptmahlzeiten am Tag besteht, statt die häufigen kleinen Mahlzeiten unserer Vorfahren oder der Säuglinge zuzulassen, tritt er die Herrschaft über den Hypothalamus an. Der Neocortex sieht die Ernährung unter ästhetischem Gesichtswinkel – ob er Hunger empfindet oder nicht. Wenn beginnender Hunger oder beginnende Sattheit vom alten Gehirn zu unpassender Zeit signalisiert werden, nimmt der Neocortex sie nicht zur Kenntnis. Allmählich werden die Signale schwächer, oder sie bleiben ganz aus.

Bei Fettsüchtigen und Millionen anderer Menschen, die gegen wachsendes Übergewicht kämpfen, hat die Eßlust offensichtlich ihren Ursprung im visuellen Rindenabschnitt und nicht in den primitiven Hungerzentren. Beispielsweise stellten französische Forscher fest, daß fettleibige Versuchspersonen, die mit Glukose vollgepumpt waren, den süßen Geschmack von Rohrzucker immer noch als angenehm empfanden. Normalerweise hätte der süße Geschmack Übelkeit erregt. Auf irgendeine Weise ist der natürliche Sättigungsmechanismus im Fettsüchtigen außer Kraft gesetzt.

Das Gehirn überwacht die Nahrungsbedürfnisse des Körpers unablässig. Es mißt den Unterschied zwischen dem Glykosegehalt der Arterien und dem der Venen. Es mißt auch das Blutvolumen; ein leichter Abfall signalisiert Durst.

Die elektrische Reizung des Hungerzentrums im Gehirn ruft wütenden Hunger hervor, selbst wenn der Betreffende gerade eine gewaltige Mahlzeit verdrückt hat. Die Reizung des Sattheitszentrums schafft selbst bei halbverhungerten Menschen ein überwältigendes Völlegefühl. Auch Durst läßt sich künstlich hervorrufen.

Wenn der Versuchsleiter das Hungerzentrum einer Ratte lädiert, wird sie verhungern, es sei denn, sie wird mit Gewalt gefüttert. Wird ihr Sattheitsmechanismus lädiert, wird sie sich vollstopfen, bis sie ihr Gewicht verdoppelt oder verdreifacht hat. Doch kurioserweise ist die gefräßige Ratte wählerisch. Wenn das Laborfutter alt und fade ist, probiert sie nur, und wenn ihm ein kaum spürbares unangenehmes Aroma beigesetzt wird, ißt sie überhaupt nichts. Wenn sie einen Hebel niederzudrücken oder ein Kunststück zu vollführen hat, um ihr Futter zu bekommen, wird sie sich wahrscheinlich keine Mühe geben.

Beim Menschen verhält es sich ganz genauso. In Untersuchungen, die an fettleibigen und mageren Versuchspersonen durchgeführt wurden, stellten Forscher fest, daß magere Versuchspersonen in regelmäßigen Abständen aßen, selbst wenn die einzig verfügbare Nahrung Metrecal war. Die Fettleibigen ließen das Essen ganz ausfallen. Wenn andererseits ein Teller mit Roastbeef-Sandwichen angeboten wurde, aß die magere Versuchsperson in der Regel eins – die fettleibige Person hingegen ließ keinen Krümel übrig.

In kleinen Portionen zu essen, dürfte unser angeborenes Eßverhalten sein. Dies ist gewiß bei niederen Säugern der Fall – wie auch bei Kleinkindern. An der Medical School der Universität von Virginia hatte eine Gruppe von Ratten den ganzen Tag lang Zugang zum Futter. Eine andere Gruppe konnte nur während eines Zeitraums von zwei Stunden fressen. Die zweite Gruppe lernte rasch, sich so vollzustopfen, daß sie für den Rest des Tages genug hatte. Dann begannen die Tiere dieser Gruppe mehr zu fressen als die ständig knabbernden Vergleichstiere. Nach Abschluß der Studie wogen sie ein Drittel mehr als die Tiere, die ständig kleine Mengen zu sich nahmen.

In einem anderen Experiment stellte man fest, daß Ratten, die nur einmal am Tage gefüttert wurden, zweimal soviel Fett im Körper angesammelt hatten wie Ratten mit freiem Zugang zum Futter.

«Wenn man sehr viel in sehr kurzer Zeit ißt», sagt Jay Tepperman, Professor für Experimentalmedizin am Upstate Medical Center in Syracuse, «ist es, als ob man sein fettbildendes System darauf trainiert hat, mehr Fett zu produzieren.»

P. Fabry, ein tschechischer Forscher, nahm eine Untersuchung an vierhundert Männern im Alter zwischen sechzig und vierundsechzig Jahren vor. Eine Gruppe aß drei oder weniger Mahlzeiten am Tag; die andere Gruppe aß fünfmal oder häufiger. Weit weniger der häufiger essenden Versuchspersonen bekamen Übergewicht. Außerdem besaßen sie eine auffällig bessere Glukosetoleranz. Selbst ihr Cholesterinspiegel war niedriger.

Die Reaktionen des fettsüchtigen Körpers laufen in Zeitlupe ab. Normalerweise regt Hungern das Gewebe an, gespeichertes Fett freizusetzen. In einer Studie, in der fettleibige und magere Versuchspersonen 27 Tage lang fasteten, war in drei Vierteln der Fälle festzustellen, daß der Körper der fettleibigen Versuchspersonen das gespeicherte Fett erst mit einer deutlichen Verzögerung abzubauen begann.

Die sogenannten Fettärzte-Mediziner, die sich auf Fälle von Fettsucht spezialisiert haben – setzen ihre Patienten häufig auf eine 500-Kalorien-Diät. Dazu verabreichen sie ihnen täglich eine Injektion mit dem Wachstumshormon HCG. Es handelt sich um das Choriongonadotropin des Menschen, ein Plazentahormon, das gewöhnlich nur bei Schwangerschaft vorkommt. Wie der nach Nahrung verlangende Fetus regt Hungerdiät das Hormon dazu an, die Fettreserven des Körpers freizusetzen.

Einige Wissenschaftler meinen, der Fettleibige könnte an einem Mangel an STH, dem Wachstumshormon des Menschen leiden. Manche von ihnen äßen tatsächlich wie Spatzen. Wenn man nämlich Ratten STH gibt, können sie Nahrung in großen Mengen in sich hineinstopfen und bleiben trotzdem mager.

Viele Jahre hat man bestritten, daß körperliche Betätigung eine Methode zur Gewichtskontrolle sei. Nun scheint man anderen Sinnes geworden zu sein. Forscher der Universität von Edinburgh haben festgestellt, daß Versuchspersonen, die einen flotten Spaziergang absolvierten, das Wachstumshormon schubweise ausschütteten. Das Hormon setzt gespeichertes Fett frei. Interessanterweise wirkten Kohlehydrate dem Wachstumshormon entgegen. Bei Versuchspersonen, die während des Spaziergangs Glukose zu sich nahmen, fand keine Ausschüttung des Wachstumshormons statt.

Körperwissen ist merkwürdig hellsichtig. So hat man beispielsweise erlebt, daß Kinder, die unter Kalziummangel litten, in der Schule Kreide gegessen haben. Kinder, bei denen man emotionale Unterentwicklung festgestellt hatte, ein Syndrom, zu dem offensichtlich eine Unterfunktion des Hypophysenvorderlappens gehört, holten sich Fett aus Mülltonnen und tranken aus Toiletten, um ihr Verlangen zu stillen.

Forscher an der Rockefeller-Universität füllten Ratten mit Wasser und setzten sie dann in ein Labyrinth. Wenn die Ratten sich in den einen Arm des T-Labyrinthes begaben, erhielten sie eine Injektion mit einem diuresehemmenden

Hormon, das der Wasserausscheidung entgegenwirkte. Suchten sie den Weg in den anderen Arm, erhielten sie eine salinische Injektion, die ihnen erlaubte, den Wasserüberschuß auszuscheiden. Die Ratten lernten, sich die Injektion mit der Salzlösung zu verschaffen.

Kein Phänomen ist merkwürdiger als die offensichtlich primitive Fähigkeit des Gehirns, den Wunsch nach Fleisch oder Ekel vor ihm zu empfinden. Eine Schlüsselrolle dabei scheint das limbische System zu spielen. Fleischaversion wird bei vielen Menschen mit verändertem Bewußtseinszustand beobachtet, in einem Zustand also, in dem das limbische System die Vorherrschaft gewonnen hat. Schizophrene weigern sich häufig, Fleisch zu essen, weil es ihnen plötzlich eklig erscheint. Auch psychedelische Drogen rufen oft eine starke Fleischaversion hervor. Menschen, die lange Zeit meditieren, berichten nicht selten, daß sie auf Fleisch verzichtet hätten, weil sie schließlich den Geschmack an ihm verloren hätten.

Andererseits führt ein magnetisches Feld von Null, das offensichtlich den normalen Bewußtseinszustand vermindert, bei Mäusen zu Kannibalismus. Wird der Mandelkern eines Affen beschädigt, neigt das Tier zum Fleischfressen. Und ein Forschungsteam aus Princeton hat kürzlich erklärt, es gebe Anhaltspunkte dafür, daß der Tötungsinstinkt einer Ratte durch einen bestimmten Hypothalamusmechanismus entweder aktiviert oder unterdrückt werden könne. Durch Injektionen, die dieses System störten, wurde Mordgier in Ratten geweckt, die normalerweise keine Mäuse getötet hätten.*

* Die Forscher injizierten kristallines Carbacholin – einen cholinähnlichen Stoff – in den seitlichen Hypothalamus. Die Injektion verschiedener Gehirntransmitter, Drogen und Salze blieb ohne Wirkung, und das Carbacholin war nur im Hypothalamus wirksam. «Wir schließen daraus, daß im seitlichen Hypothalamus eine cholinergische Substanz, wahrscheinlich Acetylcholin, eine neurohumorale Flüssigkeit ist, die zu einem angeborenen Tötungssystem gehört», sagen sie.

Unterernährung und spezifischer Mangel an Vitaminen oder Mineralstoffen können die Hierarchie des Gehirns umstoßen und dauerhafte Retardierung bei sehr kleinen Kindern oder Depressionen und Psychosen bei Erwachsenen hervorrufen. Wenn der Neurologe Charles Sherrington den Körper als «verwandelte Gemischtwarenhandlung» beschreibt, so erinnert er damit anschaulich daran, wie abhängig der Mensch von Nährstoffen ist. Myron Winick vom New York Hospital schätzt, daß mehr als 300 Millionen Kinder unter Gehirnschädigungen durch Unterernährung leiden. Winick und Pedro Rosso, ein Kinderarzt aus Santiago, stellten fest, daß chilenische Kinder, die in ihren ersten Lebensjahren unter Unterernährung gelitten hatten, einen meßbar subnormalen Schädelumfang hatten. Das bedeutet kleinere Gehirne und eine verminderte Zahl von Gehirnzellen.
«Der Teufelskreis beginnt im Säuglingsalter und verdammt den Menschen sein Leben lang zu einer gesellschaftlichen Randstellung», sagt Winick. Er weist darauf hin, daß ein geistig zurückgebliebener Erwachsener nicht in der Lage ist, seine eigenen Kinder vor einem ähnlichen Schicksal zu bewahren. Winick macht die zunehmende weltweite Unterernährung indirekt der Industrialisierung zum Vorwurf, die bewirke, daß immer weniger Säuglinge mit Muttermilch genährt würden. Selbst wenn die Mutter halb verhungert sei, sei ihre Milchproduktion noch ausreichend. Muttermilch sei in der Lage, im ersten Lebensjahr der durch Unterernährung verursachten Retardierung vorzubeugen. In unterentwickelten Ländern treten die Anzeichen für Retardierung gehäuft erst nach der Entwöhnung auf. In einer Studie berichten Winick und Rosso, daß über 90% einer Gruppe halbverhungerter Kinder, selbst als sie normal ernährt wurden, in ihrer Fähigkeit, sich der Umwelt anzupassen, beschränkt blieben und daß die Hälfte nur durch Sondermaßnahmen zu unterrichten war.

Auf einen erschreckenden Gesichtspunkt verweist John Dobbing, ein englischer Kinderarzt. Retardierung verändere nicht die *Zeitenfolge* der Entwicklung im Gehirn. «Es gibt eigentlich keine Retardierung in dem Sinne, daß eine bestimmte Leistung mit Verzögerung auftritt. Die ganze Entwicklungskurve verläuft einfach flacher. Das Gehirn hat seine Chance ein für allemal. Wird diese Chance verspielt, läßt sich das nie wieder ganz wettmachen.»

Die schwerwiegenden Folgen pränataler Unterernährung zeigten sich in einer Reihe von Untersuchungen an der Universität von Kalifornien. Stephen Zamenhof und seine Mitarbeiter gaben schwangeren Ratten nicht ausreichend zu fressen und maßen dann die Hirnschäden ihrer Jungen. Erstaunlicherweise stellten Zamenhof und seine Mitarbeiter fest, daß junge Ratten sogar noch unter der Unterernährung ihrer *Großmütter* leiden können.

Sehr junge Frauen bringen eine unverhältnismäßig hohe Zahl von untergewichtigen, retardierten Säuglingen zur Welt. Da Teenager im allgemeinen unterernährt sind, lassen Zamenhofs Experimente darauf schließen, daß diese menschlichen Fetusse wie die Ratten im Mutterleib nicht in der Lage waren, sich aus dem Angebot der Mutter genügend Nahrung zu verschaffen.

Vitamin A spielt eine entscheidende Rolle für die Gehirnentwicklung. Zuwenig wie zuviel kann Retardierung verursachen. Indonesische Kinder, die neben einer allgemeinen Unterernährung auch an einem Mangel an Vitamin A litten, schnitten in Intelligenztests signifikant schlechter ab als Kinder, die zwar unterernährt waren, aber genügend Vitamin A bekommen hatten. Andererseits unterbindet ein Vitamin-A-Überschuß die Differenzierung bestimmter Zellen während der Gehirnentwicklung. Ratten, die zuviel Vitamin A bekommen haben, bringen spastische, hyperaktive Junge zur Welt. Wenn die Nahrung weiblicher Ratten zu wenig Kupfer enthält, sind ihre Jungen hirngeschädigt. Sie überreagieren auf Geräusch, haben Krämpfe und fallen in katatonische Zustände.

Obgleich das Gehirn des Erwachsenen gegen die chronische Schädigung durch Hunger gefeit ist, können bestimmte Ernährungsmängel die Gehirnprozesse ernsthaft stören. Spurenelemente oder ihr Fehlen spielen eine gewisse Rolle bei Schizophrenie. Das Fehlen von Magnesium kann zu geistiger Erschöpfung, Reizbarkeit, ja sogar zu Selbstmorddepression oder manischem Verhalten führen. Auch Verwirrung und Koma können auf solchen Mangel zurückgehen.

Wissenschaftler in der Schweiz und am Massachusetts Institute of Technology haben herausgefunden, daß Ratten, die unter Vitamin-E-Mangel leiden, große Mengen des Transmitters Noradrenalin verloren. In anderen Studien starben Ratten frühzeitig, deren Futter zuwenig Vitamin E enthielt. Die Sektion zeigte Schädigungen von Gehirn und Rückenmark.

Vitamin D ist entscheidend für die Assimilation von Kalzium, und dieses wiederum ist entscheidend für die Aktivität des Nervensystems. Es wird vermutet, daß der Mangel an Sonnenlicht in nördlichen Ländern eine Rolle bei der hohen Selbstmordrate spielen könnte, weil dort die natürliche Versorgung mit Vitamin D nicht ausreicht.

Das Gehirn braucht Vitamin B_6, Pyridoxin. Säuglinge mit B_6-Mangel leiden unter Krämpfen. In Experimenten an der Universität von North Carolina entsprach die Anfallhäufigkeit von Ratten exakt ihrem Mangel an Pyridoxin. Je größer der Mangel, desto häufiger die Krämpfe.

Das Bedürfnis nach bestimmten Vitaminen und Spurenelementen kann von Fall zu Fall grundlegend verschieden sein. Ascorbinsäure, Vitamin C, ist ein sprechendes Beispiel. Tiere stellen es selbst aus Glukose her, doch der Mensch hat diese Fähigkeit verloren – vermutlich durch Genmutation.

Ratten unter Streß synthetisieren Vitamin C in einer Menge, die beim Menschen einem täglichen Quantum von 15 oder 20 Gramm entsprechen würde. Eine aufgeregte Maus stellt sogar so viel her, daß es hundert Gramm beim Menschen entsprechen würde. Irwin Stone, ein New Yorker Biochemiker, berichtet, man habe Schizophrenen dreißig Gramm Vitamin C am Tag gegeben, ohne das erhöhte Bedürfnis ihres Körpers so weit zu befriedigen, daß auch nur ein Teil des Vitamins ausgeschieden worden sei. Das ist ungefähr die tausendfache Menge dessen, was die Bundesbehörde als täglichen Mindestbedarf empfiehlt.

Die Eigenschaften des Vitamin C sind noch nicht vollständig bekannt, aber offensichtlich weitreichend. Russische Wissenschaftler verabreichten sechzig Albinoratten eine tödliche Quecksilberverbindung. Dreißig Ratten erhielten mit dem Gift Ascorbinsäure. Die Sektion ergab weit größere Hirnschädigung bei den Ratten, die kein Vitamin C erhalten hatten. Da Glukose der einzige Kraftstoff des Gehirns ist, ist Hypoglykämie, niedriger Blutzucker, ein plastisches Beispiel für das Körper-Geist-Kontinuum, in dem man Krankheiten sehen muß. Einige Fachleute vermuten, daß Hypoglykämie die verbreitetste Funktionsstörung in der zivilisierten Welt ist.

Obgleich an der Überproduktion von Insulin im Körper gelegentlich ein Tumor der Bauchspeicheldrüse schuld ist, wird Hypoglykämie meist durch Streß ausgelöst: Kummer, Schwangerschaft, eine schwere Verletzung, anhaltende Sorge. Das Pankreas kann auch durch eine allzu kohlehydratreiche Ernährung überlastet werden. Die Kohlehydrate werden dann rasch in Zucker verwandelt. Koffein und Alkohol wirken sich mittelbar auf die Insulinreaktion aus, da sie die Leber anregen, ein gespeichertes Zuckerprodukt freizusetzen.

Menschen mit Hypoglykämie befinden sich in einem Teufelskreis. Kohlehydrate heben den Blutzuckerspiegel. Daraufhin schüttet das hochempfindliche Pankreas Insulin in

solcher Menge aus, daß der Blutzuckerspiegel jäh abfällt. Wenn der Zuckerspiegel sinkt, bricht der chemische Haushalt des Gehirns zusammen. Im Extremfall kann die Insulinreaktion zu Schock, Koma und sogar Tod führen. Tierexperimente haben gezeigt, daß Hypoglykämie absonderliche Gehirnwellenmuster produzieren kann, die selbst in der Erholungsphase noch denen epileptischer Anfälle ähneln.
Die Krankheit geht Hand in Hand mit Hypokalzämie, einem Kalziummangel. Kalzium ist entscheidend für die Übertragung der Hormonaktivität des Gehirns und vermittelt die Aktivität im ganzen Nervensystem. Was Wunder also, daß Hypoglykämie mit mannigfachen geistigen Störungen verknüpft ist.

Das Gehirn als das wichtigste Geschlechtsorgan

Sexualität ist wie Krankheit ein Beleg für die dynamische Wechselbeziehung zwischen Gehirn und Hormonen, Geist und Körper, Kultur und Natur. Durch den Eingriff von seelischen Faktoren wie von Hormonen kann das Kräftegleichgewicht gestört werden.

Die Gene aktivieren die Hormone, die das Gehirn geschlechtsspezifisch differenzieren. Der geschlechtsdifferenzierte Hypothalamus wirkt auf den Hypophysenvorderlappen ein, der den Hormonspiegel mißt. Dieser beeinflußt das Gehirn, indem er das Empfinden von Selbstvertrauen und Optimismus schafft – oder von Angst und Feindseligkeit. Das Gehirn kann seinerseits die Hormone verändern.

In dem Bemühen festzustellen, inwieweit die Nebenwirkungen der Pille psychologischer Natur sind, führten Forscher eine Studie an jungen Frauen durch, die die Pille noch nicht als Empfängnisverhütungsmittel benutzt hatten. Nachdem die Forscher alle Teilnehmerinnen aufgefordert hatten, zusätzlich ein weiteres Mittel zur Geburtenkontrolle zu verwenden, gaben sie einem Drittel der Versuchspersonen die Pille, ohne auf typische Nebenwirkungen hinzuweisen. Ein weiteres Drittel erhielt die Pille mit einer kurzen Beschreibung der üblichen Nebenwirkungen. Das letzte Drittel erhielt ein Plazebo (wirkungslose Zuckertablette), wurde aber trotzdem auf die Nebenwirkungen der Pille hingewiesen.

Die informierten Frauen berichteten von mehr Nebenwirkungen der Pille als diejenigen, die keinerlei Hinweise erhalten hatten. Doch selbst die Frauen, die das Plazebo erhalten

hatten, berichteten von Nebenwirkungen, unter anderem vom Ausbleiben der Regel! Offensichtlich hatte hier ihre vorgefaßte Meinung die Funktionen der Geschlechtsdrüsen beeinflußt, die daraufhin die Ovulation unterdrückten.
Können wir daraus schließen, daß die Erwartungen des Gehirns seine Regulationsmechanismen außer Kraft setzen können? Doch ach, so leicht ist das nicht. Gibt es doch unübersehbare Evidenz dafür, daß Hormone sich bei beiden Geschlechtern auf Stimmung, Verhalten und geistige Leistungsfähigkeit auswirken. Frauen erzielen in Persönlichkeitstests zur Zeit des Eisprungs deutlich höhere Werte bei Optimismus und Selbstvertrauen. Zu diesem Zeitpunkt sind die Östrogen- und Progesteronwerte höher. Dieselben Frauen sind vergleichsweise ängstlich oder feindselig, wenn ihre Hormonspiegel während der prämenstruellen und Menstruationszeit ihren niedrigsten Stand erreichen. In einer Studie wurde geschätzt, daß 46% der Einweisungen in psychiatrische Anstalten und fast die Hälfte aller kriminellen Handlungen zu diesem Zeitpunkt stattfinden. 57% der Selbstmordversuche bei Frauen werden während der Menstruationsphase unternommen. Wahrscheinlich haben Frauen auch furchterregendere Träume, wenn ihr Hormonspiegel niedrig ist.
Die Veränderung des Hormonspiegels kann sogar eine akute Psychose zum Ausbruch bringen. Es ist wissenschaftlich erwiesen, daß Frauen, die zum Zeitpunkt der Empfängnis schizophren werden, in der Regel nur Mädchen lebend zur Welt bringen, vermutlich, weil ein Faktor in ihrem Blutplasma männliche (Y) Chromosomen beschädigt, nicht aber weibliche (X) Chromosomen. M.A. Taylor hat die Krankenberichte schizophrener Frauen untersucht und festgestellt, daß Frauen, deren Schizophrenie einen Monat nach der Entbindung ausgebrochen ist, einen höheren Prozentsatz männlicher Kinder zur Welt gebracht haben. Er meint, ein Hormon, das vom männlichen Fetus produziert und im Blut der

Mutter in Umlauf gebracht wird, könnte ihre Schizophrenie bis zum Abschluß der Entbindung in Schranken gehalten haben.
Auch Männer können unter Schwankungen der Geschlechtshormone leiden. Bei einigen hat man beobachtet, daß sie in Intervallen von viereinhalb Wochen schizophren werden. Auch Männer sind Stimmungsaufschwüngen und Tiefpunkten unterworfen, und ihr Zyklus ist dem des Menstruationsrhythmus nicht unähnlich. Christian Hamburger, ein dänischer Endokrinologe, beobachtete einen fast monatlichen Rhythmus der 17-Ketosteroide – das sind Geschlechstshormone, die von der Nebennierenrinde ausgeschüttet werden. Testosteron, ein männliches Geschlechtshormon, ist im Verlaufe des Tages periodischen Schwankungen unterworfen. Nachts, in den Phasen schneller Augenbewegungen (rapid-eye-movements – REMs) wird es während des Schlafes in Schüben produziert. Dabei spielt offensichtlich keine Rolle, ob der Trauminhalt erotischer Natur ist oder nicht.

Angesichts unserer Gewohnheit, Geschlechtshormone von den Eierstöcken und Hoden her zu verstehen, mag uns die Bedeutung des Gehirns als wichtigstes Geschlechts-«Organ» etwas überraschen. Die tiefen Gehirnstrukturen kontrollieren nicht nur die Aktivität des Hypophysenvorderlappens, sondern sie besitzen auch Regionen, deren elektrische Reizung ein dem Orgasmus außerordentlich ähnliches Empfinden hervorruft.
Wie entscheidend die Rolle des Gehirns sein kann, zeigt sich darin, daß das Ausbleiben des Eisprungs zumindest bei einigen Frauen auf den unbewußten Wunsch nach Unfruchtbarkeit zurückgehen kann. Walter Herrmann, Leiter des Fachbereichs Geburtshilfe und Gynäkologie an der Universität von Washington, hat erstmalig in den Vereinigten Staaten ovulationsinduzierende Präparate verwendet. Später sag-

te Herrmann, ihm seien ernsthafte Zweifel daran gekommen, ob es klug gewesen sei, diese Präparate zu benutzen.
Rückblickend wurde ihm klar, daß viele der unfruchtbaren Frauen den Eisprung infolge seelischer Konflikte unterdrückt hatten. Wenn Freunde und Familienangehörige sie drängen, nach den Ursachen ihrer Unfruchtbarkeit zu suchen, wenden sie sich unter Umständen an den Arzt. Herrmann weist darauf hin, daß vor der Entdeckung dieses Präparates nichts getan werden konnte. Die unfruchtbare Frau konnte «in dem Bewußtsein nach Hause gehen, alles Menschenmögliche getan zu haben». Herrmanns spätere Zweifel gründen sich auf den bemerkenswert hohen Prozentsatz komplizierter Geburten, schwerer Wochenbettdepressionen und Eheprobleme, zu denen es kam, wenn Säuglinge geboren wurden, deren Mütter mit dem Präparat behandelt worden waren.
Man meint heute, das Gehirn der Säugetiere sei in den ersten Entwicklungsphasen grundsätzlich weiblich. Männlichkeit werde der Gebärmutter erst durch Hormone aufgedrängt, die vom genetischen Kode des Embryos freigesetzt würden. Als sei das weibliche Gehirn das Grundmodell und das männliche eine Abwandlung davon.
Im Laufe der pränatalen Monate entwickeln sich die entscheidenden Unterschiede des menschlichen Hirns. Der Hypothalamus wird für die geschlechtsspezifischen Hormone empfänglich. Es gibt sogar Anhaltspunkte dafür, daß bestimmte geistige Eigenschaften sich bei Männern und Frauen in unterschiedlichen Gehirnhälften entwickeln. In einem Bericht heißt es, die Mechanismen, die künstlerischem Urteil und Sprachfähigkeit zugrunde lägen, könnten sich im weiblichen Gehirn überschneiden, während sie sich beim Mann in entgegengesetzten Hemisphären ausbildeten. Sechsmal häufiger als Mädchen leiden Jungen unter angeborenen Sprachproblemen. In der Regel schneiden männliche Probanden in Labyrinth-Tests besser ab, außerdem sind sie in den ersten

Lebenstagen weniger empfindlich gegen elektrische Stimulation. Mädchen zeigen mit zwei Jahren – so ein anderer Forscher – mehr Interesse an Form und Farbe. Sie bilden mit Bauklötzen ganz andere Strukturen als Jungen.

Geschlechtsspezifische Aufmerksamkeitsunterschiede hat Robert McCall vom Fels-Forschungsinstitut gemessen. Er ging von der deutlichen Verlangsamung der Herzfrequenz aus – einem Standard-Labormaß der Aufmerksamkeit – und stellte fest, daß Mädchen sich an ein neues Ereignis rascher gewöhnten als männliche Säuglinge. Merkwürdigerweise aber gewöhnten sich Jungen rascher als Mädchen an einen *grünen Kreis.*

Die Geschlechter scheinen unterschiedlich auf die Beziehung zwischen einem Stimulusmuster und seinem Hintergrund zu reagieren. Jungen reagieren vorzugsweise auf einen handlungsbezogenen Stimulus, Mädchen eher auf einen passiven.

Die Aggressivität von Jungen wird zumindest teilweise durch das männliche Hormon Testosteron gefördert. Wenn unreife weibliche Ratten durch den Eingriff von Wissenschaftlern maskulinisiert werden, zeigen sie in der Regel sozial wie sexuell das aggressive Verhalten ihrer männlichen Artgenossen. Die Veränderung ist irreversibel. Wenn Testosteron während der entscheidenden ersten Tage nach der Geburt verabreicht wird, kann seine Wirkung durch die spätere kompensatorische Eingabe von Östrogen nicht aufgehoben werden.

Wenn schwangere Ratten Streß ausgesetzt werden, bringen sie mit einer gewissen Wahrscheinlichkeit feminisierte männliche Tiere zur Welt. Die männlichen Tiere tendieren später dazu, bei der Paarung die weibliche Position einzunehmen. Postnataler Streß bleibt ohne Wirkung. Die Forscher schließen daraus, daß Streß, der während der für die Ausbildung von Geschlechtsunterschieden entscheidenden Phase auftritt, das normale Verhältnis der beiden männlichen Hormone verschiebt. Androgene werden von der Nebennierenrinde und den Geschlechtsdrüsen produziert. Gewöhnlich ist das wirksamere Androgen der Geschlechtsdrüsen in größerer Menge vorhanden als das Androgen der Nebennierenrinde.

Daraus ergeben sich interessante Folgerungen für die Homosexualität des Menschen. Psychologen sind seit langem der Meinung, männliche Homosexuelle hätten in der Regel anspruchsvolle, gefühlsbetonte Mütter. Möglicherweise sind solche Frauen ungewöhnlich empfänglich für die Auswirkungen von Streß.

Forscher in Edinburgh und Boston haben kürzlich von Hormonanomalien bei Homosexuellen berichtet. Auch zahlreiche impotente Versuchspersonen hatten außergewöhnlich wenig Testosteron im Urin. In einer in Los Angeles durchgeführten Studie wird berichtet, daß bei Homosexuellen das normale Verhältnis der Androgene auf den Kopf gestellt sei. Eine normalerweise heterosexuelle Person litt in Intervallen von vier Wochen unter homosexuellen Anwandlungen. Vielleicht ist das Gleichgewicht der Androgene so empfindlich, daß es durch geringfügige Schwankungen im Verlaufe der Hormonzyklen gestört werden kann.

Seymor Levine vom Institut für Psychiatrie in London hat nachgewiesen, daß Testosteronimplantationen in den entscheidenden Tagen nach der Geburt das Geschlecht von Rattengehirnen dauerhaft verändern können. (Im Unterschied zu den meisten Säugtieren bilden sich die Geschlechtsunterschiede der Ratten erst in den ersten Tagen nach der Geburt heraus.) Er stellt fest, daß das Experiment zu einer tiefgehenden und dauerhaften Veränderung in der Ansprechbarkeit des Gehirns für Geschlechtshormone führte, und sagt: «Möglicherweise hängt auch die Sexualität des Menschen davon ab, welche hormonale Ausstattung er zufällig während der Entwicklung des Nervensystems aufweist.»

Zuviel Androgen vor der Geburt führt bei Mädchen zu

einem unklaren sexuellen Äußeren, was manchmal tragische Konsequenzen hat. Da sich vor der Geburt männliche wie weibliche Geschlechtssorgane herausgebildet haben, wird das Kind unter Umständen irrtümlicherweise als Junge erzogen. Wenn dann seine weibliche Geschlechtsidentität erkannt wird, sind die psychologischen Probleme möglicherweise schon so schwerwiegend, daß sie nicht mehr zu lösen sind.
Jungen mit diesem Syndrom erscheinen bei der Geburt normal. Später kommen sie jedoch verfrüht in die Pubertät und erleben eine rasche körperliche Entwicklung, die dann zu einem plötzlichen Stillstand kommt. Sie bleiben abnorm klein. Das Syndrom läßt sich mit Cortison behandeln, wenn es rechtzeitig erkannt wird.
Es gibt auch erste vorläufige Anhaltspunkte dafür, daß das Syndrom von einem hohen IQ begleitet ist. Fachleute für Intelligenzforschung haben festgestellt, daß männliche Probanden mit hohem IQ in der Regel nicht sehr maskulin ebensowenig wie weibliche Testpersonen mit hohem IQ besonders feminin sind. Doch dies läßt sich möglicherweise auch ohne Rückgriff auf Hormone erklären. Persönlichkeitstests haben die Tendenz, Unabhängigkeit als maskuline Eigenschaft einzuordnen und Sensitivität als weibliche. In beiden Fällen läßt sich die geschlechtsspezifische Verteilung der beiden Merkmale zumindest teilweise kulturell erklären. Die klügsten Menschen sind vermutlich unabhängig von ihrem Geschlecht sowohl sensitiv wie selbständig.
In *A Child's Mind* zitiert Muriel Beadle die Bemerkung, daß der Versuch, Erbanlage und Erfahrung zu trennen, ein wenig dem Versuch ähnele, zu entscheiden, ob Wasserstoff oder Sauerstoff für die Eigenschaften des Wassers von größerer Bedeutung seien. Man kann den genetischen Kode auch mit einem enzyklopädischen Kochbuch vergleichen. Einige der Rezepte befolgt das Gehirn wörtlich, doch andere werden aufgrund von Umweltbedingungen völlig beiseite gelassen

oder entsprechend der Dinge, die im Hause sind, abgeändert. Einige Jungtiere sind vorprogrammiert, sich nach der Geburt an jemanden oder etwas anzuklammern. Enten ist der Drang angeboren, allem zu folgen, was in einer entscheidenden Phase nach der Geburt ihr Gesichtsfeld durchquert. Dabei legen die Gene jedoch nicht fest, daß dieses Etwas die Mutterente sein muß. Die Entenküken watscheln auch hinter einem kleinen roten Wagen her, wenn er der Reiz ist, der sich in den entscheidenden Stunden zeigt.

Affensäuglinge, die von Ersatzmüttern – stoffbespannten Futtergestellen – genährt werden, entwickeln eine so enge Gefühlsbindung an die Attrappen, als handle es sich um weibliche Affen. Bei Verstörtheit oder Angst klammern sie sich an die Futtergestelle.

Das Hilfsmittel ruiniert jedoch einen anderen Mechanismus. Da das Junge ohne Interaktion mit einem lebendigen erwachsenen Affen aufwächst, entwickelt es deviante sexuelle Verhaltensweisen. Derart aufgezogene weibliche Tiere können gewöhnlich nicht empfangen. Die wenigen, bei denen das doch der Fall ist, sind entsetzliche Mütter. Sie nehmen ihre bettelnden Jungen nicht an und jagen sie ein um das andere Mal davon.

Man werfe in den wirbelnden Strudel der ständig schwankenden Hormonspiegel eines weiblichen Körpers eine Antibabypille. Das wachsame Hirn, das erstaunt von dem plötzlichen Progesteron- und Östrogenschub Notiz nimmt, verhält sich, als sei eine Schwangerschaft eingetreten. Es mißt, reagiert, setzt den Eisprung aus und versucht den Körper an die fiktive Schwangerschaft anzupassen.

Daß die Angleichung ein Notbehelf ist, zeigt sich in zahlreichen Studien der letzten Zeit. Wenn Frauen die Pille als Nicht-Sequenz-Präparat nehmen, bleiben die emotionalen Hochs und Tiefs des normalen Zyklus aus. Statt dessen leben sie aufgrund des relativ hohen Hormonspiegels in einem Dauerzustand mäßiger Feindseligkeit und Angst. Die Hormone scheinen die Aktivität der Monoaminoxidase (MAO) zu steigern – eines Enzyms, das die Wirkung der Neurotransmitter des Gehirns schmälert. Depressionen können die Folge sein.

Das Sequenzpräparat entspricht dem normalen Zyklus in höherem Maße. Die relativen Östrogen- und Progesteronspiegel simulieren die natürlichen Verhältnisse.

Masters und Johnson, die bekannten Sexologen, meinen, die Pille «scheint nach anderthalb bis drei Jahren bei manchen Frauen Libidobeeinträchtigung oder Orgasmusunfähigkeit hervorzurufen». Einige wenige Frauen berichten auch von Libidozunahme. Diese Diskrepanz mag psychischer Natur sein oder auf unterschiedliche Hormonspiegel der Frauen vor Einnahme der Pille zurückgehen.

Paradoxerweise besitzen Frauen, deren Körpermerkmale auf einen hohen Anteil des männlichen Hormons Testosteron schließen lassen, einen heftigeren Sexualtrieb als ihre ausgeprägt weiblichen, östrogenreichen Geschlechtsgenossinnen. Testosteron scheint die sexuelle Appetenz bei Frauen wie bei Männern zu steigern. Wenn eine Frau unter einem Mangel an diesem Hormon leidet, hat sie unter Umständen Orgasmusprobleme. Kurioserweise ist sexuelle Erregung stärker vom Gehirn als von den Fortpflanzungsorganen abhängig, wie sich erstmalig zeigte, als in den dreißiger Jahren von weiblichen Ratten berichtet wurde, denen man Uterus und Vagina entfernt hatte und die dennoch in die Brunst kamen. Wird der Penis eines Katers anästhesiert, hemmt das seine sexuelle Aggression nicht. In einer Reihe von Tierexperimenten, in denen verschiedene Gehirnbereiche nacheinander entfernt wurden, zeigte sich durch Elimination, daß der Sitz der sexuellen Reaktion im Bereich des Hypothalamus liegt.

In anderen Versuchen wurde die Vagina von Katzen stimuliert, ohne daß sich eindeutige Ergebnisse zeigten. Obgleich die Katze alle Anzeichen der Erregung aufwies, weigerte sie sich, sich zu paaren. Es scheint, daß das Gehirn aktiviert werden muß, bevor die Katze zur Paarung bereit ist. Gibt man Östrogen direkt in den Hypothalamus ein, so wird – wie entsprechende Experimente gezeigt haben – Paarungsverhalten sogar bei Katzen ausgelöst, deren Eierstöcke entfernt worden sind.

Umweltauslöser sexueller Erregung können fast unmerklich sein. Henry Wiener vom Metropolitan Hospital sagt, es gäbe Anhaltspunkte dafür, daß externe chemische Informationsträger – Gerüche – auf das Unterbewußtsein einwirken können. Tests haben gezeigt, daß Frauen den Geruch von Testosteronazetat bei weit geringerer Konzentration ausmachen können als Männer und daß umgekehrt Männer weit empfänglicher für die Gerüche weiblicher Hormonderivate als Frauen sind. Geruchsstimuli, die zu schwach sind, um in das Bewußtsein zu dringen, können offensichtlich den elektrischen Hautwiderstand, Blutdruck, Pulsfrequenz und Atmung verändern.

Menschen, die unter gefährlichen, unkontrollierbaren sexuellen Zwangshandlungen leiden, kann manchmal dadurch geholfen werden, daß man dem Hypothalamus auf chirurgischem Wege Läsionen beibringt. Freiwillig haben sich solchen Eingriffen Männer unterzogen, die unter dem Drang litten, Kinder zu verführen und zu mißbrauchen. Nach dem Eingriff sank ihr sexuelles Interesse in den Normalbereich ab.

Hypersexualität kann Ausdruck der Beschädigung einer anderen Region des Hypothalamus sein, eines dort vermuteten sexuellen Befriedigungszentrums. Die Hemmungsregion liegt vermutlich im Grenzbereich zwischen Mittelhirn und Hypothalamus. Wie oben erwähnt, können Hypothalamustumoren eine verfrühte Pubertät verursachen. Wenn der

Hemmungsmechanismus im Gehirn des Kindes zerstört wird, nimmt der Fortpflanzungsapparat seine Tätigkeit zu früh auf. In einer Forschungszeitschrift hieß es, daß sich Tumoren in mehr als der Hälfte aller Fälle gefunden hätten, in denen die sexuelle Entwicklung bei Jungen von acht Jahren oder jüngeren Alters eingesetzt hätte.

Cyproteronazetat, das von einer deutschen pharmazeutischen Firma unter dem Handelsnamen Sinevir vertrieben wird, scheint der Hypersexualität entgegenzuwirken. Bislang ist das Mittel vor allem in Deutschland und England angewendet worden. In Deutschland führen heute die Gesetze, die die Behandlung sexueller Gewohnheitsverbrecher betreffen, das Präparat als Alternative zur Kastration auf.

Elektrische Reizung des Gehirns (Electric Stimulation of the Brain – ESB) bedeutet eine gewisse Hoffnung für Menschen mit sexuellen Problemen. Robert Heath von der Universität von Louisiana hat ESB an einem jungen Homosexuellen vorgenommen, der eine heterosexuelle Beziehung wünschte. Nach wochenlanger Behandlung hatte der junge Mann Verkehr mit einem Mädchen, während nebenan das EEG seine Gehirnwellen für das Forschungsteam aufzeichnete.

Jose Delgado von der Yale-Universität, ein Pionier der ESB, stellt fest, daß gemäßigtes sexuelles Interesse – zumindest Flirtverhalten – durch die jeweilige Lage der elektronischen Sonden im Gehirn sauber an- und abgeschaltet werden könne. Die Versuchspersonen waren zumeist Epileptiker, die dem Sondierungsprozeß unterzogen wurden, um den Herd ihrer Anfälle zu lokalisieren. Eine zurückhaltende junge Frau wurde plötzlich gesprächig, «brachte ihre Verliebtheit in den Therapeuten (den sie noch gar nicht kannte), offen zum Ausdruck, küßte seine Hände und sprach von ihrer unendlichen Dankbarkeit...». Ein schweigsamer elfjähriger Junge äußerte spontan homosexuelle Wünsche, sobald die Sonde einen bestimmten Punkt seines Schläfenlappens berührte.

Delgado und seine Mitarbeiter orteten in ihren Studien zur Gehirnkartographie drei Punkte, wo Stimulation eine dem Orgasmus ähnliche Empfindung hervorrief. Die Patienten gaben Anzeichen intensiven Genusses zu erkennen und zeigten sich dann plötzlich befriedigt. Viele andere Gehirnpunkte sind mit andauernder Euphorie assoziiert.

Einige chemische Entdeckungen, die kürzlich gemacht wurden, lassen sich möglicherweise leichter zur sexuellen Stimulation verwenden als ESB. Forscher versuchten herauszufinden, welcher Gehirntransmitter für den Schlaf verantwortlich ist. Dabei entdeckten sie, daß eine der chemischen Substanzen, die sie verwendeten – PCPA (Parachloralphenalamin) – als Aphrodisiakum wirkte. Unter seinem Einfluß versuchten beispielsweise Kaninchen, sich mit Katzen zu paaren. Die Zugabe des männlichen Hormons Testosteron verstärkte den Effekt. Diese Kombination veranlaßte selbst kastrierte Ratten, andere Ratten zu bespringen. Darüber hinaus war die sexuelle Erregung von langer Dauer.

In Italien untersuchen Gian L. Gessa, Alessandro und Paolo Tagliamonte, ob sich PCPA möglicherweise bei der Therapie sexuellen Versagens des Menschen einsetzen läßt. Dosierungen der Substanz, die in ihrer relativen Höhe denen der Tierexperimente entsprechen würden, wären für den Menschen toxisch. Doch eine ähnliche Schwierigkeit konnte in der Dopaminforschung (in der es um die Behandlung der Parkinsonschen Krankheit ging) durch die Entwicklung von L-Dopa überwunden werden, eine Version derselben chemischen Substanz mit spiegelbildlicher Molekularstruktur.

Es heißt, daß impotente Männer durch Biofeedback-Training lernen könnten, eine Erektion nach Belieben zustande zu bringen. Im Penis wird ein Plethysmograph angebracht, der das sich verändernde Blutvolumen mißt. Durch Kopfhörer hört die Versuchsperson die Stimme einer weiblichen Therapeutin, die die Apparatur in einem anderen Raum kontrolliert. Sie berichtet über die Zunahme des Blutvolumens und ermutigt den Patienten. Die Klinik, die diese Therapie anwendet, berichtet über eine Erfolgsquote von «annähernd 100%». Das heißt, fast alle ihre Patienten lernen schließlich, eine Erektion ohne die Hilfe von Biofeedback hervorzurufen.

Obgleich die Geheimnisse der Sexualität noch nicht gelöst sind, zeigt die Forschung immer deutlicher, daß das Gehirn die primäre erogene Zone des Menschen ist.

IV
Supergehirn

Zu viele sind unerweckt…
Antoine de Saint-Exupéry

Fünf Sinne... oder zwanzig?

«Wenn die Türen der Wahrnehmung offenstünden,
würde dem Menschen alles erscheinen, wie es ist – unendlich.
Denn der Mensch hat sich selbst so abgeschlossen,
daß er alles durch die engen Spalten seiner Höhle sieht.»
WILLIAM BLAKE

In *Mysterious Phenomena of the Human Psyche* erörtert der russische Physiologe Leonid Wasiliew den Fall eines scheinbar gesunden Mannes, der von einer plötzlichen und bemerkenswerten Schärfung seines Gesichtssinnes berichtete. Er konnte sehr kleine Objekte aus erstaunlichen Entfernungen ausmachen. Innerhalb von 24 Stunden erlitt er einen Schlaganfall und starb. «Eine Autopsie offenbarte ein erst kürzlich entstandenes Blutgerinnsel im Gehirn an der rechten Seite des Sehhügels», sagt Wasiliew. Er fügte hinzu, daß andere pathologische Zustände schon seit langem mit übernormaler Wahrnehmung verknüpft würden. Als Beispiel erwähnte er die geschärfte optische und auditive Wahrnehmung bei Hysterikern und Neurotikern und die offensichtliche Verbindung zwischen paranormalen Phänomenen und Hirnverletzungen.

1962 lieferte ein amerikanisches Forschungsteam am Nationalen Herzinstitut verblüffende Evidenz dafür, daß bei der Addison-Krankheit die Wahrnehmungsfähigkeit zunimmt. Es handelt sich um ein Leiden, bei dem der Hypophysenvorderlappen nicht genügend Adrenokortikoide herstellt. Man

ließ auf die Zungen der Versuchspersonen Tropfen destillierten Wassers fallen, die kleine Mengen salziger, bitterer, süßer oder saurer Substanzen enthielten. Wenn sie unter der HVL-Störung litten, waren sie 150mal empfindlicher für Geschmacksreize als normale Probanden. Außerdem hörten sie Geräusche, die normale Versuchspersonen nicht vernehmen konnten, auch ihr Geschmackssinn war schärfer. Wurden sie mit Cortison behandelt, legte sich die Überempfindlichkeit.
Gertrude Schmeidler von der Universität New York fiel auf, daß die Krankengeschichten medial veranlagter Menschen* häufig Hirnverletzungen aufwiesen. So untersuchte sie Krankenhauspatienten, die unter Gehirnerschütterung litten, und eine Kontrollgruppe von Patienten, deren Krankenhausaufenthalt andere Gründe hatte. Patienten mit Kopfverletzungen erzielten höhere Punktwerte bei ASW-Tests. Auch einige Schizophrene zeigten besondere Psi-Fähigkeiten wie auch geschärfte sensorische Wahrnehmung.
Diese Erscheinungen sprechen nachdrücklich für Henri Bergsons Theorie, derzufolge das Gehirn ein Reduktionsmechanismus ist. Es soll den Organismus in die Lage versetzen, der Gesamtmenge der Stimuli mit selektiver Aufmerksamkeit zu begegnen, um handlungsfähig zu bleiben.** Nach dieser Prämisse würde das Gehirn, wenn es nicht als Filter

* Unter ihnen: Peter Hurkos, dessen Fähigkeiten sich erstmalig zeigten, als er nach einem Fall aus neun Meter Höhe und einem längeren Koma sein Bewußtsein wiedererlangte; Nelya Michailowa, die offensichtlich telekinetisch begabte Russin, die im Alter von vierzehn bei der Belagerung von Leningrad eine schwere Kopfverletzung davontrug; Rosa Kuleschowa – bekannt für ihre Fähigkeit, Farbe durch die Haut zu «lesen» und wahrzunehmen –, die als Teenager eine Gehirnentzündung bekam und unter Krampfanfällen litt.

** Das vielleicht unglaublichste Beispiel für die Hemmungsfunktion des Gehirns ist die Gottesanbeterin. Das männliche Tier ist zur Paarung erst fähig, wenn das Weibchen ihm den Kopf abgebissen und es so enthemmt hat.

wirken würde, von so vielen Bildern und Geräuschen überwältigt werden, daß es nicht mehr funktionsfähig wäre. Zahlreiche jüngere Experimente bestätigen diese Auffassung. Aus EEG-Aufzeichnungen und subjektiven Berichten geht hervor, daß das Gehirn ständig auf eingehende Stimuli reagiert, von denen das Bewußtsein keine Kenntnis hat. Die primitiveren Verarbeitungssysteme scheinen entscheiden zu können, welche Daten bedeutsam sind. Entsprechend scheinen sie die Bewußtseinsschwelle verändern zu können.

Auch William James meinte, daß das normale Bewußtsein den «größeren Teil der Realität» ausfiltere. Aldous Huxley berichtet von dem intensivierten und erweiterten Wahrnehmungsfeld, das er unter dem Einfluß von psychedelischen Drogen gewonnen hat, und führt die These von Bergson fort. Er vergleicht das Gehirn mit einem Drosselventil, das nur ein Rinnsal der Wirklichkeit durchläßt. Veränderte Bewußtseinszustände stören den Filterprozeß und schaffen eine intensivere Wirklichkeitserfahrung.

Nach Bergsons Auffassung befindet sich zwischen Künstlern und anderen schöpferisch tätigen Menschen einerseits und dem größeren Bewußtsein andererseits nur ein durchsichtiger Schleier, nicht die relativ undurchdringliche Schranke, die die Wahrnehmung der meisten Menschen begrenzt.

Raynor Johnson, Physikprofessor an der Universität von Melbourne und fesselnd schreibender Psi-Autor, vergleicht die Sinne mit schmalen Fenstern. «Wir sind alle wie Gefangene in einem runden Turm, die nur durch fünf Mauerschlitze auf die Landschaft draußen blicken können. Es ist vermessen anzunehmen, daß wir die ganze Landschaft durch diese Schlitze wahrnehmen könnten – obgleich es meiner Meinung nach einige Anhaltspunkte dafür gibt, daß dem Gefangenen hin und wieder ein Blick von der Turmspitze gestattet ist!»

Die Sinne sind theoretisch zu weit schärferer Wahrnehmung

fähig, als gewöhnliche Messungen erkennen lassen. A. L. Gregory, Direktor des Wahrnehmungslaboratoriums an der Universität Cambridge, weist darauf hin, daß die Rezeptoren in der Retina des Auges zwar so empfindlich seien, daß sie durch ein einziges Quantum – die kleinste Maßeinheit des Lichtes – stimuliert werden könnten, daß jedoch fünf bis acht Quanten erforderlich seien, bevor der Mensch einen Lichtstrahl empfinde. Wenn die Augenlinse chirurgisch entfernt wird, können Menschen im Bereich des ultravioletten Spektrums besser sehen.

Ein Wissenschaftler stellte fest, daß die pulsierenden Mikrowellen, die seine Versuchspersonen als Geräusch vernahmen, in der Frequenz als höher empfunden wurden als irgendeine Tonmischung, die er im Labor zu Vergleichszwecken herstellen konnte. Die Radiowellen umgingen das mechanische Übertragungssystem der Gehörknöchelchen. Der Forscher Allen Frey vermutet, daß das Knöchelchensystem vielleicht nicht auf so hochfrequente Wellen wie das übrige Gehörsystem reagieren könne – etwa wie die Augenlinse die Empfindlichkeit der Retina verringere.

Blinde entwickeln so etwas wie ein Sonarsystem, mit dessen Hilfe sie anhand verschiedener Echos Gegenstände verschiedener Größe unterscheiden können. Forscher von der Stanford-Universität haben nachgewiesen, daß vier blinde Versuchspersonen solche Gegenstände mit bemerkenswerter Genauigkeit ausmachen konnten. Diese Fähigkeit ist bei manchen Tierarten äußerst hoch entwickelt: Fledermäuse, Tümmler, Wale, Mauersegler und einige andere Vogelarten verwenden Echoortung. Grubenottern, die völliger Dunkelheit ausgesetzt werden, können einen Gegenstand von der Größe einer Maus innerhalb einer halben Sekunde auf eine Entfernung von 40 cm orten. Die komplizierten Augen von Bienen und Fliegen können mehr als 200 Einzeleindrücke pro Sekunde empfangen, das Zehnfache dessen, was das menschliche Auge maximal aufnehmen kann. Eine Fledermausart hört am besten bei 140000 Hertz, einige Oktaven über der normalen Lautwahrnehmung des Menschen. Obgleich der Mensch Töne über 20000 Hertz gewöhnlich bewußt nicht mehr wahrnimmt, haben Tests gezeigt, daß er die höheren Frequenzen unterschwellig wahrnehmen kann.

Raynor Johnson weist darauf hin, daß wir, wenn wir Augen hätten, die Röntgenstrahlen statt des uns sichtbaren Lichtes wahrnähmen, einen ganz anderen Eindruck von der materiellen Welt hätten. Eine scharfe Kante würde wie eine Säge aussehen, «und viele Dinge, die wir als undurchsichtig beschreiben, würden transparent oder porös sein». Alles Aussehen ist relativ. Ein Wesen, dessen Augen nur ultraviolette oder infrarote Strahlen empfangen könnten, würde ein Ölgemälde nicht sehen wie wir, aber möglicherweise seine Gegenwart schmecken oder ertasten. Ist unser Weltbild deshalb gültiger als seines? Farbe und Körperhaftigkeit verlieren ihre Bedeutung im Reich der wirbelnden Elektronen, obgleich solche Eigenschaften ihr Produkt sind. Wir nehmen Licht in einem sehr engen Schwingungsbereich wahr. Johnson zitiert Frederic Myers, einen Wissenschaftler und Pionier auf dem Gebiet parapsychologischer Forschung, der im 19. Jahrhundert versicherte, die Forscher müßten am ultravioletten Ende des Spektrums nach der Erklärung für einige verwirrende Erscheinungen unseres Geistes suchen. «Die Grenzen unseres Spektrums wohnen nicht der Sonne inne, die scheint, sondern dem Auge, das den Sonnenschein registriert.»

Ernst Mach, der deutsche Physiker, nach dem Überschallgeschwindigkeiten benannt werden, hat gesagt, der Ausdruck «Sinnestäuschung» beweise, daß wir uns noch nicht ganz bewußt seien, daß *die Sinne die Dinge weder falsch noch richtig wiedergeben... Unter verschiedenen Umständen riefen sie verschiedene Empfindungen und Wahrnehmungen hervor.* Diese Äußerung ist ein Schlüssel zum Verständnis der Verbindung von Gehirnforschung und theoretischer Physik. Unsere Wahrnehmung kommt durch unzählige Transaktionen im Gehirn zustande. Unsere Sinne treffen eine Selektion der Stimuli, zerebrale Strukturen interpretieren die Daten, doch gibt es kein letztgültiges Wirklichkeitsmodell, anhand dessen unsere Wahrnehmungen als richtig oder falsch beurteilt werden könnten.

Wie das Gehirn sieht, weiß man nicht. Der alltägliche Vorgang des Sehens ist immer noch ein Geheimnis, trotz brillanter Fortschritte. Loren Eiseley sagt von der zeitgenössischen Forschung: «Jede blendende Erleuchtung wirft gewaltige Schatten.» Vor einigen Jahren haben David Hubel und Torsten Weisel – zwei Forscher von der Harvard-Universität – ihre Kollegen in Erstaunen gesetzt, als sie bewiesen, daß einige Sehzellen nur auf Licht eines bestimmten Helligkeitsgrades reagieren, andere nur auf Linien in einem bestimmten Winkel und so fort. Das Mosaik dieser Zellaktivitäten wird zum visuellen Bild, das das Gehirn empfindet.

Hubel sagte uns dazu: «Rückblickend läßt sich feststellen: ‹Natürlich, das ist doch ganz klar.› Wir bringen Medizin- und Biologiestudenten bei, was über jene Teile des Gehirns bekannt ist, über deren Funktion man Klarheit gewonnen *hat.* Sie lehnen sich zurück und sind nicht sonderlich beeindruckt, als wollten sie sagen: ‹Natürlich – wie sollte das Gehirn wohl sonst funktionieren?› Sie machen sich nicht klar, daß man, bevor man herausgefunden hatte, daß sie so funktionieren, in einer Million Jahre nicht darauf gekommen wäre. So geht es häufig mit der Wissenschaft.» Obgleich es biologisch vernünftig sei, daß die Sehzellen auf Umrisse, Linien einer gewissen Raumorientierung und so fort reagierten, «ließ sich das niemand in seinen wildesten Vermutungen träumen».

In dem Maße wie Hubel, Weisel und ihre Mitarbeiter ihre sorgfältigen Forschungsarbeiten fortsetzen und dabei von

Zellen vierter und fünfter Ordnung immer weiter in das Sehzentrum des Gehirns vordringen, stoßen sie auf zunehmend komplexe Zellverbände. Hubel sagt: «Wir wissen nicht, was die nächsten fünf Schritte – oder zehn oder dreißig – bringen werden. Wir wissen tatsächlich nicht im entferntesten, was als nächstes kommt. Jede Vermutung, die man äußern kann, ist eben nur eine Vermutung. Niemand darf sich besondere Hoffnungen machen, daß seine Vermutungen zutreffen.»

Der ideale Gehirnforscher wäre nicht nur Physiologe, sondern auch Mathematiker. Forscher am Allgemeinen Krankenhaus und der Universität von Massachusetts haben jüngst berichtet, daß das Gehirn eingehende visuelle Stimuli in eine Fourier-Transformierte umwandeln, ein mathematisches Verfahren, das in der modernen Physik viel verwendet wird.* Wenn das Gehirn eine Fourier-Transformierte verwendet, muß es einen Zeitmechanismus im Gehirn geben. Die Forscher sagen: «Die Evidenz läßt darauf schließen, daß unter Umständen ein erregbarer Zyklus im Alpha-Frequenzband diesen Mechanismus liefert.» Sie beziehen sich auf eine früher geäußerte Hypothese, nach der Alpha-Aktivität in den einzelnen Zellen vorhanden sein soll. Die Fourier-Transformierte müsse nicht von einem Alpha-Rhythmus abhängen, «der sich mit unseren groben Geraten aufzeichnen läßt». Die Aktivität könne zu schwach sein, um im EEG-Befund zu erscheinen. Trotzdem könnte diese Theorie – sofern sie bestätigt würde – erklären, warum der registrierbare Alpha-Rhythmus offensichtlich das Gedächtnis verbessert.

Gregory sagt: «Die Sinne geben uns kein unmittelbares Bild der Welt, sondern liefern uns Anhaltspunkte zur Überprü-

* Durch diese Methode – so heißt es – wandeln die komplexen Zellen die von den einfachen Zellen empfangene Information in die Grundmengen um, die für Mustererkennung und Gedächtnis erforderlich sind.

fung von Hypothesen, die die Dinge um uns herum betreffen. Tatsächlich können wir sagen, daß ein wahrgenommener Gegenstand eine Hypothese *ist*...»

Ein Forscher meint, der Sinneseindruck eines Geschmacks hänge von der mathematischen Struktur einer «komplexen holistischen Transformierten» ab. Ein anderer Forscher, Arnold Trehub, beschreibt das Gehirn als «parallelen kohärenten Detektor». Trehub sagt, daß seine Forschungsarbeit am Veterans Administration Hospital in Northampton, Massachusetts, die Prämisse bestätige, nach der das Gehirn beim Aufbau seines Weltbildes komplexe mathematische Operationen ausführe. Es stelle – so fährt Trehub fort – seine Berechnungen auf der Grundlage begrenzter Information an und sei «das wirksamste stochastische* Signalsortungssystem, das bekannt ist».

Forschungsarbeiten an der Loyola-Universität in Chicago bestätigen die beeindruckende Leistungsfähigkeit des Wahrnehmungssystems. Normalerweise paßt sich das Gehirn an, wenn wir ein Gitterwerk betrachten, das heißt, der Kontrast zwischen Stäben und Hintergrund verringert sich. Wenn jemand ein Gitter sieht, das seiner Sicht teilweise entzogen ist, findet die Anpassung nicht nur für die sichtbaren Teile statt, sondern auch für jenen Bereich des Gitters, der nicht zu sehen ist. Die Psychologin Naomi Weinstein sagt: «Dies könnte darauf hinweisen, daß es einen Neuromechanismus gibt, der die Information ‹auf der Rückseite von› übermittelt.»

Entsprechende Erscheinungen gibt es in unabsehbarer Zahl. Blickt man ein oder zwei Minuten auf eine sich bewegende Spirale und wendet dann den Blick ab, sieht man die umgekehrte Bewegung. Wenn die Spirale sich beispielsweise nach außen gedreht hat, sieht man jetzt, wie die Gegenstände schrumpfen. Eine Gruppe von Wissenschaftlern an der

* Von Wahrscheinlichkeitsaussagen ausgehend.

McGill-Universität entdeckte eine noch merkwürdigere Eigenschaft des Gehirns. Wenn Versuchspersonen fünfzehn Minuten lang eine Spirale in Bewegung angesehen hatten, sahen sie am nächsten Tag die *ruhende* Spirale ebenfalls in Bewegung. Diese Bewegung wurde nur wahrgenommen, wenn der ruhende Stimulus jenen Teil der Retina traf, der am Vortage durch die rotierende Spirale stimuliert worden war.
«Das Gehirn», sagt R. L. Gregory, «ist komplizierter und geheimnisvoller als ein ferner Stern.» Es gibt genügend Probleme, um Wissenschaftler, die sich der Erforschung des visuellen Systems verschrieben haben, bis in alle Unendlichkeit zu beschäftigen. Ein schönes Beispiel für die Anpassungsfähigkeit des Gehirns ist die Größenkonstanz. Gregory definiert dieses Phänomen als «die Tendenz des Wahrnehmungssystems, Veränderungen des Retina-Bildes durch Entfernungswahrnehmung zu kompensieren. Es ist ein bemerkenswerter und faszinierender Prozeß, dessen Funktionsweise wir unter bestimmten Bedingungen an uns selbst beobachten können».
Er beschreibt ein einfaches Beispiel: Man betrachte beide Hände – eine auf Armeslänge entfernt, die andere auf halber Strecke. «Sie werden ungefähr gleich groß erscheinen, obgleich das Bild der weiter entfernten Hand nur die Hälfte der linearen Größe der näher gehaltenen Hand besitzt. Wenn mit dieser die weiter entfernte Hand teilweise verdeckt wird, *wird* der Größenunterschied sehr deutlich.»
Die geometrischen Größenverhältnisse – die naturgetreue Perspektive – wird vom Gehirn nicht gesehen, obgleich Experimente in den dreißiger Jahren zeigten, daß bei besonders kritischen Menschen und bildenden Künstlern die Wahrscheinlichkeit, in naturgetreuer Perspektive zu sehen, größer als bei der Normalbevölkerung ist. Die Inkongruenz zwischen dem Bild des Gehirns und der tatsächlichen Perspektive wurde von Giotto und Leonardo da Vinci berücksichtigt. Gregory erinnert daran, daß Giotto den Kampanile in Flo-

renz mit leicht auseinanderstrebenden Türmen darstellte, um die «Unfähigkeit des Auges zur Perspektivenkorrektur» auszugleichen. Der Markusplatz, so sagt er, sei nicht wirklich rechtwinklig, sondern sei zum Dom hin verzerrt, so daß dieser rechtwinklig erscheine, wenn er über den Platz hinweg betrachtet werde. Der Partenon enthalte ähnliche Elemente zur Kompensierung unserer besonderen Sichtweise.

Fotografien wirkten oft enttäuschend, weil sie im Widerspruch zu unserer Größenkonstanz stehen. Ein hohes Gebäude scheint häufig weit in den Hintergrund zu rücken. Figuren wirken kleiner und entfernter, als wir sie tatsächlich sehen. Gregory meint, die meisten Künstler bedienten sich anstelle der geometrischen Perspektive von Fotografien einer modifizierten Perspektive.

Gelegentlich funktioniert das System unberechenbar. Dann ist sein Besitzer für kurze Zeit desorientiert. Schläfenlappenepilepsie kann dazu führen, daß die Gegenstände plötzlich in größerer räumlicher Nähe oder Ferne erscheinen. Aus unbekannten Gründen tritt dieses Phänomen auch bei Kindern auf, bei denen sich keine Funktionsstörung feststellen läßt. Blitzlicht kann die Größenkonstanz durcheinander bringen – das Geschehen rückt sprunghaft heran und schnellt fort wie in einem schlechten Experimentalfilm. Manche Menschen haben sogar gelernt, die Größe wahrgenommener Gegenstände nach Belieben zu verändern. Anfang des 19. Jahrhunderts veröffentlichte Harvey Carr, ein Psychologe am Pratt-Institut, seine Untersuchungen an Menschen, die die Entfernungsortung ihres Gesichtsfeldes willensmäßig kontrollierten. Sie konnten die Gegenstände näher heranrücken oder zurückweichen lassen. Ein 40jähriger Geschäftsmann, der sich von einer Typhuserkrankung erholte, hatte das Phänomen als erster bemerkt. An einem sonnigen Tag konnte er das gesamte Gesichtsfeld auf zwei Fuß an sein Gesicht heranbringen oder es bis zum Horizont zurückweichen lassen.

Eine andere Versuchsperson, ein 17jähriges Mädchen, hatte in periodischen Zeitabständen eine Tiefenverschiebung festgestellt. Während sie Freunden das Phänomen beschrieb, stellte sie fest, daß sie es in trübem, künstlichem Licht innerhalb von zwei Minuten willensmäßig induzieren konnte. Eine andere Versuchsperson berichtete Carr, daß ihre visuelle Verschiebung sich das erstemal nach «einem ernsten Nervenanfall» eingestellt habe. Helles Licht erleichterte die Verschiebung, und sie lernte, sie willensmäßig zu induzieren.

Ein universelles Verschiebungsphänomen ist von einer Gruppe zeitgenössischer Forscher beobachtet worden. Wenn jemand im *Begriff steht, einen Gegenstand anzusehen,* bewegt sich der Gegenstand im Gesichtsfeld 50 bis 100 Millisekunden bevor das Auge beginnt, sich dem Gegenstand zuzuwenden. Und zwar verschiebt er sich in die Richtung, die die Augenbewegung einen Augenblick später einschlagen wird.

Ein eidetisches Vorstellungsvermögen läßt sich wie die unwillkürliche Verschiebung häufiger bei Kindern als bei Erwachsenen beobachten. Der Terminus beschreibt jene Fähigkeit, die landläufig als fotografisches Gedächtnis bekannt ist. Doch eidetische Vorstellung ist mehr als Gedächtnis, der Eidetiker sieht in seinem Gesichtsfeld eine deutliche – farbige und häufig dreidimensionale – Repräsentation eines Objektes, das er Tage, Monate oder sogar Jahre zuvor gesehen hat. Er kann das Objekt beliebig lange vergegenwärtigen und es unter verschiedenen Blickwinkeln betrachten. Dabei handelt es sich nicht um ein Nachbild der Retina. Wenn es sich um eine Buchseite handelt, kann er sie lesen; wenn es – wie in einem Experiment – eine getigerte Katze ist, kann er die Streifen auf ihrem Schwanz zählen.

Die heute entwickelten Testmethoden haben ein für allemal bewiesen, daß es den eidetischen Vorstellungstypus wirklich gibt und daß er sich nicht einfach mit lebhafter Vorstellungskraft erklären läßt. Charles Stromeyer von den Bell-Telephone-Laboratorien hat eine Reihe von Eidetikern untersucht. In einem Test betrachtet die Versuchsperson mit einem Auge ein aus 10000 Punkten bestehendes Muster, das von einem Computer hergestellt worden ist. Dann sieht sie sich ein zweites ebenfalls aus 10000 Punkten bestehendes Bild an. Wenn sie ein eidetisches Vorstellungsbild des ersten Musters erzeugen und genau über das zweite legen kann, sieht sie einen Buchstaben oder eine Figur. Die stereoskopischen Ergebnisse lassen sich nicht fälschen, auch als Nachbilder lassen sie sich nicht erklären.

Einer der erstaunlichsten Eidetiker, der je gelebt hat, war ein junger Mann. Er ist nur als S bekannt und wird von dem Neurophysiologen A.R. Luria in *The Mind of a Mnemonist: A Little Book About a Vast Memory* beschrieben. S war auf erschütternde Weise unfähig zu vergessen. Als Erwachsener verbrachte er viel Zeit damit, Techniken auszuarbeiten, die ihm dabei helfen sollten, sein Gehirn von unnötigem Ballast zu befreien. Bei den meisten Menschen arbeitet das Gedächtnis selektiv. Es behält nur die in irgendeiner Weise relevanten Erinnerungen. Der bedauernswerte S wurde ständig von lebhaften Erinnerungen überflutet, die ihn nahezu lähmten. Verschlimmert wurde sein Problem durch ein Phänomen, das gelegentlich bei Kindern, Künstlern und in veränderten Bewußtseinszuständen zu beobachten ist – das Überlappen verschiedener Sinneserfahrungen. Diese Synästhesie verlieh den Erinnerungen von S zusätzliche Intensität: Bestimmte Wörter beispielsweise riefen jedesmal, wenn er sie hörte, eine Farb- oder Tastempfindung wach. Diese lebhafte Sinneserfahrung verankerte die Wörter oder Namen noch tiefer im Gedächtnis.

Wenn S einen Ton von 50 Hertz und einer Lautstärke von 100 Dezibel hörte, sah er einen braunen Streifen vor einem dunklen Hintergrund. Der Streifen hatte «rote, zungenähnliche Ränder». Gleichzeitig verspürte er einen Geschmack wie

von süß-saurem Borschtsch. Ein Ton anderer Höhe und Lautstärke ließ in seiner Vorstellung das Bild eines weißen Streifens mit einem rötlichorangefarbenen Zentrum erstehen. Zunehmende Lautstärke verwandelte das Vorstellungsbild in eine Samtschnur, aus der überall Fäden heraushingen.
S berichtete, wenn er Töne höre, könne er sich des Anblicks von Farben, Linien, Flecken oder Klecksen nicht erwehren. Wenn er mit anderen Menschen zusammen sei, sei er in die Farbe ihrer Stimme so vertieft, daß er unter Umständen nicht höre, was gesagt werde. Einmal fragte ihn einer der Hirnforscher gedankenlos, ob er Schwierigkeiten gehabt habe, zu einem bestimmten Ort zurückzufinden. S sagte: «Aber hören Sie! Wie sollte ich ihn vergessen? Schließlich gibt es da diesen Zaun. Er schmeckt so salzig und fühlt sich so rauh an; außerdem hat er einen scharfen, durchdringenden Ton...»*
Ist Synästhesie anormal oder übernormal? Hat sie irgendeine merkwürdige Bedeutung? Nach Auskunft seiner Biographen nahm Jean Sibelius Töne als Farben wahr. Musiker mit absolutem Gehör haben gelegentlich berichtet, die verschiedenen Tonarten hätten charakteristische Farben.
Raynor Johnson berichtet von der Häufigkeit der Synästhe-

* S war auch in bemerkenswerter Weise fähig, innere Prozesse zu steuern. Er konnte die Temperatur seiner rechten Hand um zwei Grad anheben, während er die seiner linken Hand um anderthalb Grad senkte – und zwar dadurch, daß er sich die Veränderung vorstellte. Wenn er im Behandlungsstuhl eines Zahnarztes saß, kontrollierte er den Schmerz, indem er sich vorstellte, der Schmerz sei ein Faden, den er abschneiden könne. Er konnte sich auch vorstellen, jemand anders säße im Stuhl, während er selbst woanders sei. Er berichtet von mehreren außerkörperlichen Erlebnissen. Dadurch daß er sich verschiedene Lichtverhältnisse vorstellte, konnte er seine Pupillengröße kontrollieren. Er erzählte den skeptischen Forschern, manchmal könne er durch die Kraft seiner Vorstellung heilen und «Dinge geschehen lassen»; wenn er sich sehr deutlich vorstellte, daß ihm ein Verkäufer zu viel Wechselgeld herausgäbe, tue der Verkäufer es tatsächlich.

sie in mystischen Erlebnissen. «Wenn das Gehirn ein Organ ist, dessen Aufgabe Reduktion ist, ist es nicht überraschend, daß Empfindungen, die auf physischer Ebene anscheinend unabhängig voneinander sind, auf höheren Ebenen des Geistes ihre Verwandtschaft offenbaren. Auf einem noch höheren Vorstellungsniveau würde sich zweifellos jene Einheit zeigen, die sich auf den unteren Ebenen zur Vielfalt der Sinne zerschlägt.» Er zitiert einen solchen Bericht: «Ich schien nicht in mir selbst zu weilen, obgleich ich immer noch ganz normal die Blumenrabatte ansah. Alles strahlte tausendfach. Alles war transparent. Doch das Erstaunliche war, daß ich die Farben nicht nur sah, ich hörte sie auch! Jede Farbe war ein unbeschreiblich erlesener Ton, wobei alles zusammen eine Musik von einer Harmonie ergab, die Instrumenten unerreichbar ist. Ich weiß nicht, wie lange diese Illumination andauerte, vielleicht nicht mehr als eine oder zwei Sekunden, doch als ich sozusagen auf die Erde zurückkehrte, wußte ich, daß ich in der Wirklichkeit gewesen war.»

E. R. Jaensch von der Universität Marburg, der sich sein Leben lang mit der Erforschung visueller Phänomene beschäftigt hat, war der Auffassung, eidetische Vorstellung und Synästhesie seien natürliche menschliche Fähigkeiten, die den meisten nur im Laufe der Erziehung abgewöhnt worden seien. Seine Mitarbeiter und er fanden eidetisches Vorstellungsvermögen bei 80% bis 90% jener Kinder, die eine besondere Schule in Deutschland besuchten, wo gesteigerter Wert auf Sinneserfahrungen gelegt wird. Nach Jaenschs Auffassung kann sich das Vorstellungsvermögen generell dort erhalten, wo es in der Umwelt keine antagonistischen Prozesse gibt. Die meisten Menschen könnten also diese Fähigkeit bewahren, wenn sie nicht einem sterilen, passiven Erziehungsprozeß unterworfen würden. Bereits in den dreißiger Jahren hat Jaensch die Auffassung vertreten, daß die damals vorliegenden Forschungsergebnisse über die Wahrnehmungsstruktu-

ren «zeigen, daß die menschliche Natur weit bildsamer ist, als selbst die größten Optimisten zuzugeben bereit sind».
Eidetische Vorstellung und Synästhesie werden bei außergewöhnlich schöpferischen Erwachsenen häufiger als in der Normalbevölkerung angetroffen. Jaensch meint, wenn man die passive durch eine aktive Erziehung ersetze, müsse das Kräfte freisetzen, «eine Befreiung, das Erwachen zu größerer Aktivität» bewirken.
Ein Seemann, der auf See Grünes nur selten zu Gesicht bekam, hat beschrieben, daß er, wenn er nach langer Abwesenheit an Land zurückkehre, die Farbe gewöhnlich als leuchtend und aufregend empfinde. Er könne nicht genug von ihr bekommen. Nach einem oder zwei Tagen lasse die Wirkung jedoch nach. Wir alle haben ähnliche Fälle aufgefrischter Wahrnehmung erlebt. Nach langer Abwesenheit wird Vertrautes als schöner, unerfreulicher oder in irgendeiner anderen Weise intensiver erlebt, als die Alltagserfahrung es registrierte. Wir werden in gewisser Weise unempfindlich gegen unsere Umgebung. Eine Erscheinung, die zu besserer Anpassung beiträgt – oder zu schlechterer –, wenn wir die Welt ansehen, ohne sie zur Kenntnis zu nehmen. Erwin Schrödinger sprach von der «Gefahr, daß die Gewohnheit unser Erstaunen abstumpft».
Wenn die Sinne einerseits unter Überangepaßtheit und Erschöpfung leiden, so scheint dieser psychische Prozeß andererseits umkehrbar zu sein. Vielleicht ist es, wie Blake gesagt hat, und wir müssen die Türen unserer Wahrnehmung öffnen, damit wir die unverfälschte, sinnliche Welt der Kinder, Künstler und Mystiker erfahren können. Bei hypnotischen Versuchspersonen lassen sich die einzelnen Sinneswahrnehmungen selektiv auf übernormales Niveau heben. Sinneserfahrungstechniken wie diejenigen, die Charlotte Selver verwendet, scheinen zu einer langfristigen Senkung der Wahrnehmungsschwelle zu führen. Intensive Farbwahrnehmung

bleibt gelegentlich nach Meditation, Träumen und psychedelischen Zuständen erhalten. Negative Ionisierung hat eine ähnliche Wirkung.

In *An Experiment in Mindfulness* berichtet E.H. Shattuck, ein Admiral im Ruhestand, von einem Vorfall, der sich einige Monate, nachdem er ernsthaft zu meditieren begonnen hatte, ereignete: «...Ich hatte mein Weinglas gerade auf einen Fleck Sonnenlicht gestellt, das auf den Tisch fiel. Das Empfinden, das diesen Vorgang begleitete, war so bemerkenswert und so bestürzend in seiner Schönheit, daß es mir frisch im Gedächtnis geblieben ist. Es füllte mich ganz aus und überwältigte all meine Sinne. Es war der atemberaubende Augenblick einer mich ganz gefangennehmenden Ekstase. Ein Augenblick schrecklicher Aufregung und tiefer Befriedigung. Die Farbe, die mein Wesen durchdrang, war eine Lebenskraft. Mein Herz war erfüllt von Dankbarkeit, und gleichzeitig hatte ich schreckliche Angst, daß das Empfinden mich verlassen könnte.»

Beredt spricht er von der bedeutenden Rolle des Menschen in der Wahrnehmung und meint, daß man Sinnesgenuß aus dem Kunstwerk ziehen müsse, das der eigene Geist schaffe. «Eine Rose ist nur deshalb eine Rose, weil der Mensch sie als solche sieht; ohne ihn wäre sie nur ein Muster aus Energiewirbeln.»

Raynor Johnson gibt zu, daß die visuellen Prozesse noch nicht verstanden werden, und sagt: «Aber wir *sehen*... Dome und Primeln, Kunstwerke und Stahlbauten – welch eine Welt hat der Geist konstruiert aus den elektrischen Stürmen in einigen wenigen Kubikzentimetern grauer Materie, die er interpretiert hat!»

Das visuelle System hat eine ungeheure Fähigkeit, Daten in Gedächtnis umzuwandeln. Forscher der Bell-Telephone-Laboratorien und der New Yorker Universität haben festgestellt, daß Versuchspersonen zwischen 75 und 125 Buchstaben pro Sekunde wahrnehmen können. Eine andere Untersuchung läßt darauf schließen, daß nicht nur die visuelle Wahrnehmung rasch vonstatten geht, sondern daß auch die Fähigkeit, das Gesehene zu erinnern, nahezu unbegrenzt ist. Einer Gruppe von Versuchspersonen wurden 2560 Dias in Abständen von zehn Sekunden gezeigt. Eine Stunde nach der Vorführung des letzten Dias wurden jeder Versuchsperson 280 Bildpaare gezeigt. Ein Bild aus jedem Paar gehörte zu der Serie, die die Versuchsperson gesehen hatte. Das andere Bild war ähnlich, ohne gezeigt worden zu sein. In 85% bis 95% der Fälle trafen die Versuchspersonen die richtige Wahl. Wer die Bilder zwei Tage lang gesehen hatte, schnitt ebensogut ab wie Versuchspersonen, die sie vier Tage lang gesehen hatten. In einer Version des Experiments wurden den Versuchspersonen Spiegelbilder der Originale gezeigt. Aber auch das tat der hohen Erfolgsquote keinen Abbruch.

Die Forscher stellten fest, daß die Fixierung des Bildes eine Viertelsekunde in Anspruch zu nehmen scheint. Wenn ein anderes Bild nach einem Zeitraum von weniger als einer Viertelsekunde dargeboten wird, wird das erste Bild gelöscht. Die Versuchspersonen sagen, sie «hätten keine Zeit gehabt», das Bild zu sehen. Die gleiche Fixierungszeit gilt fast universell fürs Lesen. Der langsame Leser fixiert seine Augen eine Viertelsekunde lang auf jedes Wort. Im selben Sekundenbruchteil fixiert der rasche Leser ganze Wortblöcke.

Augenbewegungen sind für die Wahrnehmung von wesentlicher Bedeutung. Das erinnert an jene Experimente, in denen ein Miniaturbildwerfer an der Augenoberfläche befestigt wurde, so daß sich sein Bild mit der Netzhaut bewegte. Das Bild verschwand nach kurzer Zeit. Gregory sagt, eine Funktion der ständigen Augenbewegungen bestehe darin, «das Bild über die Rezeptoren zu verteilen, um sie daran zu hindern, sich anzupassen und zu weigern, dem Gehirn die Gegenwart des Bildes im Auge zu signalisieren».

Doch gibt es eine merkwürdige Ausnahme von diesem Phänomen des sich ausblendenden Bildes. Wenn wir ein Stück weißes Papier anstarren, dessen Bereiche im Zentrum alle die gleiche Helligkeit aufweisen, erhält das Auge fortwährend identische Stimuli, selbst wenn es sich bewegt. Trotzdem verschwindet der mittlere Bereich des Papiers nicht. Offensichtlich extrapoliert das Gehirn – das Ränder und Umrisse sieht –, daß sich zwischen den Grenzen irgend etwas befinden muß. Diese Annahme wird durch Berichte bestätigt, denen zufolge das Gehirn eine erstaunliche Fähigkeit besitzt, auf der Grundlage von Teildaten richtige Vermutungen anzustellen.
Solche Schätzungen spielen eine lebenswichtige Rolle beim normalen Hören. Geräusche, die ausgelassen worden sind, jedoch in den Zusammenhang gehören, werden vom Gehirn gehört. Wenn einer erwachsenen Versuchsperson ein Wort wieder und wieder dargeboten wird, beginnt sie Veränderungen zu hören. «Tisch» wird nach einer Weile vielleicht zu «Wisch» und dann zu «Tusch» und schließlich zu einer so fernliegenden Lautkette wie «Dutt». Interessanterweise hören Kleinkinder und sehr alte Leute keine Verzerrungen des Stimuluswortes. Diese Phänomene sind offensichtlich normal und gehören zur Tendenz des Gehirns, Sinn in unvollständige Daten zu bringen.
Es gibt sogar Forschungsergebnisse, die das Cocktailparty-Phänomen erklären: Die geheimnisvolle Fähigkeit des Gehirns, in einem Durcheinander lauter Stimmen zu verstehen, was eine einzige Stimme sagt. Wissenschaftler an der Universität von Wisconsin berichten, daß das Gehirn offensichtlich laute Geräusche von passender Spektralzusammensetzung umformt, so daß sie fehlende oder undeutliche Laute ersetzen. Das sogenannte auditive Induktionsphänomen ermöglicht es allem Anschein nach, subtile Stimuli in einer lauten Umwelt wahrzunehmen. Es hebt die Wirkung der Maskierung auf.

Diese Suche nach Bedeutung zeigt sich in den amüsanten Fehlern, die alle Kinder begehen, wenn sie unbekannte Ausdrücke oder Wendungen hören – beispielsweise, wenn das Wort des Herrn revidiert wird zu: «Give us this day our jelly bread.»* Eine ähnlich logische, wenn auch absurde Fehlwahrnehmung war die Überzeugung des Schülers, daß sein Biologielehrer der Klasse gesagt hatte, sie sollten Darwins *Oranges and Peaches* lesen.** Und das Spiel «Stille Post» beruht ganz und gar auf der Tendenz des Menschen, Bedeutung in unvollständig vernommene Sätze hineinzulesen. Eine Botschaft wird flüsternd von Spieler zu Spieler weitergegeben, wobei sie auf diesem Weg so entstellt wird, daß die endgültige Fassung kaum noch Ähnlichkeit mit dem Original aufweist.

Visuelle Gags sind das Gegenstück zu Wortspielen. Auch optische Täuschungen werden zumindest teilweise durch die Vergleiche und Erwartungen des Gehirns verursacht. R. L. Gregory merkt an, daß sich kulturelle Unterschiede auf die Empfänglichkeit für optische Täuschungen auswirken.

Säuglinge und Kleinkinder schließen schon zu einem bemerkenswert frühen Zeitpunkt von bekannten Gegebenheiten auf neue Daten. Gegenstände aus der impressionistischen Malerei sowie hochstilisierte Tierzeichnungen und Figurinen werden richtig erkannt. Schon sehr kleine Kinder sind – ganz unabhangig davon, wie fein die Parameter des Hundebegriffs in ihrem Gehirn sein mögen – überraschend gut in der Lage, einen Chihuahua, einen Bernhardiner und einen Pudel der richtigen Kategorie zuzuweisen.

Die verblüffende Formbarkeit der Sinne unterstreicht, daß der Mensch – wie Theodosius Dobzhansky, Nobelpreisträger für Biologie, sagt – kein Zustand, sondern ein Prozeß ist.

* «Unser Geleebrot gib uns heute» statt «Give us this day our *daily* bread».
** Orangen und Pfirsiche statt *Origin of Species* (Entstehung der Arten).

Ratten, die bei Geburt geblendet worden sind, entwickeln einen abnorm großen Hörbereich im Gehirn. Affen und Katzen, deren visuellen Rindenabschnitt man entfernt hat, können im Laufe der Zeit eine relativ normale Sehfähigkeit entwickeln. Hingegen haben sie Schwierigkeiten zu begreifen, was sie sehen. Auch Tiere, die während einer entscheidenden Entwicklungsphase keinem strukturierten Licht ausgesetzt werden, werden verhaltensblind. Die visuellen Verknüpfungen verkümmern, wenn sie nicht während bestimmter Phasen besonderer Empfänglichkeit stimuliert werden.

Wenn ein Mensch als Erwachsener durch grauen Star erblindet, wird er eine relativ normale Sehfähigkeit wiedererlangen, sobald der Star operativ behoben ist, selbst wenn zehn oder zwanzig Jahre vergangen sein sollten. Doch Menschen mit angeborener Blindheit, die die Sehfähigkeit erst nach Jahren erlangen, sind häufig unfähig, Gesichter oder Gegenstände wiederzuerkennen, ohne sie zu berühren. Möglicherweise sind sie fähig, einzelne Buchstaben zu unterscheiden, besonders wenn sie ihre Formen als Blinde durch den Tastsinn gelernt haben, doch sie lernen selten, ein ganzes Wort zu erkennen. Sie müssen es Buchstabe für Buchstabe lauten.

Manche Schäden, die durch Mißbrauch oder Mangel verursacht werden, sind offensichtlich reversibel, andere dagegen nicht. Das ist von Mensch zu Mensch verschieden. Austin Riesen von der Universität von Kalifornien in Riverside hat sich als einer der ersten Forscher mit den Auswirkungen früher Deprivation beschäftigt. Er berichtet von einem Kätzchen, dem in der entscheidenden Phase strukturiertes Licht vorenthalten wurde. Man nahm an, es sei aufgrund irreversibler Zellatrophie verhaltensblind geworden. Nachdem einer der Forscher es als Haustier mit nach Hause genommen hatte, entwickelte es eine Sehschärfe, die größer als bei der durchschnittlichen Laborkatze ohne Deprivation war.

«Wenn ich es nicht selbst gesehen hätte», sagt Riesen, «hätte ich es nicht geglaubt.»

Selbst Innenohrschädigung, das heißt nervale Taubheit, muß nicht unbedingt Hören ausschließen. Radioelektronische Hörhilfen übermitteln Töne direkt an das Gehirn. Die niedrigfrequenten Radiowellen stimulieren offensichtlich inaktive Nervenzellen. Tests an der School of Medicine der Universität von Südkalifornien haben gezeigt, daß 36 von 78 Versuchspersonen deutliche Fortschritte beim Hören erzielten – im Durchschnitt eine Verbesserung von 18% gegenüber ihrer normal gemessenen Fähigkeit, Sprache zu verstehen. Die Verbesserung hielt drei bis fünf Monate an.
Der Apparat, den die Forscher von der Universität von Südkalifornien verwendeten, wurde von der Intelectron Corporation in New York hergestellt. Ein kleinerer, besser tragbarer Apparat – das Neurophon – ist patentiert worden. Sein Erfinder, Patrick Flanagan aus Glendale in Kalifornien, sagt, daß es «komplexe modulierte Funksignale mittels kleiner isolierter Elektroden in den Körper sendet. Menschen mit Innenohrschädigung, an denen wir das Gerät getestet haben, brauchen ein Training von sechs bis acht Wochen, bevor sie dank des neuen sensorischen Stimulus zu hören beginnen».
Inzwischen behaupten die Chinesen, daß sie Kinder mit Innenohrschäden so erfolgreich mit Akupunktur behandelt haben, daß sie jetzt ohne mechanische Hilfsmittel irgendwelcher Art hören könnten. Frank Z. Warren von der Universität New York berichtet, eine Patientin, die an einem Innenohrschaden gelitten habe, behaupte, ihr sei durch die Behandlung eines Akupunkturkundigen aus der Nachbarschaft geholfen worden. Tests an der Universität New York hätten bestätigt, daß sich ihre Hörfähigkeit nach den Behandlungen erheblich verbessert habe.
Einige Menschen reagieren auf Licht mit einer Gehörempfin-

dung. Lange bevor sich die Forschung für diese Form von Synästhesie interessierte, gab es Berichte von Menschen, die Feuerbälle und Nordlicht hörten. Da das Geräusch mit dem Auftreten und der Flugbahn der Feuerbälle auch dann zusammenfiel, wenn der Beobachter sich in einiger Entfernung befand, ist es unwahrscheinlich, daß es durch akustische Energie verursacht wurde. Denn diese bewegt sich nur langsam vorwärts.

Der Ton des Feuerballs wird unterschiedlich beschrieben – als Zischen, Blubbern, Schwirren, als weiches Sch-sch oder gelegentlich als Brummen. Die Geräusche, die den Berichten nach mit Nordlicht assoziiert sind, sind ähnlich.

Gewöhnlich müssen Mikrowellen von einem Empfänger umgewandelt werden, bevor sie für das menschliche Ohr vernehmbar sind. Der Forscher Allen Frey hat festgestellt, daß pulsierende Mikrowellen bei manchen Versuchspersonen (darunter auch solchen, die klinisch taub sind) eine Gehörempfindung auslösen. Die Quelle des Geräusches – das ein Brummen, Klicken, Zischen, Klopfen sein kann – scheint unabhängig von der Kopfhaltung der Versuchsperson hinter dem Kopf zu liegen. Wenn sich die Versuchspersonen die Ohren verstopfen, so vernehmen sie die Mikrowellen nur *noch deutlicher*! (Wahrscheinlich eine relative Erscheinung, weil die Versuchspersonen durch Hintergrundgeräusche weniger abgelenkt werden.) Frey stellte fest, daß die Gehörempfindungen andauerten, auch wenn er Teile des Schädels abdeckte, solange der Schläfenbereich frei blieb. Wenn er die Schläfen abdeckte, war für seine Versuchspersonen kein Geräusch mehr vernehmbar.

Frey legt dar, daß die auditiven und visuellen Systeme traditionell unterschieden werden, weil sie auf unterschiedliche Energietypen reagieren – den akustischen und den elektromagnetischen. Er fährt jedoch fort, das auditive System des Menschen könne nachweislich auf elektromagnetische Ener-

gie reagieren, zumindest in einem Teilbereich des Radiofrequenzspektrums. Das menschliche Gehirn sei nur um eine Größenordnung weniger empfindlich als ein Kofferradio.
Eines der merkwürdigsten Beispiele für solche Empfänglichkeit ist die Hausfrau aus Santa Barbara in Kalifornien, die die freie, von Stromleitungen und verschiedenen Haushaltsgeräten herrührende elektromagnetische Energie im Haus offensichtlich als Schmerz und Lärm erlebte. Der Fall wurde eingehend von Clarence Wieske, einem Elektroingenieur, untersucht, der darüber in *Biomedical Science Instrumentation*, einer technischen Zeitschrift, berichtete. Auch *Newsweek* brachte einen Artikel über den Bericht, auf den hin Wieske, wie er später berichtete, eine Flut von Briefen aus dem ganzen Land bekam. Sie stammten von Menschen, die von einer ähnlichen Empfindlichkeit geplagt wurden.
Durch einen unbekannten Prozeß wurden elektrische Felder offensichtlich so umgewandelt, daß sie für die Frau aus Santa Barbara hörbar wurden, obgleich sie, soweit bekannt, nicht in Schallwellen verwandelt wurden. Die Stromleitungen im Haus, selbst die Elektrizität, die durch die Wasserleitung übertragen wurde, schufen einen unerträglichen Geräuschpegel. Ohne Wissen der Frau schlossen die Forscher hundert Meter vom Haus entfernt einen Generator an die Wasserleitung und erdeten ihn. Sie behauptete steif und fest, einen Hund bellen zu hören. Als das Energiefeld in hörbare Schallwellen umgewandelt wurde, hörte sich die Tonbandaufzeichnung tatsächlich wie das laute «Wuff» eines Hundes an.
Da sie auch behauptete, «außerordentlich schrille Morsezeichen» zu hören, verschaffte Wieske sich einen Langwellenempfänger, wie er auf See verwendet wird, und stellte fest, daß sie offensichtlich Radiowellen von niederfrequenten Langwellensendern hörte. Einmal brachte ein elektrischer Sturm während der Untersuchungsmonate das Stromnetz im

größten Teil Santa Barbaras zum Zusammenbruch. Die Frau hatte auf dem Sofa gelegen und geruht, als plötzlich alles still wurde. Sie hörte fast nichts mehr von dem Lärm, mit dem sie Tag und Nacht gelebt hatte. Bis zu dem Zeitpunkt, da sie sah, daß die elektrischen Uhren stehengeblieben waren, hatte sie von dem Stromausfall nichts gewußt.
Die Stromgesellschaft und Wieske schirmten alle elektrischen Felder im Haus mit geerdeten Metallblenden ab, was ihr eine Zeitlang half. Nach zwei Jahren jedoch war durch den Zuzug in der Nachbarschaft der Geräuschpegel des Stromnetzes wieder ins Unerträgliche gestiegen. Sie bekam Zoster; und zwar befiel die Krankheit die Nervenenden auf der linken Kopfseite – jener Seite, auf der sie den Lärm auch am heftigsten empfand. Mehr als einmal sagte sie, daß sie, wenn der Lärm nicht gewesen wäre, niemals die Ursache des physischen Schmerzes und Unbehagens entdeckt hätte, die schlimmer seien als der Lärm. Als sie einmal eine Ohrinfektion bekam und zeitweilig das normale Gehör ganz verlor, verminderte sich das Geräusch nicht. Sie lebt heute in einem relativ isolierten Haus und hat Wieske versichert, daß der Geräuschpegel erträglich sei.
Wieske merkt an, daß er häufig in Gesprächen mit Krankenpflegern psychiatrischer Anstalten gehört habe, daß sich die Patienten dort ständig über schreckliche Geräusche beklagten, die für die Mitarbeiter nicht zu vernehmen seien. Es helfe den Patienten nicht, wenn sie sich die Ohren mit Watte verstopften, doch seien manche Räume dem Anschein nach ruhiger für sie als andere.

Zahlreiche Laboratorien arbeiten an Methoden, durch die Blinde in die Lage versetzt werden sollen, mittels elektronischer Reizung der visuellen Regionen des Gehirns zu sehen. Bis jetzt sind nur Lichtblitze gesehen worden, doch vielleicht lassen sich eines Tages auch Muster programmieren.

Man weiß seit einiger Zeit, daß Lichtmuster selbst in der Dunkelheit induziert werden können. Dazu wird das Gehirn elektrisch stimuliert, oder es wird ein Stabmagnet, der ungefähr im Alpha-Rhythmus (10 Hertz) pulsiert, an die Schläfen gesetzt. Diese Muster – allgemein als entoptische Erscheinungen bekannt – können auf bestimmte Frequenzen eingestellt werden. Chemikalien wie LSD und Meskalin verändern und intensivieren sie.

Die geometrischen Formen magnetischer und elektrischer entoptischer Erscheinungen ähneln sich. Mit der Frequenzänderung des elektrischen Stimulus verändert sich auch, was gesehen wird. Wie die halluzinierten Muster, von denen sensorisch isolierte Versuchspersonen berichtet haben, werden auch die entoptischen Erscheinungen gewöhnlich als Strahlen, Gitterwerk und Wirbel beschrieben. Das Muster, das sich bei einem bestimmten Menschen auf einer bestimmten Bandbreite gezeigt hat, kann Monate später abermals auf dieser Bandbreite induziert werden. Es läßt sich einstellen.

Aus der Beobachtung, daß Chemikalien die einfachen, durch Elektrizität induzierten Muster mit komplexen Szenarien überlagern können, schließen Münchner Forscher, daß an den elektrisch hervorgerufenen entoptischen Erscheinungen wahrscheinlich eine kleinere Gehirnregion beteiligt ist als an psychedelischen Visionen. Sie sagen: «Wenn dies zutrifft, so darf man das Erscheinen lebender oder künstlicher Objekte nicht nur als Ergebnis chemischer Reizung erwarten, sondern auch bei Meditation, Fasten oder sensorischer Deprivation, wo auf größere Teile des Gehirns, z.B. des Schläfenlappens, eingewirkt wird.»

Als in ihrer Studie der Versuchsperson das Präparat Psilocybin verabreicht wurde und zu wirken begann, wurden elektrisch induzierte ornamentale entoptische Erscheinungen ersetzt durch «tausende von blauen Spargelspitzen», «eine japanische Landschaft», «dunkle blaue Glocken und den Anblick

einer Moskau ähnelnden Stadt mit vielen Zwiebeltürmen», «eine Bananendecke mit kleinen Fenstern».
Die Elektrizität nährte diese Visionen. Häufig verschwanden sie, wenn der Strom abgeschaltet wurde. In einigen Experimenten berichtete die Versuchsperson, daß die Farben einer psychedelischen Vision an Intensität gewannen, wenn der Strom hochgeschaltet wurde.

Ein anderes Phänomen, die dermo-optische Wahrnehmung (DOW), bietet Blinden eine gewisse Hoffnung. Das erstemal wurde die extra-okulare Sehfähigkeit mittels der Haut 1785 in der wissenschaftlichen Literatur behandelt. 1924 erschien das Buch *Vision Extra-Retienne* von Jules Romains. In den sechziger Jahren beschäftigten sich Forscher in den Vereinigten Staaten und der UdSSR eingehend mit der merkwürdigen Fähigkeit mancher Menschen, Farbe, Licht und gelegentlich auch Muster durch die Haut zu bestimmen.
Nachdem Dutzende von russischen Wissenschaftlern höchsten Ranges bestätigt hatten, daß Rosa Kuleschowa, eine der Versuchspersonen, diese Fähigkeit tatsächlich besaß, machten sich die Forscher auf die Suche nach weiteren Menschen, die ohne Augen «sehen» konnten. Man stieß auf eine ganze Reihe – zumeist Kinder und junge Menschen. Dann begannen die Forscher damit, Freiwillige darin zu trainieren, Farben mit ihren Fingerspitzen wahrzunehmen. Diese Arbeiten wurden zum Ausgangspunkt eines staatlichen Versuchs, die Wahrnehmung blinder Kinder zu entwickeln. Den Berichten zufolge konnte *allen blinden Kindern*, deren visueller Rindenabschnitt intakt war, ein gewisses Maß an *Fingerspitzensehen* beigebracht werden. Der Sehnerv scheint für diese Form der Wahrnehmung nicht notwendig zu sein, doch Schädigungen des Sehzentrums im Gehirn schließen sie aus.
Es gibt verschiedene Theorien zum Fingerspitzensehen. P.G. Sniakin, einer der russischen Vesuchsleiter, meint, daß ein

Teil der magnetischen Energie auf die chemischen Substanzen in der Haut einwirke und so Molekularveränderungen hervorrufe, die von empfindlichen Menschen entdeckt würden. Allen Frey schlug eine einfachere Hypothese vor. Danach wirkt die Energie unmittelbar auf freie Nervenenden ein und modifiziert sie in einer für das Gehirn wahrnehmbaren Weise. Frey sagt, daß es offensichtlich sogar möglich sei, Neuronen – auch solche tief im Gehirn – zu beeinflussen, ohne daß Sehnerven beteiligt sein müßten. Die Sicht ohne Hilfe der Augen wird normalerweise nicht als normales Sehen, sondern als Tast- oder Lichtempfindung erlebt. Selbst wenn die Haut zehn oder zwanzig Zentimeter vom Teststimulus entfernt ist, spürt die trainierte Versuchsperson jene Empfindungen, die sie gewöhnlich als Klebrigkeit, Rauhheit, Glätte, Kälte, Hitze beschreibt. Es sind die Charakteristika verschiedener Farben. Diese Reaktion kann sich bei manchen Menschen zu echten Sehempfindungen verfeinern. Nach einer gewissen Zeit beginnen sie, differenzierte Farbschattierungen und Bilddetails zu beschreiben. Sie können sogar mittels des neuen Sinnes Gedrucktes lesen.

Die meisten Versuchspersonen «sehen» deutlicher in hellem Licht als in dämmrigem, doch zwei oder drei Russen – darunter auch Kuleschowa – sollen es auch in völliger Dunkelheit vermocht haben. Rotes Licht scheint Versuchspersonen dabei zu helfen, rote Farbe an einem Objekt zu entdecken, gelbes Licht intensiviert die Gelbempfindung. Die Russen vermuten, daß Blinde sich besser in einer Umwelt zurechtfinden würden, in der bestimmte Schlüsselstellen wie Türgriffe und Bedienungsknöpfe des Backofens eine bestimmte Farbe erhalten und durch Licht gleicher Farbe angestrahlt werden.

Die wissenschaftliche Literatur zur Dermo-Optik findet sich größtenteils in *Bibliographies on Parapsychology (Psycho-energetics and Related Subjects)*, einer Veröffentlichung der Handelskammer der USA vom März 1972.* Die Bibliographie wurde von russischen Wissenschaftlern vorbereitet und enthält technische Hinweise in großer Zahl. Einfacher dargestellt werden diese Forschungsarbeiten in dem Buch *Psychic Discoveries Behind the Iron Curtain* von Ostrander und Schroeder.

Mit Hilfe welchen Sinnes lernt das Gehirn, das autonome Nervensystem zu kontrollieren? Lichter und Laute des Biofeedbacks müssen mit einer anderen Wahrnehmungsart verknüpft werden. Die Versuchsperson muß einen inneren Zustand erkennen, um ihn abermals hervorrufen zu können. Beispielsweise kann man eine Hirnwelle nicht hören, sehen, schmecken oder ertasten; sie läßt sich auch nicht in der üblichen kinästhetischen Weise fühlen. Welcher Sinne bedient sich eine Ratte, wenn sie lernt, das Tempo zu kontrollieren, in dem ihre Nieren Urin ausscheiden? Was ist das für ein Prozeß, mit dessen Hilfe Menschen, Tiere, Vögel und Insekten magnetische Felder entdecken?

In *The Human Brain* weist John Pfeiffer darauf hin, daß das Gehirn ständig den Zuckerspiegel im Blut mißt und die Hormon- und Enzymaktivität prüft. «Nachrichten über die Situation im Körper stammen von eingebauten Sinnesorganen, die Empfindungen wie Muskelspannung, Hunger, Durst, Übelkeit melden. Die Anzahl der Sinne ist nicht genau bekannt. Gewiß ist sie größer als fünf, wahrscheinlich liegt sie etwa bei zwanzig.» Zu einigen der Sinne ohne Namen gehören Hirnaktivitäten, die jeder Beobachtung so weit entzogen sind, daß sich kaum irgendwelche Theorien zu ihnen aufstellen lassen.

Bevor sich die Wissenschaft in jüngerer Zeit voller Enthusiasmus Bereichen wie Biofeedback, veränderten Bewußt-

* JPRS 55557, National Technical Information Service, Springfield, Virginia 22151, 3 Dollar.

seinszuständen und Psi-Phänomenen zuwandte, galten die fünf herkömmlichen Sinne offiziell als das Gesamtrepertoire des Menschen – und selbst sie schienen recht begrenzt zu sein. Viele Psychologen taten Anomalien wie eidetische Vorstellung als Schwindel ab. Konservative Wissenschaftler vermuteten, daß Schizophrene nur *scheinbar* abnorm empfindlich für Licht und laute Geräusche seien.

«The times, they are a-changing», singt Bob Dylan. Immer mehr Wissenschaftler haben in Selbstversuchen mit Hilfe von psychedelischen Drogen oder meditativen Zuständen Veränderungen ihrer sensorischen Wahrnehmung erfahren. Da irgendwelche unkonventionellen Erkenntnisweisen eine Rolle bei der Kontrolle autonomer Funktionen spielen müssen, hat auch die Biofeedback-Revolution das Interesse an dieser Frage geschürt.

Nachdem die Psi-Phänomene hundert Jahre lang in die Randgebiete respektabler Wissenschaft abgedrängt worden sind, ist ihr Druck so groß geworden, daß sie die Betonmauer der Konvention durchbrochen haben und jetzt alles überfluten. Ihre Evidenz läßt sich heute nicht mehr leugnen. Der Physiker Raynor Johnson hat 1953 gesagt, Psi müsse als eine Tatsache betrachtet werden, «die durch ebenso gewichtige Beobachtungen und Experimente bewiesen sei wie die Grundtatsachen anderer Wissenschaften».

Johnson meinte damals, der durchschnittliche Wissenschaftler begegne den Experimentaldaten der Psi-Forschung entweder mit Gleichgültigkeit oder offener Feindseligkeit – Haltungen, die er auf die irrationale Tendenz zurückführte, alles beiseitezuschieben, was fremdartig sei. «Wenn es uns gelingt, dieser Tendenz unseres Geistes auch nur einen Augenblick zu widerstehen», sagt er, «können wir ganz deutlich erkennen, daß es keinen Grund gibt, anzunehmen, daß unsere (herkömmlichen) Sinne die Länge und Breite allen Daseins offenbaren sollten.» Genauso wenig gibt es irgendeinen

Grund dafür, daß die Natur an dem Punkt Halt machen sollte, wo unsere fünf traditionellen Sinne aufhören, sie zu registrieren.

Als Carlos Castaneda, der Autor von *Eine andere Wirklichkeit. Neue Gespräche mit Don Juan* und *Reise nach Ixtlan*, am California Institute of Technology erschien, um über seine jüngsten Gespräche mit Don Juan zu sprechen, erschienen so viele naturwissenschaftlichen Studenten, daß der Vortrag im Freien stattfinden mußte.

Castaneda sprach von der Ungreifbarkeit der Stimuli, die auf unsere Wahrnehmungen einwirken. Unsere Deutung dieser Stimuli – so sagte er – könnte eine große Bandbreite gewinnen, wenn wir die Fesseln unserer kulturellen Anpassung zerbrechen würden. Vieles von dem, was wir hörten und sähen, sei ein Zugeständnis an unser europäisches Erbe, beruhe auf unseren wechselseitigen Erfahrungen. Castaneda behauptet, Don Juan und seine «Gefährten im Wissen» hätten gelernt, eine andere Wirklichkeit wahrzunehmen.

Die Studenten am California Institute of Technology und ihre Komilitonen an anderen Hochschulen in der ganzen Welt werden sich vielleicht als die erste Generation von Naturwissenschaftlern erweisen, die in ihrer Gesamtheit und in großem Maßstabe über die Grenzen des materiell-sinnlichen Wirklichkeitsmodells hinausdringen werden. Die Ironie will es, daß die Avantgarde der Naturwissenschaftler in ihrer Einstellung zu übersinnlichen Phänomenen viel radikaler ist als traditionelle Psychologen. Vor allem Physiker sind unter jenen Wissenschaftlern überrepräsentiert, die sich mit den wilden Erscheinungen des menschlichen Bewußtseins befassen. Vielleicht ist der Grund dafür darin zu sehen – wie Johnson vor zwanzig Jahren zu bedenken gab –, daß sich der kritische Wissenschaftler in einem Zustand der Verwirrung befindet. Manchmal sieht er die heile menschliche Welt aus Farbe, Geschmack und Laut als rein subjektives Erlebnis – eine bloße

Welt der Erscheinung –, weil er weiß, daß sie nur aus Protonen und Elektronen geschlußfolgert wird. Aber wo sind dann die objektiven Bausteine der Wirklichkeit?

So bietet sich uns das Bild des gestandenen Physikers, der sich in die Meditationszustände des Joga versetzt, um diese ganze merkwürdige Angelegenheit intuitiv in den Griff zu bekommen. Sogar Einstein hat einmal gesagt, die erste Ankündigung der Relativitätstheorie sei eine unaussprechliche Körperempfindung gewesen, kein Gedanke. Er habe die Theorie gefühlt, bevor er sie intellektuell verstanden habe.

In der Astronomie war es gelegentlich so, daß ein Himmelskörper praktisch unsichtbar war, bevor ein einziger Beobachter sein Vorhandensein entdeckt hat und seine Kollegen darauf aufmerksam gemacht hat, die ihn dann mit zunehmender Deutlichkeit gesehen haben. Vielleicht wartet eine Unzahl unbekannter Sinne nur darauf, von unserem Bewußtsein entdeckt zu werden. Vielleicht sind wir wie die blind geborenen Menschen, deren Sehfähigkeit wieder hergestellt worden ist, die aber verhaltensblind sind und sich auf ihren Tastsinn verlassen, statt die fremdartigen Daten ihres neuen Sinnes zu verwenden.

Nachdem Raynor Johnson von einem physikalischen Standpunkt aus die Belege erörtert hat, die dafür sprechen, daß es eine Vielfalt von Sinnen gibt, sagt er: «Wenn solche paranormalen Phänomene wie Telepathie, Hellsehen und Präkognition bewiesen werden, darf man ohne Übertreibung sagen, daß sich damit das menschliche Universum über alle bekannten Grenzen hinaus ausgedehnt hat und daß der Mensch selbst ein Stern erster Größe geworden ist.»

Die Anatomie der Kreativität

«Zu jedem schöpferischen Akt... gehört eine neue Unschuld der Wahrnehmung, die frei ist von der Flut anerkannter Überzeugungen.»
ARTHUR KOESTLER (The Sleepwalkers)

Auf einem Symposium von Erziehungswissenschaftlern stellte einer der Hauptredner fest, daß es wohl nicht zweckmäßig wäre, die Kreativität in jedem Menschen zu entwickeln. Wer wäre dann noch bereit, die untergeordneten Tätigkeiten in unserer Gesellschaft zu übernehmen? Der Sprecher selbst bewies Mangel an Einbildungskraft, denn wenn jeder in der Gesellschaft wirklich kreativ wäre, könnte der größte Teil aller Plackerei abgeschafft werden. Nehmen wir das klassische Beispiel für untergeordnete Tätigkeit, die Müllabfuhr. Die Erfindung des Müllschluckers befreite Millionen von Haushalten von der Notwendigkeit, Eierschalen und Kaffeefilter zu horten. Die Müllabfuhr hat ungezählte Arbeitsstunden eingespart. In jüngster Zeit hat sich eine neue kreative Technologie in Form von Müllpressen für den einzelnen Haushalt durchgesetzt. Die Japaner haben ein Verfahren erfunden, mit dessen Hilfe sich Müll in versiegelte, geruchslose Blöcke verwandeln läßt. In Deutschland haben einfallsreiche Stadtväter die Kriegstrümmer aufgehäuft und so künstliche Berge geschaffen.

Zu häufig stellen wir uns Kreativität als befriedigenden Luxus vor – wir denken etwa an Malen, Komponieren oder

Blumenstecken. Tatsächlich nimmt Kreativität einen zentralen Platz in unserem Leben ein. Ihr verdanken wir das Auto und von ihr erwarten wir auch, daß sie einen Weg findet, um unsere autoverseuchten Städte zu reinigen. Kreativität ist der Ursprung von Transportwesen, Plakatwerbung, Penizillin, Wasserbetten, Hula-Hoop, Atombombe und Sixtinischer Kapelle.

Ohne phantasievolle Wissenschaftler hätte es keine Gehirnrevolution gegeben. Die meisten der dramatischen Entdekkungen ergaben sich aus kühnen Vermutungen, nicht aus unumgänglicher, gewissenhafter Datensammlung. Die Wissenschaft selbst ist – wie Thomas Kuhn, der Wissenschaftshistoriker, dargelegt hat – ein äußerst revolutionäres Unterfangen.

Wie die Ergebnisse einer Persönlichkeitsstudie zeigen, ähneln kreative Wissenschaftler eher Künstlern als anderen Wissenschaftlern. Technik, Instrumentarium und harte Arbeit sind notwendige Vorbedingungen der provokativen Idee – nicht aber ihr eigentlicher Ursprung. Nur bahnbrechende Wissenschaftler sind in der Lage, die dummen Fragen zu stellen: Was wäre, wenn sich das autonome Nervensystem willensmäßig kontrollieren ließe? Was wäre, wenn man Lernen von einem Organismus auf den anderen übertragen könnte? Was geschieht, wenn man die Säuglinge retardierter Mütter intensiver Anregung und Ausbildung unterzieht? Ist es möglich, daß Babys von Geburt an um die Gefährlichkeit großer Höhen wissen? Die Antworten sind manchmal widersinniger als die Fragen.

Der kreative Wissenschaftler ist offen für Zufälle und Anomalien, für die unerwarteten, unerklärlichen Ergebnisse in der eigenen Arbeit oder der eines Kollegen. Während der weniger phantasievolle Wissenschaftler eher dazu neigt, ein Phänomen beiseite zu lassen, das nicht zu den bekannten Fakten paßt, läßt der bahnbrechende Forscher häufig fallen, womit er gerade beschäftigt ist, um das Paradoxe zu versuchen. Ein Beispiel ist die zufällige Entdeckung der Lustzentren des Gehirns durch James Old. Eine Ratte verhielt sich im Experiment, als ob es ihr nicht nur nichts ausmache, einen Schock zu erhalten, sondern als genieße sie ihn sogar. Ständig kehrte sie an den Ort zurück, an dem sie den Schock erhalten hatte. Stutzig geworden, untersuchten Olds und sein Team das Gehirn der Ratte und stellten fest, daß eine der implantierten Elektroden ihr Ziel verfehlt hatte. Daraufhin begannen sie die merkwürdigen Wirkungen zu untersuchen, die elektrische Reizung der Lustzentren hervorruft.

«Es gibt Forscher, die stets bedeutende Dinge zu entdecken scheinen», sagt Froelich Rainey, Direktor des Museums der Universität in Pennsylvania, «und es gibt andere, denen das nicht gelingt.» Er vermutet, daß sich manche von einem bestimmten Problem gefangen nehmen lassen, und ihre Arbeit stereotype Züge annimmt, während flexiblere Kollegen zu immer originelleren Entdeckungen vorstoßen. Einen Teil der Schuld gibt er «der Zwangsjacke der akademischen Ausbildung», der unwandelbaren Überzeugung, daß bestimmte Dinge wahr sein müssen und andere nicht wahr sein können. Er erinnert sich, daß ein Freund, der Biologe ist, bei einem Aufenthalt in der Arktis die Vermutung äußerte, bestimmte Bodensenken könnten Grundrisse von Häusern sein. Rainey und ein anderer Kollege, beide ausgebildete Archäologen und mit der Arktis vertraut, machten sich lustig über diese Vermutung. Sie hielten die Senkungen für Frosteinbrüche, doch dem Biologen gelang es schließlich, sie dazu zu überreden, sich die Sache doch etwas genauer anzusehen, mit dem Ergebnis, daß sie wichtige Ruinen fanden. Rainey fährt fort: «Es sind immer außergewöhnliche einzelne, die aus irgendeinem Grunde die Erhöhungen sehen und nicht die Senken oder die Senken und nicht die Erhöhungen... Ihnen gelingen, so glaube ich, die Durchbrüche.»

So selten sich Psychologen auch einig sind, eine Frage gibt es, in der sie allgemeine Übereinstimmung erzielen: der nach den Merkmalen des kreativen Denkers.

Der kreative Mensch ist spielerisch. Er hängt wilden Ideen nach und spürt kein Bedürfnis, sie sogleich einem strengen Urteil zu unterwerfen. Er ist eine Ein-Mann-Brainstorming-Sitzung. Unablässig stellt er Fragen und gibt sich nicht mit braven Antworten zufrieden. Er hat denkbar wenig Respekt für «feststehende Tatsachen». Sieht er sich zwei Möglichkeiten gegenüber, von denen ihm keine ganz befriedigend erscheint, wird er vielleicht eine dritte ersinnen. Selbst wenn er Maler, Dichter oder Komponist ist, ist seine Arbeit für ihn nicht Erfindung, sondern Entdeckung. Ohne Unterschiede zu machen, bezieht er sein Material aus zufälligen Beobachtungen und ihm fremden Gebieten. Als Eklektiker ist er ständig mit Synthese und Integration beschäftigt. Seine Sinneswahrnehmung ist ungewöhnlich scharf. Viel Zeit verbringt er mit Träumerei und hat eine gewisse Neigung zu mystischem Gedankengut. Häufig hat er – so sagt er – seine Ideen im Traum oder in müßigen Tagträumen. Überraschungen und Herausforderungen liebt er.

Angesichts der außerordentlichen Wertschätzung, die Kreativität erfährt, könnte ein Fremder von einem anderen Stern auf den Gedanken verfallen, es handle sich um eine wahrhaft seltene Eigenschaft. Und doch sind fast alle Merkmale der kreativen Intelligenz im Kleinkind anzutreffen! Das Kind erforscht seine Umwelt, prägt Wörter, schafft Satzsynthesen. Es genießt Überraschungen und bewältigt Herausforderungen. Es träumt in den Tag hinein, macht Entdeckungen und stellt Fragen ohne Ende. Seine Wahrnehmungen sind frisch und fraglos originell.

Frank Barron, Psychologieprofessor an der Universität von Kalifornien in Santa Cruz, hat sich seine ganze Laufbahn über mit der Untersuchung und Analyse der kreativen Persönlichkeit befaßt. Entschieden wendet er sich gegen jene Psychoanalytiker, die da meinen, Kreativität sei Regression in die Kindheit. Er sagt: «Primärprozeßhaftes Denken ist eine *Fähigkeit,* die bei manchen Menschen im Verlaufe ihrer Entwicklung vom Kind zum Erwachsenen geschwächt werden *kann.* Ich sage ausdrücklich *kann,* weil wir nicht wissen, ob das der Fall ist. Primärprozeßhafte Tätigkeit *kann* auch einfach verstummen... Kreative Kraft nimmt auf dem Weg vom Kindes- zum Erwachsenenalter etwa in der gleichen Weise zu wie die allgemeine Intelligenz. Kreative Menschen bewahren sich die Eigenschaft der Frische, Spontaneität und Freude, auch einen gewissen Mangel an vorsichtiger Realitätsüberprüfung – eine Offenheit für das Irrationale, wenn man so will. Insofern sind sie kindlich. Aber das ist nicht Regression, sondern mutige Progression. Sie bringen ihre Kindheit voran, statt sie hinter sich zu lassen.»

Plötzlich ist Kreativität ein begehrtes Ziel. Ironischerweise wird da eine Eigenschaft, die sich mit unseren herkömmlichen Erziehungsmethoden überhaupt nicht verträgt, zu einer sehr gefragten Sache bei Erwachsenen – und diejenigen, die das System überstehen, ohne Schaden an ihrer Kreativität zu nehmen, werden reich belohnt. Taucht das Zauberwort im Titel eines Buches auf, ist für seinen Markterfolg schon fast gesorgt: *Kreatives Sticken, Kreatives Kochen, Kreative Gartenpflege...* Die Wirtschaft finanziert Seminare für kreatives Management. Selbsterfahrungsgruppen bieten Techniken zur Entwicklung der visuellen Vorstellungskraft an. Erziehungswissenschaftler, die festgestellt haben, daß Intelligenz nicht unbedingt mit Vorstellungskraft gleichzusetzen ist, haben Kreativitätstests und Techniken zur Förderung dieser Persönlichkeitsdimension entwickelt.

Vielleicht versuchen wir da etwas auszubilden, was wir ursprünglich schon einmal besessen haben. Unser wunderbares, auf Mutmaßungen angewiesenes Gehirn ist dazu ersonnen, seine Entscheidungen auf der Grundlage partieller Informationen zu treffen. Unsere sensorischen Prozesse sind unglaublich sensibel. Wir haben die Fähigkeit, uns vorzustellen, unsere Hände seien heiß oder kalt, und die Vorstellung dann Wirklichkeit werden zu lassen. Das Gehirn besitzt die angeborene Fähigkeit umzuschalten, auf veränderte Bewußtseinszustände umzusteigen. Eine elektrische Sonde im Schläfenlappen kann die lebhafte Reproduktion eines vergangenen Ereignisses abrufen, so eindringlich wie im Gedächtnis eines Künstlers. Bei der Verarbeitung von visuellem Input entdeckt das Gehirn Anomalien, sucht es nach Struktur und vor allem nach Symmetrie.

George Leonard, der Autor von *Education and Ecstasy*, bringt seine Ehrfurcht vor den unberechenbaren Möglichkeiten der Neuroneninteraktion zum Ausdruck. «Ein aus solchen Neuronen zusammengesetztes Gehirn kann offensichtlich nie ‹voll› sein. Vielleicht kann es, je mehr es weiß, nur um so mehr erkennen und schaffen. Vielleicht können wir heute eine unglaubliche Hypothese aufstellen: *Möglicherweise ist die kreative Kapazität des Gehirns praktisch unendlich.*»

E. W. Sinnott vermutet, daß das Verständnis der Kreativität letztlich im Verständnis des Lebens selbst zu finden sein wird. Er glaubt, das Leben selbst sei der kreative Prozeß dank seiner «auffälligsten Eigenschaften, nämlich Organisation, Strukturbildung und Experiment».

Es ist sehr wahrscheinlich, daß die Kreativität im Menschen nicht entwickelt, sondern einfach freigesetzt werden muß. Selbst der konformistischste, vorsichtigste Erwachsene wird jede Nacht kreativ. Da ersinnt er Geschichten, denkt sich die handelnden Figuren aus und schreibt die Dialoge zu bizarren, höchst symbolischen Träumen. In einer Untersuchung zur Kreativität und Intelligenz jüngerer Schüler stellten M. A. Wallach und N. Kogan fest, daß Kinder, die in früheren Tests hohe Intelligenz und geringe Kreativität bewiesen hatten, zu kreativem Denken fähig waren, wenn es von ihnen verlangt wurde, wenn sie keine andere Möglichkeit hatten. Doch kehrten sie zur Konformität zurück, sobald ihnen der Test diese Alternative offenließ. Dazu sagen die Forscher: «In beiden Fällen duldet die Gruppe mit hoher Intelligenz und geringer Kreativität keine unwahrscheinlichen und unkonventionellen Hypothesen über die Welt. Diese besondere Gruppe scheint eine auffallende Scheu davor zu haben, sich sozusagen zu ‹blamieren›, etwas zu versuchen, was außer der Reihe ist, unkonventionell und deshalb möglicherweise ‹falsch›.»

Die Angst vor Fehlern scheint ein Haupthemmnis des kreativen Prozesses zu sein, und diese Phobie läßt sich auf früheste Einflüsse zurückführen. Der Wert, der auf Korrektheit gelegt wird, auf richtig und falsch, schwarz und weiß, wahr und nichtwahr, ist der Tod für Unabhängigkeit und Vorstellungskraft.

Wenn Kreativität eine Fertigkeit ist, die man erwerben kann, dann ist vielleicht eine Vermittlungstechnik erforderlich. Wenn sie hingegen eine angeborene Eigenschaft ist, die man gefesselt und mundtot gemacht hat, brauchen wir ihr nur Stimme und Freiheit zu geben.

Nach Auskunft der Leiter einer psychiatrischen Klinik lassen sich Phobien relativ einfach behandeln. Der Heilerfolg liege bei nahezu 100 Prozent. Angst vorm Fliegen, vor Tieren, vor sexuellem Kontakt – all das läßt sich überwinden, weil der Patient Verhaltensweisen erlernt, die intrinsisch, d.h. von sich aus, belohnend sind. Es ist angenehmer, das Fliegen oder den Sex zu genießen, als Angst vor ihnen zu haben. Dagegen fällt es uns schwer, eine befriedigende Gewohnheit aufzugeben. Die Chancen stehen schlecht für Patienten, die das Rauchen aufgeben oder falsche Eßgewohnheiten ablegen wollen.

Ein Verhalten, das ohne Kreativität ist, wird in der Erwachsenenwelt nicht belohnt. In der Kindheit verhält es sich jedoch oft genug genau umgekehrt. Kaum wird man ein Kind belohnen, wenn es aus eigener Kraft entdeckt, daß Glas, aus einer gewissen Höhe fallengelassen, zerbricht... oder daß Wasser und Schmutz, miteinander vermischt – Heureka! – Matsch ergeben. Sein ausführlicher Bericht über sein Innenleben mag ungelegen kommen. Wenn die Eltern nervös sind, fordern sie es auf, sich nicht so häufig zu unterbrechen, oder sie korrigieren es alle Naselang, oder sie tadeln es, weil es allzuviel Phantasie entwickelt.

Dann kommt der Einfluß der Schule. Die meisten der berühmten schöpferischen Menschen, die in der Studie von Victor und Mildred Goertzel vorkommen, haben ihre Begegnung mit dem öffentlichen Erziehungswesen in sehr schlechter Erinnerung behalten. Dagegen äußern nur ein Prozent der tausend Kinder in Termans bekannter Studie über Begabung Abneigung gegenüber der Schule. Die Goertzels weisen darauf hin, daß Termans Versuchspersonen von ihren Lehrern vorgeschlagen wurden. Jüngere Studien lassen darauf schließen, daß die meisten Lehrer Schüler mit hohem IQ und geringer Kreativität bevorzugen, handelt es sich doch bei dieser Personengruppe um gewissenhafte Schüler, die keinen Ärger machen. Als Erwachsene waren Termans Versuchspersonen zuverlässig und erfolgreich, doch gab es unter ihnen – wie er selbst anmerkt – eigentlich niemanden, der es in der Kunst zu herausragenden Leistungen brachte. Kein bedeutender Komponist, kein schöpferischer Künstler auf einem anderen Gebiet ging aus ihrem Kreis hervor.

Die Goertzels sagen: «Wenn ein potentieller Edison, Einstein, Picasso, Churchill oder Clements in jenen Tagen eine kalifornische Schule besucht hätte, wäre er sicherlich nicht in die Stanford-Begabungsstudie aufgenommen worden.» Denn all die obengenannten großen Männer waren eine rechte Plage für ihre Lehrer.

In seiner Autobiographie erinnert sich Einstein, wie erleichtert er war, als er seine Schulzeit beendete: «Es grenzt tatsächlich ans Wunderbare, daß die modernen Unterrichtsmethoden die heilige Neugier des Forschens noch nicht völlig erdrückt haben, denn dieses zarte Pflänzchen braucht – von Anregung abgesehen – seine Freiheit am dringendsten; ohne sie wird es unvermeidlich welken und eingehen. Es ist ein äußerst schwerwiegender Fehler, zu meinen, daß die Lust am Sehen und Suchen durch Zwang und Pflichtbewußtsein vorangebracht werden könnte.»

Die besondere Beschaffenheit von Intelligenztests wird dem kreativen Denker gelegentlich nicht gerecht. Ein sehr aufgewecktes, kreatives Kind gibt oft technisch falsche Antworten aus sehr intelligenten Gründen. Manchmal hat es eine neue Dimension in die Frage eingebracht. Oder seine Definitionen zeigen mehr Differenziertheit, als der Test in Rechnung stellt.

«Wo kommen Ideen her?» mag sich so unreif anhören wie «Warum kann man den Wind nicht sehen?» oder «Wie hoch ist oben?». Doch hat die Forschung zu diesem Punkt nur Theorien anzubieten – keine Antworten. Die empirische Evidenz zeigt, daß unbewußte Prozesse wesentlich am Zustandekommen bahnbrechender Ideen beteiligt sind: an wissenschaftlichen Einsichten, Erfindungen, künstlerischer Eingebung. Da kreative Menschen gelernt haben, unterschwelliges Material heranzuziehen, berichten sie in der Regel, daß ihnen ihre besten Ideen spontan gekommen sind, zu einem Zeitpunkt, da sie sich gar nicht aktiv um die Lösung des Problems bemühten.

Henri Poincaré war eine der Ausnahmeerscheinungen, die nicht nur kreativ sind, sondern sich auch mit dem kreativen Prozeß selbst befassen. Poincaré hat beobachtet, daß seine eigenen wichtigen Einsichten aus unbewußter Arbeit stammten. Zwar ging der Phase unbewußter Aktivität stets harte bewußte Arbeit voraus, doch reichte die bewußte Arbeit nicht aus. Diese Intuition fehlt nach Poincarés Auffassung vielen intelligenten Mathematikern: «Sie lernen eine Einzelheit nach der anderen auswendig; sie besitzen mathematisches Verständnis und wenden es auch manchmal an, aber sie sind zu keiner schöpferischen Hervorbringung fähig. Andere werden schließlich in größerem oder geringerem Maße die besondere Intuition besitzen, von der die Rede ist. Und sie haben dann – auch wenn ihr Gedächtnis keineswegs außergewöhnlich ist – die Mathematik verstanden, sie haben sogar eine schöpferische Leistung vollbracht.»

Poincaré vergleicht das Bewußtsein mit einem Prüfer für Fortgeschrittene, der nur die Kandidaten befragt, die eine Vorprüfung bestanden haben. Diese Vorsortierung übernimmt das Unbewußte, wenn das Bewußtsein nur bereit ist, einen solchen Dienst anzunehmen. Da der Beitrag der Intuition so überzeugend dokumentiert ist, gehen viele Kreativitätstheorien davon aus, daß die unterschwellige Arbeit des Geistes der des Bewußtseins überlegen sei. Poincaré hat eine alternative Hypothese vorgeschlagen. Er meint, das Unbewußte führe ganz konkret alle Berechnungen durch und stelle alle Kombinationen zusammen, die bei der Suche nach einer Lösung mathematisch möglich seien. Da ihm alle Daten zur Verfügung stünden, die im Laufe des Lebens gesammelt worden seien – alles, was beobachtet, gehört oder in anderer Weise von den Sinnen verarbeitet worden sei –, liefere diese Rechenoperation eine Fülle möglicher Antworten. Poincaré meint weiter, daß nur die brauchbaren Antworten Zugang zum Bewußtsein erhielten. «Alle Kombinationen würden den automatischen Prozessen des unterschwelligen Selbst gehorchen, doch nur die interessanten würden in den Bereich des Bewußtseins eindringen. Und das ist noch sehr geheimnisvoll. Warum dürfen von den Tausenden von Hervorbringungen unserer unbewußten Aktivität einige die Schwelle überschreiten, während andere unten bleiben. Ist es ein bloßer Zufall, der für dieses Privileg sorgt?» Er glaubte das nicht, sondern meinte, privilegiert seien jene unbewußten Phänomene, die indirekt die emotionale Sensibilität ansprächen. *Die nützlichen Kombinationen sind genau die, die am schönsten sind,* sagt Poincaré und meint damit, daß sie am befriedigendsten für eine spezielle Sensibilität sind, im Falle des Mathematikers also für die Lust an Harmonie, Symmetrie und geometrischer Eleganz.

Poincaré hat seine Theorie über die Austauschprozesse des Gehirns im Jahre 1924 vorgetragen. Wenn die Sinneswahrnehmung tatsächlich auf so komplexen Berechnungen beruht, wie in einigen jüngeren Theorien angenommen, darf man mit Recht vermuten, daß das Gehirn unterhalb der Bewußtseinsschwelle ständig mit Problemlösung beschäftigt ist.

Es gibt ermutigende Hinweise dafür, daß die meisten Menschen diesen inneren Computer ganz in der Weise kreativer Persönlichkeiten nutzen könnten, wenn es ihnen gelänge, die Verbindungswege zwischen Unbewußtem und Bewußtem freizulegen. Wenn wir die kindlichen Merkmale des kreativen Erwachsenen betrachten, so wird deutlich, daß die Unterdrückung der Primärvorgänge weder notwendig noch unvermeidlich ist. Die spezielle Sensibilität, von der Poincaré schrieb, kann durchaus Menschen zur Verfügung stehen, die sich selbst für nichtkreativ halten. Wie anders wären unsere Reaktionen auf ein architektonisch gelungenes Gebäude, einen Song oder einen gut gemachten Film erklärlich.

Raynor Johnson meint, das «buddhische» oder geistige Selbst reagiere auf eine schöpferische Hervorbringung: «Kein Mensch, mag er noch so begabt und technisch versiert sein, kann sagen: ‹Ich setze mich jetzt hin und schreibe ein großes Gedicht, komponiere eine große Symphonie oder mache eine bedeutende Entdeckung.› Es gibt eine Ebene, die tiefer liegt als der Verstand. Von ihr steigen alle Eingebungen und schöpferischen Erkenntnisse auf... Wenn wir auf die Erhabenheit dieser Dinge reagieren, dann nicht, weil unser Verstand ihre Vorteile abgewogen und unserer Wertschätzung für würdig erachtet hätte, sondern weil unser eigenes *Buddhi* ihre uralte, für sich selbst sprechende Qualität sofort und intuitiv erkennt.»

Ein Verstand, der solcher Erkenntnis fähig ist, müßte ebenso spontan auf die vollkommenen Hervorbringungen seiner eigenen innersten Prozesse reagieren, wenn es ihm nur gelänge, die Verbindung zu ihnen wieder herzustellen. *The Imprisoned Splendour,* Johnsons brillante Abhandlung über mystische Erfahrung und Physik, bezieht seinen Titel aus einem Gedicht, in dem Robert Browning die Wahrheit schildert als reine, innere Anschauung, und Irrtum als das Ergebnis einer Suche nach äußerlichen Antworten. Der Mensch ist im «Netz der Körperlichkeit» gefangen.

«... und *erkennen*
heißt vielmehr, einen Weg eröffnen,
auf dem der gefangene Glanz (the imprisoned splendour)
hinausgelangen kann...»

Wie hält der schöpferische Mensch diesen Weg offen? Die nächstliegende Antwort lautet, daß er die Schranken durch veränderte Bewußtseinszustände aufhebt. Auch ohne Hercule Poirot wissen wir, daß es eine Beziehung zwischen Kreativität und ASC-Phänomenen gibt: spontane Vorstellungswelten, rasche Ideenverarbeitung, geschärfte Sinneswahrnehmung, Hochstimmung, die plötzliche Schlüssigkeit scheinbar unvereinbarer Daten.

Als allgegenwärtiger veränderter Zustand bietet der Schlaf den leichtesten Zugang zum Unbewußten. Elias Howe war bei der Entwicklung der Nähmaschine auf ein scheinbar unlösbares Problem gestoßen. Dann hatte er einen Traum, in dem ihm symbolische Speere den Gedanken nahelegten, das

Öhr am unteren Ende der Nadel statt oben anzubringen. Bei der Arbeit über die Struktur des Benzolmoleküls träumte August Kekulé von Schlangen, die sich in den Schwanz bissen. Das war die Eingebung zur Entdeckung der Benzolringe, einer Großtat in den Annalen der organischen Chemie. Luther Woodrum, ein IBM-Erfinder, berichtet, daß er häufig mathematische Träume hätte, die aus einer Reihe von Bildern bestünden. Viele seiner wertvollsten Ideen verdankt er Träumen. «1962 arbeitete ich an einem Programm... Ich hatte schon viel Zeit in das Projekt gesteckt, ohne jedoch recht herausfinden zu können, wie sich das Programm durch Umordnung der Anweisungen verändern ließ. Eines Abends legte ich mich, das Problem im Kopf, nach dem Essen zu einem kurzen Schlummer nieder. Ich begann von dem Programm zu träumen – wobei die mathematischen Probleme zu einer Gruppe von Bildern wurden. Zu meiner Überraschung ordneten sich die Anweisungen von alleine um.»

Nehmen wir an, solche oder ähnliche beziehungsreichen Träume würden – wie man nach Poincarés Theorie und dem Dafürhalten des gesunden Menschenverstandes annehmen müßte – jemandem zustoßen, der weniger ansprechbar ist. Würden sie nicht wahrscheinlich vergessen oder abgetan werden als Träume über Schlangen und Speere? Ein wesentliches Merkmal des schöpferischen Menschen ist seine Aufnahmebereitschaft.

Roget, der Autor des *Thesaurus*, versuchte einmal, Stickstoffoxydul einzuatmen. Er sagte: «Meine Vorstellungen lösten sich mit außerordentlicher Geschwindigkeit ab. Die Gedanken jagten wie ein Sturzbach durch meinen Verstand, als sei ihr Tempo plötzlich durch den Bruch eines Dammes *beschleunigt* worden, der vorher für ihren natürlichen und gleichmäßigen Verlauf gesorgt hatte.»

Im achtzehnten Jahrhundert hatte Sir Humphrey Davy mit

Stickstoffoxydul experimentiert. Er beschrieb die Hochstimmung, die dieser später als Lachgas bezeichnete Stoff bewirkte: «Ich lebte in einer Welt neu aufeinander bezogener und in neue Form gebrachter Ideen. Ich stellte Theorien auf und hatte die Vorstellung, Entdeckungen zu machen. Als mich Dr. Kingslake aus dieser halbdeliriösen Trance weckte, indem er mir den Bausch vom Mund nahm, rief ich aus... ‹Nichts gibt es als Gedanken!›».

Davy war ein äußerst vielseitiger Mann, nicht nur einer der bedeutendsten Chemiker seiner Zeit, sondern auch ein begabter Dichter. Er bediente sich des Gases, um seine poetische Eingebungskraft anzuregen, und erprobte es auch an Coleridge, Southey und anderen seiner literarischen Freunden.

Der Rückgriff auf drogeninduzierte ASCs durch Künstler und Möchtegernkünstler ist nichts Neues, doch sind solche Zustände kein Allheilmittel. Der Pharmakologe Erwin DiCyan sagt: «Es hat sich der unglückselige Mythos herausgebildet, daß psychedelische Agenzien, die – wie bekannt ist – Kreativität verstärken können, aus einer sterilen, gefühlsarmen und seichten Persönlichkeit einen Dichter machen könnten. Das trifft nicht zu. Geeignete Stimulation mag zwar ein Kunstwerk hervorbringen, doch nur wenn es einen inneren Reichtum gibt, der es nährt.» DiCyan meint, daß Kreativität nicht mechanisches Durchmustern von Ideen sei, sondern grundsätzlich «die besondere Weise, in der ein neugieriger Verstand die Fülle des Materials verwandelt, das er zusammengetragen, wiedergefunden und künstlerisch überhöht hat».

Das Gehirn kann prinzipiell nur die Information verarbeiten und verwandeln, die ihm zur Verfügung steht. Wenn es zu einer schöpferischen Hervorbringung kommen soll, muß es in der Werkstatt einen Vorrat an reicher, vielfältiger Erfahrung, an sehr unterschiedlichen Sinnesdaten geben. Leider wird der Bedarf an Rohmaterial und handwerklichen Fähigkeiten häufig übersehen. Viele Erziehungswissenschaftler möchten in der Meinung, daß man sich entweder für das eine oder das andere entscheiden müsse, anstelle des kognitiven (intellektuellen) Lernens dem affektiven (emotionalen) Lernen den Vorzug geben. Ein Kinderarzt und ein Psychiater, die die gleiche Auffassung vertreten, empfahlen den Lesern von *McCalls*, sich bei ihren Kindern keine Sorgen um die kritischen Lernphasen (deren Vorhandensein ihnen ohnehin strittig erscheint) zu machen. «Die Betonung der kognitiven Entwicklung läßt viele anderen Talente außer acht – die des Tischlers zum Beispiel und des Dichters.»

Nun haben aber kreative Denker immer wieder warnend darauf hingewiesen, daß sich ästhetische Sensibilität nicht in einem intellektuellen Vakuum ausbilden kann. Der Dichter braucht Wörter und der Tischler Zahlen. Strawinsky hat die Vorstellung, die Kunst sei ein gesonderter Bereich, als Ketzerei verdammt. Er sagte: «In der Kunst wie auf jedem anderen Gebiet kann man nur auf einem festen, haltbaren Fundament aufbauen... So besteht meine Freiheit darin, mich in den engen Grenzen zu bewegen, die ich mir für jedes meiner Vorhaben setze.»

Die Auffassung, Kreativität sei keine Tätigkeit des Intellekts, läßt die dynamische, einheitliche und geschlossene Beschaffenheit des Gehirns außer acht. Emotion und Intellekt, Freiheit und Disziplin, Vernunft und Eingebung, Genauigkeit und Flüchtigkeit, Primär- und Sekundärvorgänge, Chaos und Ordnung – all diese scheinbaren Gegensätze können im menschlichen Gehirn in schöpferischer Harmonie zusammenleben.

In der Untersuchung von Wallach und Kogan über Kreativität und intellektuelle Entwicklung bei Kindern wurden die Versuchspersonen in vier Gruppen unterteilt. Eine Gruppe war von hoher Intelligenz, aber geringer Kreativität. Eine andere von hoher Kreativität, aber geringer Intelligenz. Eine

dritte Gruppe erreichte in beiden Dimensionen hohe, die vierte Gruppe in beiden niedrige Werte. Die Kinder, die über hohe Intelligenz und hohe Kreativität verfügten, zeigten die größte Aufmerksamkeitsspanne, die beste Konzentrationsfähigkeit und das meiste Interesse. Auch waren sie impulsiver und schlugen neue Möglichkeiten vor, um die Langweile der Unterrichtsroutine zu unterbrechen. Die Untersuchungsleiter führen dazu aus: «Diese Kinder sind zu innerer Kontrolle wie innerer Freiheit fähig, zu erwachsenen wie kindlichen Verhaltensweisen.»
Wallach und Kogan werfen der Studie von Jacob Getzel und Philipp Jackson, in der eine Gruppe von Kindern mit hoher Kreativität und niedrigem IQ einer Gruppe von Kindern mit hohem IQ und geringer Kreativität gegenübergestellt wurde, schwerwiegende Mängel vor. «Wenn man zu Generalisierungen über die Natur von Kreativität und Intelligenz als eindeutig definierten Merkmalen gelangen will, kann man nicht die Kinder außer acht lassen, die in beiden Dimensionen hohe und in beiden Dimensionen niedrige Werte erzielen.» Viele Wissenschaftler, die Theorien über die Kreativität aufgestellt haben, führen die Getzel-Jackson-Studie als Beleg dafür an, daß die Vorstellungskraft der Intelligenz überlegen sei – ein weiterer witzloser Vergleich.
Frank Barron berichtet in seiner eingehenden Untersuchung an sechsundfünfzig Schriftstellern, daß sie sich durch ein hohes Maß an intellektuellem Vermögen auszeichneten und eine Vorliebe für intellektuelle und kognitive Fragen besaßen. Sie waren unabhängig, produktiv, artikuliert und ästhetisch außerordentlich ansprechbar.
Zu interessanten Ergebnissen führte der Vergleich mit einer Gruppe in Anstalten lebenden Schizophrenen. Fast genauso viele Künstler wie Psychotiker berichteten über merkwürdige Empfindungen (Ohrensummen, eigenartige Gerüche, unerklärliche Taubheit in Körperteilen). Beide Gruppen zeig-

ten eine Vorliebe für gelegentliches Alleinsein und bekannten, daß sie manchmal zu impulsiven Ausbrüchen neigten. Kogan und Wallach meinen: «Diese Ergebnisse lassen auf eine ungewöhnliche psychische Sachlage bei kreativen Künstlern schließen. Sie scheinen psychoseähnliche Erfahrungen und Tendenzen einer Matrix der Rationalität, sehr hoher begrifflicher Intelligenz, der Aufrichtigkeit und persönlicher Leistungsfähigkeit einverleiben zu können.»

Beobachtung – akute Sinneswahrnehmung – spielt eine wichtige Rolle in der kreativen Persönlichkeit. Eine Studie hat gezeigt, daß es eine ausgeprägte Beziehung zwischen der Wahrnehmungsschwelle bei Säuglingen und späterem Hang zu Phantasie gibt. Kinder, die sich im Alter von einigen Monaten als relativ unempfänglich für Sinneseindrücke erwiesen, neigten später dazu, ihr Spiel an konkreten Gegenständen auszurichten, während Kinder mit niedriger Wahrnehmungsschwelle eher von Phantasiespielzeug und Phantasiegefährten berichteten. Wenn dies auch darauf schließen läßt, daß für die Wahrnehmung ein genetischer Faktor verantwortlich ist, so können die Sinne doch auch durch Erfahrung geschärft und abgestumpft werden. Die Empfindlichkeit von Auge und Ohr kann durch formelles oder informelles Training gesteigert werden.

Kürzlich haben zwei Autoren unabhängig voneinander zwei auffallend ähnliche Angriffe auf das traditionelle Kreativitätsverständnis unternommen. Milton Knobler meint, Kinder zeichneten Strichmännchen und Lollibäume, weil niemand ihre Aufmerksamkeit auf wirkliche Bäume und Menschen lenke. «Hat Ihre Lehrerin Sie beispielsweise je aufgefordert, den großen Apfelbaum auf dem Schulhof zu zeichnen? Wohl kaum. Sie hat wahrscheinlich gesagt: ‹Zeichne einen Baum.› Und so haben Sie einen Baum nach einem ungefähren, allgemeinen Eindruck gezeichnet...» Knobler ist überzeugt, «daß dies nichts weniger als Vernachlässigung ist –

Vernachlässigung der entscheidenden Aufgabe, die Fähigkeit des Kindes zu entwickeln, sinnvoll mit seiner Umwelt zu interagieren und sie folglich auch sinnvoll zu deuten». Er wendet sich entschieden gegen die unter Erziehungswissenschaftlern äußerst beliebte Auffassung, daß sich das Kind möglichst unbeeinflußt entfalten müsse. «Dem liegt die Auffassung zugrunde, daß jedes Kind ganz von allein die Bewußtheit und Empfänglichkeit entwickelt, die es braucht, um sinnvoll mit seiner Umwelt interagieren zu können, daß ein ausgearbeiteter Lehrplan zur Entwicklung größerer Bewußtheit, dem Kind die Maßstäbe der Erwachsenenwelt aufzwinge, daß diese Maßstäbe die Kreativität des Kindes nicht zur Entfaltung kommen ließen.
Tatsächlich ist jedoch die typische ‹Kindermalerei› (der Lollibaum und seine Bekannten und Verwandten), die fast universell zu beobachten ist, das Ergebnis von Einschränkung durch Erwachsene. Weil wir Erwachsenen solchen Symbolen unbedingt sakrosankten Status verleihen wollen, rauben wir unseren Kindern die Möglichkeit, Umwelt zu beobachten und aufzunehmen.»
Knobler versichert seinen erziehungswissenschaftlichen Kollegen, daß «das Kind, welches Gelegenheit erhält, mit der Hand über die Rinde eines Baums zu fahren, seinen Aufbau zu untersuchen, sein Laub mit dem anderer Bäume zu vergleichen und dem Gesang des Windes zu lauschen, der durch seine Äste fährt, keinen Lolli zeichnen wird. Seinem lebhaften Geiste ist einfach zu klar bewußt, was ein Baum ist – oder sein könnte –, als daß ihn ein Lolli noch befriedigen könnte.»
Thomas Cottle vom MIT (Massachusetts Institute of Technology) wendet sich gegen Eltern und Lehrer, die den Umstand, daß die Bilder und Skulpturen eines Kindes Form und Realismus zu zeigen beginnen, als das Ende der Kreativität beklagen. «... der künstlerische Schöpfungsakt braucht Techniken, die die Kontrolle und Differenzierung des Ausdrucks

erlauben... Die ersten Zeichnungen im Kleinkindalter sind im wesentlichen ein Niederschlag von Impulsen. In der nächsten Phase kindlichen Zeichnens wird die Wiedergabe von Wirklichkeit und Detailgenauigkeit wichtig. Später kann es wieder zu einer Phase kommen, die der Ausdruck reiner Spontaneität zu sein scheint. Doch Kinder, die diese Phase durchlaufen, können im Unterschied zu ihrer Kindergartenzeit über die Bedeutung ihrer abstrakten Darstellungen sprechen...»

Einige Künstler haben unbeabsichtigt den Mythos verewigt, daß der Technik keine Bedeutung beizumessen sei. Der Dozent einer Musikhochschule beklagt sich darüber, daß viele hervorragende Pianisten den Nachwuchs in die Irre führten, indem sie erklärten, daß man sich nur «vorzustellen» brauche, wie die Musik zu klingen habe. «Sie haben vergessen, daß sie sich schon vor langer Zeit die Techniken angeeignet haben, dank derer sie heute spontan spielen können.» Die handwerkliche Fertigkeit, die ein Mensch für eine bestimmte Tätigkeit braucht, wird manchmal so sehr ein Teil von ihm, daß er sie nicht mehr bemerkt – als wäre sie eine zweite Haut.

Viele bewußtseinsverändernde Methoden sind auf ihre Fähigkeit zur Kreativitätssteigerung hin untersucht worden. Wirksam scheinen Techniken zur Schärfung der Sinneswahrnehmung zu sein. Man hat dieses Verfahren mit Zen verglichen. Die Psychosynthese verbindet visuelle Vorstellung mit einer meditativen Technik. Ihre Vertreter glauben, sie könne Intuition und Kreativität anregen. Sie versuchen, zu lehren, was «Fromm die vergessene Sprache der Bilder und Symbole genannt hat».

Auch Hypnose, Meditation und Gehirnwellentraining haben sich für die Förderung von Kreativität als wertvoll erwiesen. Praktisch alle phantasievollen Menschen – ob sie nun Künst-

ler, leitende Angestellte oder Industriedesigner sind – berichten, daß sie ihre besten Ideen fast immer in tranceähnlichen Verfassungen, beim Tagträumen, im hypnoiden Zustand haben. W.B.Yeats hat geschrieben: «Rhythmus hat – so schien mir immer – den Zweck, den Augenblick der Kontemplation zu verlängern, den Augenblick, da wir zugleich schlafen und wachen, der auch der Augenblick der Schöpfung ist und uns mit faszinierender Eintönigkeit einschläfert... Jener Zustand von vielleicht wahrhaftiger Trance, in der sich der Geist, vom Zwang des Willens befreit, in Symbolen entfaltet.» Diese Passage zitiert der Psychiater Wayne Barker, der glaubt, daß die scheinbar spontane – «anfallartige» – Ideenproduktion des Gehirns mit epileptischen «Anfällen» verwandt sei. Eine Reihe neurologischer Ereignisse fügen die Stücke zusammen. So mag der Rhythmus eine zentrale Bedeutung für den kreativen Prozeß haben.
Die Ergebnisse der jüngsten Gehirnforschung lassen mit großer Wahrscheinlichkeit vermuten, daß die veränderten Zustände mit ihrer überreichlichen Produktion von regelmäßigen Alphawellen Ausdruck einer beschleunigten, ununterbrochenen Datenverarbeitung sind. Es ist bereits erwogen worden, ob nicht der Alpha-Rhythmus möglicherweise als Zeitmesser für die im Gehirn stattfindende mathematische Umwandlung von Reizen in Sinnesdaten fungiert. Vielleicht wird die Psychologie dann auch einmal untersuchen, inwieweit sich Gehirnwellenfeedback und die verwandten veränderten Zustände für die Verarbeitung solcher Daten benutzen läßt. An der Menninger Foundation, wo Versuchspersonen lernen, ihre Produktion von Alpha- und Theta-Gehirnwellen zu steigern, weil man sich davon Aufschluß über ihre Funktion für den kreativen Prozeß verspricht, wird häufig von spontanen Vorstellungsbildern berichtet. Die an diesem Projekt arbeitenden Forscher äußern die Hoffnung, daß ein solches Training «möglicherweise die Kreativität von

Menschen steigern könne, deren Potential noch unentdeckt ist».

Spontane visuelle Phänomene, sogar ganze Bilder und Schauspiele werden von kreativen Künstlern und Menschen in traumähnlichen Zuständen berichtet. Hören wir, was E.H. Shattuck über eine Meditationsphase erzählt: «Plötzlich, ohne daß ich eine Veränderung bemerkte, schossen mir anstelle von in Sprache gefaßten Gedanken Bilder durch den Kopf... Ich ging eine staubige Straße entlang, als ein alter Mann zu mir kam, sich niederkniete und mir eine Schüssel Suppe darbot. Es war nur ein blitzartiger Augenblick, doch von verblüffender Lebhaftigkeit, und das seltsame Geschehen verwirrte mich zutiefst. Es war so konfus wie ein Traum, dabei wußte ich, daß ich wach war, und es war mir so überzeugend echt und wirklich erschienen.»

Vergleichen wir diesen Abschnitt mit einer Erinnerung von Thomas Wolfe: «Ich mochte beispielsweise auf der Terrasse eines Cafés sitzen ... und mich plötzlich an das eiserne Geländer erinnern, das den Plankenweg in Atlantic City begrenzt. Ich sah es augenblicklich vor mir, wie es war, das schwere Eisenrohr, seine rohe, verzinkte Oberfläche, die Art, wie es an den Verbindungsstellen zusammengefügt war. Das war alles so lebhaft und gegenwärtig, daß ich es unter meiner Hand spüren konnte und seine genauen Ausmaße fühlte, seine Größe, sein Gewicht und seine Form.»

Äußerst kreative Menschen befinden sich überwiegend in einem veränderten Zustand. Ihr Wachbewußtsein scheint ein Freihafen zu sein, der ständig für die reiche Ladung aus dem Unbewußten offensteht.

Sylvia Ashton-Warner hat einen prachtvollen Bericht über ihre Erfahrungen als Lehrerin der Maorikinder in Neuseeland geschrieben. Sie hat eine Unterweisungsform entwikkelt, die sie «organischen Unterricht» nennt und die den Kindern ermöglichen soll, eine «Brücke von der Innenwelt nach außen» zu schlagen. Sie ist mit Erich Fromm einer Meinung, der behauptet, daß Destruktivität fehlgeleitete Kreativität sei. «Doch all das kann über das kreative Ventil abgelassen werden», sagt sie. «Je gewalttätiger der Junge, desto mehr Kreativität erblicke ich an ihm... Ich gebe ihm Lehm in die Hand oder Kreide. Soll er eine Bombe erschaffen, wenn er möchte, oder mein Haus zeichnen, wie es in Flammen steht, aber die ganze Zeit über weitet sich das kreative Ventil und schrumpft das destruktive.»

Statt die Kinder mit Lesebüchern zu langweilen, die ihr schrecklich öde erschienen («Lisa wirft den Ball. Es ist ein lila Ball.»), ließ sie sie selbst bestimmen, an welchen Wörtern sie lesen lernen wollten. Zu einem solchen Wortschatz mochte etwa gehören: Papa, Mama, Geist, Bombe, Kuß, Brüder, Schlachter, Messer, Gefängnis, Liebe, Tanz, weinen, kämpfen, Hut, Bulldogge, berühren, Wildschweinchen. Aus solchen Wörtern machten die Kinder eigene Geschichten und erzählten sie einander.

Viele amerikanische Lehrer, die unterprivilegierte Kinder unterrichten, haben sich ähnlichen Methoden zugewandt, um Lesen und – gleichzeitig – kreatives Schreiben zu lehren. Die Kinder dürfen Geschichten auf Kassetten erzählen, die der Lehrer dann auf Matrize überträgt und für die ganze Klasse vervielfältigt. Manchmal werden die Geschichten auf einem Tageslichtprojektor gezeigt.

John La Monte, ein Lehrer aus Glendale in Kalifornien, ließ seine Fünftkläßler nacheinander «Sternbilder» anfertigen. Die Sterne waren Kreidemarkierungen auf der Tafel, die sie mit einer Papiertüte über dem Kopf anbrachten. Dann mußte jedes Kind, wie die Erfinder der Mythen in alter Zeit, entscheiden, womit das Sternbild nach seinem Eindruck Ähnlichkeit hatte, und eine Geschichte dazu erfinden. Es war die Halskette aus Diamanten, die eine böse Königin nach einer Wildkatze geworfen hatte, eine Krone, die ein Junge für seine sterbende Mutter gezeichnet hatte, eine Palette, die von einem erfolglosen Maler an den Nagel gehängt worden war, ein Papierdrachen, den zwei Jungen bei einer Rauferei verloren hatten.

Häufig haben die Befürworter von Kreativität in der Erziehung ausschließlich positive Gefühle in den Blick gerückt. Sylvia Ashton-Warner weist darauf hin, daß Janet und John, denen der Abc-Schütze in seiner Fibel begegnet, nicht nur zweidimensionale Repräsentanten der englischen Oberschicht sind, sondern auch nie irgendwelchen Kummer zu haben scheinen. Und zu den in den Vereinigten Staaten erscheinenden Lesebüchern sagt sie: «Hat das amerikanische Kind keine Ängste? Stürmt und regnet es nie in Amerika? Warum scheint in Fibeln immer die Sonne?»

Wallach und Kogan vermuten, daß Studien, die an Versuchspersonen mit großer Vorstellungskraft neurotische Tendenzen nachzuweisen scheinen, wohl eher zeigen, daß sich der kreative Mensch seiner Emotionen bewußter ist und ehrlicher über sie berichtet. In ihrer eigenen Studie berichteten die Kinder mit hoher Kreativität und Intelligenz häufiger von Angst angesichts der Testsituation als Klassenkameraden mit hohem IQ und wenig Kreativität. Die Autoren glauben, daß die in beiden Dimensionen hoch eingestuften Kinder aufgeschlossener für ihre verborgensten Gefühle waren oder weniger Hemmungen hatten, sie einzugestehen.

Anspannung gehört gewiß zum kreativen Prozeß, sollte aber mit einer lustvollen Hochstimmung, mit sexueller Erregung etwa, und nicht mit lähmender Angst verglichen werden. Man hat einmal gesagt, daß die gescheitesten Studenten wahrscheinlich am besten am Rande der Frustration arbeiten. Stanley Rosner und Lawrence Abt gehen in ihrer ausgezeichneten Anthologie *The Creative Experience* auch auf die emotionale Anspannung ein, über die die von ihnen interviewten hochbegabten Menschen berichteten: «Dieses Erregungsgefühl, das einige als sinnlich oder sogar sexuell bezeichnen, empfinden sowohl Künstler wie Wissenschaftler. Auch ein Gefühl der Dringlichkeit ist präsent, hervorgerufen durch die Angst, daß die Idee verlorengehen könnte, wenn die Arbeit an ihr nicht sofort aufgenommen werde... (Der Molekularchemiker Paul) Saltman faßt das treffend zusammen: ‹Diese Tage, an denen einfach alles stimmt und man neue Beziehungen sieht und jedes Experiment klappt – das ist wundervolles, wildes, wahres Leben.›»

Die für diese Anthologie interviewten Persönlichkeiten redeten häufig von der Wichtigkeit unbewußter Prozesse, die das Material ihrer Projekte in die richtige Ordnung brächten. Offenheit dafür sei von größter Bedeutung.

Wilder Penfield, der Neurochirurg, der die durch Reizung des Schläfenlappens hervorgerufenen Gedächtnisphänomene entdeckte, wurde von den Interviewern gefragt, ob irgendein einzelner für die Formulierung seiner Hypothesen über die Gehirnfunktionen eine besondere Rolle gespielt habe. «O ja», erwiderte Penfield, «Sir Charles Sherrington.» Sherrington bekam den Nobelpreis für seine Entdeckungen auf dem Gebiet der Neurologie. «Er war so frei von Vorurteilen wie kein anderer, den ich kennengelernt habe», sagte Penfield. «... Sherrington war so offen für alles, daß er von uns allen, die unter ihm arbeiteten, Beiträge erwartete. Ständig stellte er uns Fragen und hoffte, daß wir ihm weiterhelfen könnten.» Bis zu seinem Tode im Alter von vierundneunzig Jahren blieb Sherrington regsam und begeisterungsfähig für neue Ideen.

Er gehörte wohl zu jener Sorte von Menschen, von denen W. Grey schrieb: «Bei den wenigen Persönlichkeiten von außergewöhnlicher Leistungsfähigkeit, deren Gehirnfunktionen wir untersuchen durften, scheint der einzige gemeinsame Faktor die Vielseitigkeit sowohl der Funktionen wie der Gehirnaktivität zu sein.» Walter sagt, daß für die meisten Menschen eine EEG-Analyse von dreißig Sekunden ausreichte, um eine repräsentative Stichprobe zu liefern. «In dieser Zeit durchläuft das Gehirn, sich selbst überlassen, das bescheidene Repertoire seiner Bewegungen. Doch im leistungsfähigen Gehirn des Hochbegabten... ist – selbst in ruhigster Verfassung – eine Analyse von mehreren Minuten erforderlich, bevor sich das Bild zu wiederholen beginnt... Es ist gewiß an der Zeit, daß wir auch die Bedingungen untersuchen, die die Entwicklung der vielseitigen Extrembegabung begünstigen.»

Vielleicht erwächst die Komplexität des kreativen Gehirns, auf die das EEG hinweist, aus der Vielschichtigkeit seiner Operationsebenen. Sir John Eccles meint, daß jedem Neurophysiologen die folgenden Zeilen des italienischen Dichters Leopardi vertraut sein sollten: «Einem empfindsamen und phantasievollen Menschen, der wie ich seit langer Zeit, ständig in einer Welt des Gefühls und der Phantasie lebt, dem müssen die Welt und alle Gegenstände in gewisser Weise doppelt erscheinen. Er wird mit den Augen einen Turm, ein Feld erblicken; er wird mit den Ohren den Klang einer Glocke hören; und zugleich wird er in seiner Phantasie einen anderen Turm, ein anderes Feld erblicken, einen anderen Klang hören... Traurig ist das Leben (und gewöhnlich ist das Leben so), das nichts sieht, hört oder fühlt als die einfachen Gegenstände, die unsere Augen und Ohren und andere Sinne wahrzunehmen vermögen.»

Der Schluß liegt nahe, daß kreative Menschen stärker zum Mystizismus neigen als der Durchschnittsmensch. Die Forschung bringt es an den Tag. Frank Barron berichtet, daß von den Schriftstellern, mit denen er sich befaßt hat, mehr als die Hälfte der männlichen Autoren und zwei Drittel der Autorinnen von lebhaften Sinneserfahrungen berichteten, in denen nicht wirklich anwesende Personen auftraten. Ein Autor berichtete von einem flackernden blauen Licht (das gewöhnlich angebliche Medien erblicken) am Radiogerät und auch von Erscheinungen, die er gesehen haben wollte. Die Hälfte der Autoren beiderlei Geschlechts gaben an, sie hätten intensive Erlebnisse mystischer Vereinigung gehabt. (Angesichts des Nachdrucks, mit dem Sylvia Ashton-Warner die Auffassung vertritt, daß negative Gefühle ein wichtiger Bestandteil der Kreativität sind, sollte angemerkt werden, daß mehr als die Hälfte der Schriftsteller auch schon unerträgliche Leere, Trostlosigkeit und Einsamkeit erlebt hatte.) Zwanzig Prozent berichteten, sie seien davon überzeugt, prophetische Träume zu haben. Viele schilderten detailliert Erlebnisse, die sie außersinnlicher Wahrnehmung zuschrieben.

Es gibt offensichtlich Beispiele für ASW (außersinnliche Wahrnehmung) bei schöpferischen Menschen. Im 19. Jahrhundert beschrieb Jules Verne den Start der ersten Mondrakete. Sein Bericht von der Reise zum Mond, die in Florida begann, ähnelte in bemerkenswerter Weise, bis in die Einzelheiten hinein, dem wirklichen Flug von Apollo 11 im Jahre 1969. 1898, vier Jahre vor dem Untergang der *Titanic*, schrieb ein Matrose namens Morgan Robertson *The Titan*. In seinem Buch, das er – wie er sagt – nach einer langen Trance niederschrieb, ähnelte das Schiff der *Titanic* nicht nur hinsichtlich des Namens, sondern auch in Größe, Zahl der Passagiere und Bestückung mit Rettungsbooten. Wie die *Titanic* befand sich die *Titan* auf ihrer Jungfernfahrt, als sie im April einen Eisberg rammte und sank.

Eines der berühmtesten Beispiele für prophetische Kunst ist Tennysons Gedicht *Locksley Hall* aus dem Jahre 1892, in dem er «in die Zukunft eintaucht» und dort zivile Luftfahrt erblickt, Luftkrieg, Weltkrieg, Waffenstillstand und die Gründung einer Weltföderation. Parapsychologen wäre zu empfehlen, eine mögliche Verbindung zwischen seinen prophetischen Visionen und seiner Technik zur Bewußtseinsveränderung, der monotonen, hinduähnlichen Wiederholung seines

Namens, in Betracht zu ziehen. In seinen schöpferischen Trancezuständen sah Tennyson «weitläufige Bilder», die «fragmentarisch und fern» waren. Er sagte, ihn habe etwas berührt «wie die Ahnung von vergessenen Träumen», Ereignisse, die, er wisse nicht wo, geschehen seien.

Der Romancier Henry Miller erzählte einem Interviewer, daß er, nach seinem letzten Wort gefragt, antworten würde: «Geheimnis». Alles komme ihm immer geheimnisvoller vor, sagte er. «Ich glaube, Wissenschaftler würden das gleiche sagen. Je weiter sie auf ihrem Gebiet vordringen, desto mehr nimmt sie das Geheimnis gefangen. Erkenntnis ist wie in einen grenzenlosen Kuchen hineinschneiden. Schneid ein Stück ab, er wird größer. Schneid noch eins ab, der Kuchen wird noch größer... Was ist also die wichtigste Sache im Leben? Doch letztlich das Geistige.»

Albert Einstein meinte, der Ursprung aller wahren Wissenschaft sei ein Empfinden für das Mystische. «Wem dieses Gefühl fremd ist, wer nicht mehr staunen und in Ehrfurcht versunken stehenbleiben kann, ist so gut wie tot.»

Forschen heiße – so hat jemand gesagt –, Ungewißheit auszuhalten. Das verheißungsvolle Versprechen des Unbekannten, das für das Kind so verführerisch ist, liefert dem kreativen Gehirn seinen lebenslangen Vorwärtsdrang. Es ist für jede Erfahrung offen und dennoch empfänglich für seine reichen, inneren Ressourcen: Erinnerung, Problemlösung, Vorstellung, Einsicht, Intuition. «Der Himmel», sagt Tennyson, «öffnet sich nach innen.»

V
Bewußtsein und Überbewußtsein

«Wir haben eine fremde Fußspur am Strand des Unbekannten entdeckt. Wir haben eine Theorie nach der anderen ersonnen, um den Ursprung der Spur zu erklären. Schließlich ist es uns gelungen, das Geschöpf zu rekonstruieren, das die Fußspur hinterlassen hat. Und siehe, es war unsere eigene!»

Sir Arthur Eddington

Geist und Evolution

«Wir sollten nicht so tun,
als sei Bewußtsein kein Geheimnis.»
SIR JOHN ECCLES

Früher oder später läuft die Gehirnwissenschaft auf einem Gibraltarfelsen von Problemen auf – einem Rätsel, das der Lösung heute nicht näher ist als vor tausend Jahren. Niemand weiß, was Bewußtsein, was Geist ist. Ebensowenig wie man im nächsten Jahr oder Jahrzehnt irgendeine plötzliche Erleuchtung von der Wissenschaft erwarten darf.

Schon wenn man dieses gewaltige Problem betrachtet, stößt man auf befremdende Aspekte. Da untersucht der Mensch aufmerksam das menschliche Gehirn, forscht nach der Keimzelle, dem innersten Kern seines Ich-Bcwußtscins. Gcwiß ist es das kosmische *Koan.* Schon sehr bald stolpert die Wissenschaft über die Problematik des Geistes, nämlich sobald sie versucht, den Willen zu definieren. Man beschließt, die Hand zu heben. Man hebt sie. Was könnte einfacher sein? Doch was hat die Nerven und Muskeln in Gang gesetzt? Wenn ein Gedanke die Bewegung verursacht hat, stellen wir den Geist über die Materie. In diesem Falle hat der Geist die Materie veranlaßt, sich zu bewegen. Psychokinese ist naheliegender, als wir glauben.

Roger Sperry vermutet, daß Bewußtsein im Gehirn entsteht und gleichzeitig eine ursächliche Rolle bei der Bestimmung neuraler Aktivität spielt. In einer Antwort auf seine Kritiker räumte Sperry ein, daß er tatsächlich nicht genau definiert habe, welche organisatorischen Elemente des neuralen Prozesses für Bewußtseinseffekte verantwortlich seien. «Jeder, der das macht, hat es natürlich nicht mehr mit einer Hypothese, sondern mit einer bewiesenen Antwort zu tun. Die meisten von uns, die in diesem Bereich arbeiten, haben sich damit abgefunden, die Lösung des Bewußtseinsproblems in einer Reihe immer größerer Annäherungen zu suchen statt in einem einzigen, vollständigen und endgültigen Durchbruch.» Er glaubt, daß sein Ansatz einen Kompromiß zwischen Materialismus und Mentalismus bedeute, «da er nämlich auf den oberen Ebenen einer einzigen, kontinuierlichen Hierarchie eine Wechselwirkung von Geist und Materie voraussetzt».

Es gibt immer mehr Anhaltspunkte dafür, daß gewisse Gehirnzustände mit Bewußtseinsphänomenen in Verbindung stehen und daß umgekehrt Bewußtseinsphänomene auf Gehirnaktivität einwirken. Beispielsweise können Techniken des Gehirnwellenbiofeedback – die erlernte Kontrolle von Gehirnwellenmustern – eine Veränderung des psychischen Zustands bewirken. Andererseits verwandeln Meditationstechniken, deren Ziel ein verändertes Bewußtsein ist, die Gehirnwellenaktivität. Der Versuch, geistige von physiologischen Ereignissen zu trennen, wird zu dem Bemühen, die Wasser des Atlantischen und des Pazifischen Ozeans auseinanderzuhalten. Und es ist sehr gut möglich, daß solche vom Menschen ersonnenen Etikettes wie Geist und Materie ebenso belanglos und willkürlich sind wie die Bezeichnungen der Weltmeere. «Sucht die Zelle, die sich frei im Teich oder in unserem Körper bewegt, ihre Nahrung?» fragte Sherrington 1940. «Gibt es eine Spur von Geist in ihr? Die Frage stellt sich ganz natürlich und läßt sich nicht mit Gewißheit beantworten. Einige geduldige Beobachter haben den Eindruck gewonnen, daß die frei und einzeln lebende Zelle, das Pantof-

feltierchen, zum Beispiel, bis zu einem gewissen Grade abgerichtet werden kann... Nicht, daß es von vornherein unglaubhaft erschiene, einem Einzelwesen, das aus einer einzigen Zelle besteht, Geist zusprechen zu wollen.»
Die Forschung der folgenden Jahre hat zur Zufriedenheit vieler Wissenschaftler bewiesen, daß das Pantoffeltierchen, ein Einzeller, tatsächlich lernen kann. So haben Forscher Pantoffeltierchen beigebracht, sich in der Hoffnung auf Nahrung an einem Platindraht festzuklammern. James McConnell, dessen Plattwurm-Studien an der Universität von Michigan ein neues Forschungsfeld eröffnet haben, hat gesagt: «Wir wären vermutlich gut beraten, davon auszugehen, daß Verhaltensveränderungen, die die *meisten* Psychologen als Lernen ansehen würden, an Einzellern eindeutig nachgewiesen worden sind.» Es hat sogar den Anschein, als sei Lernen von Mutterzellen auf Tochterzellen übertragen worden.
Welche rudimentäre Form von Erkenntnis bewirkt, daß der Körper besondere Antikörper bildet, um Eindringlinge abzuwehren? Es gibt Anhaltspunkte dafür, daß einzelne Gehirnzellen Alpha-Rhythmen haben, die unter dem Einfluß von täglichen oder jahreszeitlichen Schwankungen stehen. Wie findet der abgetrennte Nerv aus dem Auge des Frosches seinen Weg zurück in die richtige Gehirnregion?
Wenn ein Kaulquappengehirn an eine andere Körperstelle verpflanzt wird, wird die Haut sich dort einstülpen und die Linse eines Auges ausbilden. Wird umgekehrt die Haut über dem Gehirn entfernt und andere Haut dorthin verpflanzt, wird auch die neue Haut eine Linse bilden. Hierzu meint Raynor Johnson: «Eines Tages wird möglicherweise bewiesen werden, daß der konkrete *Mechanismus* der Wachstumskontrolle seiner Natur nach chemisch ist, doch ist der entscheidende Punkt, daß es einen intelligenten Plan gibt. Und ohne Planer keinen Plan. Der Geist ist das einzige und bekannte Phänomen, das Zweck, Gedächtnis und Intelligenz

besitzt, und das erlaubt den Schluß, daß er die Pläne hervorgebracht hat und sie überwacht.»
Sherrington weist darauf hin, daß die Zelle, obwohl sie blind ist und keine Sinne nach unserem Verständnis besitzt, «mit ‹tödlicher› Sicherheit die Nervenzelle ‹findet›, mit der sie Tuchfühlung aufnehmen soll. Es ist, als ob jede Zelle von einem immanenten Prinzip beseelt wäre, das ihr sagt, wie sie einen bestimmten Plan auszuführen habe.»
Der wachsende Respekt der Wissenschaft für die außerordentliche Intelligenz, die der Natur zugrunde liegt, hat zum Umdenken in der Bewertung von Darwins Theorie der natürlichen Auslese geführt. Das Überleben des Stärksten scheint nicht auszureichen, um die Schubkraft der Evolution zu erklären. R. L. Gregory sagt: «Die Frage, wie sich die Augen entwickelt haben, war für die Darwinsche Theorie von der Evolution durch natürliche Auslese ein schwieriges Problem. Wenn wir ein neues Instrument entwerfen, können wir viele völlig nutzlose Versuchsmodelle bauen. Im Zuge der natürlichen Auslese war das jedoch nicht möglich, weil jeder Schritt dem Träger der neuen Eigenschaft irgendeinen Vorteil einbringen mußte, um im Laufe der Generationen ausgewählt und weitergereicht zu werden. Welchen Nutzen hat eine Linse, die ein Bild liefert, wenn es kein Nervensystem gibt, das die Information deuten kann? Wie konnte ein visuelles Nervensystem entstehen, bevor es ein Auge gab, das es mit Informationen versorgte?»
Raynor Johnson hat bezweifelt, daß sich die Darwinsche Theorie beispielsweise auf die Evolution von Vögeln anwenden läßt. Die Entwicklung eines Flügels setzt – wie Johnson ausführt – eine ganze Gruppe miteinander in Beziehung stehender Veränderungen voraus: Schuppen müssen in Federn verwandelt, Muskulatur und Schultergürtel müssen modifiziert werden. Ohne diese Veränderungen blieben Flügel ohne Nutzen und Überlebenswert. Die Modifikationen müssen als

koordinierte Gruppe in Erscheinung treten. Johnson vertritt die Auffassung, daß die zufällige, gleichzeitige Ausbildung solcher Gruppen höchst unwahrscheinlich ist. Nach seiner Auffassung lassen solche Erscheinungen auf Zielsetzung und Planung schließen. Er hofft, ein Verständnisansatz ließe sich in der Theorie finden, die besagt, daß es ein Feld des Organismus gäbe, welches ebenso «dem Sog der Zukunft» wie «dem Druck der Vergangenheit» unterworfen sei. Für Johnson ist der Feldbegriff eine zwangsläufige Erinnerung an Geist.

Viele Anthropologen zweifeln heute daran, daß «zufällige Mutation und natürliche Auslese hinreichen, um die Evolution als Ganzes zu erklären. Es ist zu fragen, ob nicht andere Prozesse im Laufe langer Lebenszeiten erblich erworbene Eigenschaften vermitteln».

Loren Eiseley hat gezeigt, daß vier Veränderungen gleichzeitig in der Evolutionsgeschichte des Menschen stattfinden mußten, um ihm jenes Gehirn zu verschaffen, das ihn von den niederen Arten unterscheidet. «Erstaunt ist man und demütig, daß es überhaupt zum Menschen kam..., doch ereignete sich das alles offensichtlich mit großer Geschwindigkeit. Es ist ein schwindelerregendes Schauspiel, das sich mit nichts vergleichen läßt..., wodurch es ausgelöst wurde, bleibt im dunkeln...»

Beim heutigen Interesse am Bewußtsein geht die Bezeichnung Entwicklung leicht von der Zunge, wobei sie dann oft persönliche Veränderung bezeichnet. Ein Mensch, der sich weit entwickelt hat, ist danach jemand, der sein Nervensystem von Belastungen befreit hat. Er ist ausgeglichen, gesund und mitfühlend, und da er die menschliche Komödie unter zeitloser, nicht beteiligter Perspektive verfolgt, gerät er selten in Aufregung.

Entwickeln wir uns als Art? Das scheint im Augenblick die brennendste Frage zu sein. Eine überraschend große Zahl von

Wissenschaftlern stellt heute in aller Öffentlichkeit die Frage, ob der Mensch sich an der Schwelle einer biologischen Innovation befinde und ob er sich vor der endgültigen Vernichtung retten könne, indem er sich zu einer Art weiterentwickle, die über ein höheres Bewußtsein verfüge. Diese Möglichkeit ist nicht undenkbar. Eiseley spricht vom «nächsten Zeitalter des Menschen» und bezeichnet in diesem Zusammenhang die natürliche Auslese als real, zugleich aber auch als «veränderliche Schimäre, weniger ein ‹Gesetz› als ein Phänomen, das von Zeitalter zu Zeitalter sein eigenes Gesetz macht... Die Welt ist, das wissen wir heute, zeitlich unbegrenzt und unvorhersehbar.» Er beruft sich auf einen bekannten Linguisten, der das Alter von Sprache im engeren Sinne auf nicht mehr als 40000 Jahre festsetzt.
Theodosius Dobzhansky nennt die Evolution eine Quelle der Hoffnung für den Menschen. «Der Mensch, dieses geheimnisvolle Produkt aus der Evolution der Welt, kann auch ihr Protagonist und schließlich ihr Wegbereiter sein... Die Welt ist nicht festgelegt, fertig und unveränderlich. Alles ist ein Ergebnis des evolutionären Flusses und der Entwicklung.» Dobzhansky betont, daß Evolution notwendig ist, wenn der Mensch seine Möglichkeiten verwirklichen will. «Der Evolutionsprozeß verläuft nicht wie ein ruhiger Fluß, immer mit gleicher Geschwindigkeit. Es kann Perioden relativer Ruhe, und andere voller ungestümer Innovation geben.» Der Mensch sei, so sagt er, die einzige Lebensform, die in der Lage sei, die Richtung ihrer Evolution selbst zu bestimmen.
Die Vorstellung, daß Evolution nicht unbedingt graduell verlaufen muß, findet sich schon bei Luther Burbank, der Pflanzen Streß und – wie er sagte – «Perturbation» unterwarf, um ihre Erbanlage zu verändern und eine größere Streuung von Mutationen zu erzeugen. Die Erbanlage wurde nach seiner Auskunft nicht durch die Dauer der Zeit beeinflußt, die die Pflanzen in einer bestimmten Umwelt ver-

brachten, sondern durch das Maß der Belastung, dem sie ausgesetzt wurden. «Je sensibler die Pflanze oder der Mensch, desto rascher nehmen sie die Eindrücke auf, die ihre Umgebungen abgeben. Es ist nur eine Frage der Schwingungen – eine Frage der Reaktion auf Schwingungen.»

Gegenwärtig belastet Growers Pflanzen mit nuklearer Strahlung, um ihre Erbanlage zu verändern. Wenn Perturbation ein Faktor ist, der zu rascher Mutation beiträgt, müßte der moderne Mensch erhebliche Veränderungen erfahren. Nach Meinung vieler ist Streß die Epidemie unserer Zeit, die nur von den Menschen überlebt werden wird, die im Sinne Darwins die stärksten sind. Es spricht einiges dafür, daß die Speerspitze, eine Vorhut des Lebens, die Evolutionsphasen rasch durchlaufen hat und daß dieser Prozeß fortdauern wird. In einem dynamischen Organismus löst etwas – so sagt die Theorie – die Erbmasse aus ihrer Verankerung, damit bessere Anpassung erzielt werden kann.

Der Biophysiker J. R. Platt hat 1967 gesagt, daß der Mensch jetzt den Zeitpunkt raschester Veränderung in seiner Evolution überhaupt erreicht habe. «Es ist eine Art Kulturschock, ähnlich dem Schock, zu dem es in der Aerodynamik kommt, wenn die Flügelnase eines Flugzeugs schneller wird als die Schallgeschwindigkeit und jene scharfe Druckwelle erzeugt, die den... Überschallknall verursacht.»

Als nächste Phase der Menschheit wird eine Bewußtseinstransformation erwartet, eine vertiefte Erkenntnis ihrer eigenen Möglichkeiten und ihrer Stellung im Universum. Kurz vor seinem Tod im Jahre 1961 hat C. G. Jung gesagt, der moderne Mensch stehe vor der Notwendigkeit, das Leben des Geistes wiederzuentdecken, weil dies die einzige Möglichkeit sei, die wir hätten, um den Bann zu brechen, der uns im Zyklus der biologischen Ereignisse festhalte. Jung, Burbank und Pierre Teilhard de Chardin haben vorhergesagt, daß die Trennungslinie zwischen der physischen und der psychischen

Welt verschwinden werde. Teilhard hat gesagt: «Materie gibt es nicht mehr. Es gibt nichts als Geist.» Wie Jung hat Dobzhansky die Überzeugung geäußert, daß der Mensch die metaphysische Seite seiner Natur zu seinem Schaden vernachlässige. Er verglich die Unterdrückung des nichtrationalen Kerns, des geistigen Impulses mit der Unterdrückung der Sexualität. Er meinte, nur wenige könnten auf Dauer metaphysische Abstinenz ertragen.

Den Archetypus des modernen Menschen verstand Jung als jemanden, der sich vom Unbewußten befreit hat, indem er seine Psyche mehr und mehr ins Bewußtsein gezogen hat. Jeder Schritt vorwärts bedeute, daß er sich von dem alles umfassenden Unbewußten löse, das den größten Teil der Menschheit fast gänzlich in Anspruch nehme. Der moderne Mensch sei an den äußersten Rand der Welt gelangt, alles hinter sich lassend, was er ausrangiert und abgelegt habe. Er erkenne, daß er vor einer Leere stehe, aus der alle Dinge entstehen können.

Eiseley schildert, wie die großartige Technik des Menschen nicht in der Lage war, sein dringendes Bedürfnis nach Transzendenz zu befriedigen, und sagt: «Ein größeres Opfer ist erforderlich – der Akt eines großen Zauberers, der Mensch, der fähig ist, sich selbst zu verwandeln.» Eiseley vermutet, der Mensch gewinne vielleicht langsam Macht über eine «Dimension, die ihm eine Weisheit bescheren kann, welche er bislang kaum in den Blick bekommen habe.»

Das Problem liegt – wie Lincoln Barnett zeigt – darin, daß es in der physischen Welt kein Geheimnis gibt, das nicht über sich selbst hinaus auf ein neues Geheimnis hindeutet. «Und so ist der Mensch sich selbst sein größtes Geheimnis. Er versteht das riesige verschleierte Universum nicht, in das man ihn geworfen hat aus Gründen, die er wiederum nicht versteht... Am wenigsten versteht er seine edelste und geheimnisvollste Fähigkeit: das Vermögen, sich selbst zu überschreiten und sich selbst im Akt der Wahrnehmung wahrzunehmen.»

In einem mittlerweile berühmten *Punch*-Witz vertraut ein Wissenschaftler seinem Kollegen an: «Lach nicht, Hartley – aber jedesmal, wenn ich mit einem neuen Experiment beginne, frage ich mich, ob es wohl dasjenige sei, in dem ich die Religion entdecke.» Die Menschen, die am aufmerksamsten durch Mikroskope oder Teleskope geschaut haben, scheint die Ehrfurcht erfaßt zu haben angesichts des unendlich Großen und des unendlich Kleinen.

Sir John Eccles, der die physiologischen Funktionen des Gehirns so genau erforscht hat wie nur irgendein anderer Lebender, hat gesagt: «Ich glaube, daß es ein fundamentales Geheimnis in meinem Dasein gibt, das über jede biologische Erklärung hinausreicht, die die Entwicklung meines Körpers (einschließlich meines Gehirns) mit seiner Erbanlage und seinem evolutionären Ursprung betrifft... Ich wachte sozusagen im Leben auf und fand mich vor – als konkretes Selbst mit diesem Körper und Gehirn existierend. Deshalb kann ich nicht glauben, daß diese wundervolle, göttliche Gabe einer bewußten Existenz keine weitere Zukunft haben soll, daß es keine Möglichkeit einer anderen Existenz unter irgendwelchen anderen unvorstellbaren Bedingungen geben soll.» Eccles sagt, seine eigene Überzeugung sei sehr klar von seinem Kollegen W.H. Thorpe ausgedrückt worden, der in der Wissenschaft «eine erhabene religiöse Betätigung» gesehen habe. Thorpe war überzeugt, «der Glaube an eine geistige Welt, die durchdringt, was wir als materielle Welt sehen, und sie doch transzendiert, ist absolut notwendig». Für den großen Physiker Max Planck war Wissenschaft die Suche nach geistiger Erleuchtung.

Ein anderer berühmter Physiker, Sir James Jeans, hat gesagt: «Geist erscheint nicht mehr als zufälliger Eindringling im

Reich der Materie. In uns regt sich die Vermutung, daß wir ihn statt dessen als Schöpfer und Lenker dieses Reiches preisen müssen...» Vielleicht vollziehen wir gerade unter großer Anstrengung und Verwirrung einen neuen Schritt in unserer Evolution: die Verwandlung des Bewußtseins. Möglicherweise ist unser Geschlecht im Begriff, die jahrhundertealte Hoffnung des tibetanischen Mönches Kunto Zangpo zu verwirklichen, der für den endlosen Strom menschlichen Leidens die Unfähigkeit der meisten Menschen verantwortlich machte, ihren Ursprung im universellen Geist zu erkennen. «Mögen alle Wesen», so betete er, «ihre eigene strahlende Bewußtheit entdecken.»

Morgen

«‹So schnell wie ein Gedanke überallhin zu fliegen, heißt›, sagte er, ‹mit der Erkenntnis zu beginnen, daß du bereits angekommen bist.›»
RICHARD D. BACH (Jonathan Livingston Seagull)

Da gibt es jene, die die Zukunft als Mischung aus Fiktion und Verhaltenspsychologie, als *Schöne Neue Welt* in der Skinner-Box sehen. Als Wächter und Bewachte werden die Menschen nach dieser Auffassung durch Konditionierung gefügig gemacht, und das Leben wird abgepackt wie Tiefkühlkost.

Zukunftsprognosen sind zum Volkssport geworden. Im *Zukunftsschock* prophezeit Alvin Toffler unterirdische Städte, Hochzeitskleider zum Wegwerfen, Berufseltern, die Kinder nach Vertrag für ihre biologischen Eltern aufziehen. Toffler beruft sich auf die Prognosen von E. S. E. Hafez, einem Biologen an der Washington-State-Universität, und schildert, wie die Frau von morgen ins Geschäft geht, um einen winzigen, tiefgefrorenen Embryo zu erstehen, den sie sich von ihrem Arzt einpflanzen läßt und zur Welt bringt, als hätte sie ihn normal empfangen. Hören wir Toffler selbst: «Der Embryo würde nämlich mit der Garantie verkauft werden, daß das Baby, das dabei herauskommt, keinerlei genetische Mängel aufweist. Man würde der Käuferin auch vorher sagen, welche Augenfarbe, Haarfarbe, welches Geschlecht das Kind haben wird, welche Größe es ausgewachsen erreichen wird und wie hoch sein IQ wahrscheinlich sein wird.» Oder befruchtete menschliche Eier würden von Raumschiffen zur künftigen Kolonisierung ferner Planeten davongetragen werden, um zur gegebenen Zeit von einem fähigen Biologen aufgezogen zu werden.

Robert Rimmer, Autor von *The Harrad Experiment* und *Proposition 31,* prognostiziert die Kollektivfamilie, eine Mini-Kommune. Zahlreiche Paare gehen eine Vielfachehe ein und ziehen ihre Kinder gemeinsam groß. B.F. Skinner behauptet, wir würden bald *Jenseits von Freiheit und Würde* sein. Er sagt, es sei die Pflicht der Gesellschaft, «den aktiven Versuch zur Kontrolle menschlichen Verhaltens zu unternehmen, und zwar so, daß die Wirkungen erzielt werden, die wir für wünschenswert halten, bevor andere Randgruppen es besser verstehen, Verhalten zu kontrollieren und in eine Richtung zu lenken, die wir für wenig wünschenswert halten».

In der *Biologischen Zeitbombe* beschwört Gordon Rattray Taylor den Tag herauf, da wir vielleicht mit einem Gehirn sprechen, das künstlich im Labor geschaffen wurde, und festzustellen versuchen, ob es sich in irgendeiner Hinsicht von dem unseren unterscheidet. Er prophezeit auch, daß Menschen keinen Stimmungen mehr unterworfen sein werden. Gefügigkeit oder Aggression, Heiterkeit oder Angst werden das Werk von Pillen sein.

Toffler, Taylor und R.C.W. Ettinger erörtern, welchen Schwierigkeiten und Verheißungen sich die Gesellschaft gegenübersehen wird, falls Unsterblichkeit in naher Zukunft Wirklichkeit werden sollte. In *Man into Superman* warnt Ettinger seine Leser vor allzu großer Skepsis hinsichtlich der Möglichkeiten, die die Zukunft birgt. Leicht könnten sie die letzten Menschen sein, die sterben, während die Unsterblichen auf ihren Gräbern tanzen.

Nun, da die Wissenschaft die Möglichkeit hat, Klone herzustellen – also genetische Abbilder von Elternzellen anzufertigen –, erörtern Futurologen die Massenproduktion von Staatsmännern, brillanten Wissenschaftlern und hervorragenden Sportlern. Einige Autoren prophezeien die Züchtung einer überlegenen Rasse durch Genmanipulation. Eine Lieblingsprognose lautet, daß es dem Menschen gelingen wird, ein größeres Gehirn zu entwickeln. Toffler zitiert George Miller von der Rockefeller-Universität, einen Psychologen, der behauptet, «daß die Informationsmenge, die wir aufnehmen, verarbeiten und erinnern können, strengen Grenzen unterworfen ist». Wissenschaftler haben Kopftransplantationen vorausgesagt. Die Russen haben bereits nachgewiesen, daß ein aus dem Schädel gelöstes Säugergehirn kurze Zeit am Leben erhalten werden kann.

Anhand der Prognosen verschiedener Wissenschaftler, die er interviewt hat, stellt Gordon Rattray Taylor eine Zeittabelle der wahrscheinlichen Entwicklungsschritte auf. In Phase eins, um 1975, werde es – so sagt er voraus – umfängliche Transplantationen von Gliedern und Organen geben, Gedächtnislöschung, und eine beträchtliche Fähigkeit, den klinischen Tod hinauszuschieben. In Phase zwei, um das Jahr 2000, werde es zu Gedächtnisinjektion und Gedächtnisaufbereitung kommen, zu Winterschlaf und längerem Koma, zu umfänglicher psychischer Modifikation und Persönlichkeitsrekonstruktion, zur perfekten künstlichen Plazenta und regelrechten Babyfabriken. Nach dem Jahre 2000 dürfen wir Klonmenschen erwarten, Synthesen komplexer lebender Organismen und den unendlichen Aufschub des Todes – all das nach Auskunft von Taylors Wissenschaftlern. Dieses goldene Zeitalter wird Phase drei sein.

Man sollte diese Prognosen mit Vorsicht genießen, denn die meisten Wissenschaftler haben sich als höchst armselige Propheten erwiesen. George Gale hat in *New Scientist* geschrieben: «Ich für meine Person habe keine rechte Vorstellung, in welche Richtung sich wissenschaftliches Tun entwickeln wird, und ich glaube auch nicht, daß die Wissenschaftler selbst es wissen. Ich habe festgestellt, daß die besten Prognosen in jüngerer Zeit von einem Dichter (Tennyson) kamen, von einem Romancier, der Autodidakt war (H. G. Wells), und von einem Science-Fiction-Autor (Arthur C. Clarke) und daß die bekanntesten Prognosen von Wissenschaftlern sich als Unsinn erwiesen haben.» Gale meinte weiter, daß seine größte Angst für die Zukunft sei, daß Öffentlichkeit und Presse durch übertriebene Hochachtung vor dem Spezialistentum des Wissenschaftlers einer Tyrannei von Wissenschaftspriestern Vorschub leisten könnten, die mehr Macht entfalten könnte als irgendeine Kirche in der Geschichte.

Vielleicht waren die Prognosen vieler Wissenschaftler falsch, weil sie auf einer potentiellen technischen Fähigkeit beruhten, ohne die unergründlichen Geheimnisse der menschlichen Natur realistisch in Rechnung zu stellen. Vielfachehen, die professionelle Aufzucht von Kindern, der kommerzielle Vertrieb von Babys, der Nachwuchs als Klon, als Geschöpf nach dem eigenen Bilde, und ähnliche Innovationen vertragen sich nicht mit bestimmten Aspekten der angeborenen Ausstattung des Menschen.

Mag die gegenseitige Zuneigung in der Kollektivfamilie noch so herzlich sein, sie würde vermutlich doch den meisten Menschen nicht die Tiefe und Dauerhaftigkeit der Beziehungen geben, die sie in der traditionellen Kleinfamilie finden. Außerdem gibt es immer mehr Hinweise dafür, daß Babys intellektuell und emotional am besten gedeihen mit einer primären Pflegefigur. Einige Studien lassen sogar darauf schließen, daß sich Säuglinge nur bei einer einzigen starken Bindung normal entwickeln. Wenn sie von einer Anzahl austauschbarer Pflegefiguren aufgezogen werden, scheinen sie später in ihrer Bindungsfähigkeit beeinträchtigt zu sein. Carl Rogers, der einflußreiche Psychologe, der die Gruppentherapie eingeführt hat, hat ausführlich über Alternativen zur tra-

ditionellen Ehe geschrieben. Er sagt: «Im Grunde glaube ich, daß die meisten Menschen sich auch weiterhin für die monogame Partnerbeziehung entscheiden werden, nicht für Kommunen, Gruppensex oder Homosexualität. Die Menschen sind nun mal so.»
Futurologen haben sich über die theoretische Bedeutung ausgelassen, die die Möglichkeit birgt, durch das Klon-Verfahren Menschen wie Abraham Lincoln, Albert Einstein oder Adolf Hitler herstellen zu können. Meist übersehen diese Spekulationen, welch entscheidende Rolle die Umwelt für die Entwicklung eines Menschen spielt. Gene alleine machen noch keinen Lincoln. Die Annahme, daß sich das Klon-Verfahren großer Beliebtheit erfreuen werde, setzt voraus, daß die Menschen äußerst narzißtisch sind. Tatsächlich gibt nur ein Bruchteil der verheirateten Paare den eigenen Vornamen an die Kinder weiter. Warum vermuten wir, daß sie ihnen ihre Gesichter geben wollen? Was den Supermarktvertrieb von Embryos mit garantierten Eigenschaften angeht, so ist es im Lichte der vorliegenden wissenschaftlichen Befunde, die eine genetisch fixierte Fähigkeit ausschließen, völlig unmöglich, einen «wahrscheinlichen IQ» zu garantieren. Vielleicht ist es sogar unmöglich, die Körpergröße zu garantieren, zumindest im Sinne kontrollierter Massenproduktion. Nach den Ergebnissen unlängst veröffentlichter Berichte verschiedener Forscher kann die Körpergröße ebenso durch emotionale Faktoren wie durch Ernährung und Gene beeinflußt werden. Und – was noch schwerer wiegt – diese Prognosen lassen die dem Menschen angeborene Faszination durch das Unbekannte außer acht. Für viele, vielleicht für die meisten Menschen ist die Beschäftigung mit dem besonderen Wesen eines ungeborenen Kindes eines der erregendsten Erlebnisse in ihrem Leben. Wohl kaum würden sie es gegen das eines Embryos eintauschen wollen, dessen Ingredienzen aufgelistet sind wie die Zutaten einer Fertigmahlzeit.

Organtransplantationen in großem Maßstabe sind in naher Zukunft – anders als die Prognose es will – wenig wahrscheinlich. Von Herztransplantationen hat man wieder weitgehend Abstand genommen, weil es noch nicht gelungen ist, die Abwehrreaktionen des Körpers auszuschalten. Auf «Gedächtnislöschung» läßt nichts in der gegenwärtigen Forschung schließen. Die behauptete Aufbereitung und Injektion von Gedächtnis setzt ein weit besseres Verständnis der Gehirnfunktionen voraus, als sich heute selbst der arroganteste Wissenschaftler anheischig machen würde.

Tatsächlich wird sich der Mensch heute zweier Faktoren zunehmend bewußt: seiner unmittelbar gegebenen Möglichkeit zur Veränderung und seiner eindrucksvollen genetischen Ausstattung. In einer Zeit, da wir die vielfältige Überlegenheit von Muttermilch gegenüber künstlicher Nahrung anerkennen, scheint es wenig wahrscheinlich, daß wir unsere Technologie in die Entwicklung einer künstlichen Plazenta zur Ernährung menschlicher Fötusse investieren. Warum sollten wir ausgerechnet jetzt, da wir die fast unbegrenzte Fähigkeit zur dynamischen Veränderung von innen her entdecken, ausschließlich auf die Persönlichkeitsrekonstruktion von außen bauen?

Soweit man aus jüngeren Forschungsergebnissen und gegenwärtigen gesellschaftlichen Trends extrapolieren kann, entbehrt die Prognose einer tiefgekühlten, hypertechnisierten Gesellschaft jeder Grundlage. Ein bißchen guter Wille und Vernunft vorausgesetzt, haben wir berechtigten Anlaß zu der Hoffnung, aus relativer Unbewußtheit zu jenem Zustand größerer Bewußtheit aufzusteigen, der von Wissenschaftlern und Philosophen wie William James, C.G. Jung und Teilhard de Chardin prophezeit wurde, die auf vielen Gebieten zu Hause waren. Das nämlich ist die wirkliche Bedeutung zeitgenössischer Gehirnforschung.

Die medizinische Gemeinschaft wird sich zunehmend mit

Biofeedback, Akupunktur und anderen, heute noch als unorthodox geltenden Heilverfahren befassen. Mit Hilfe von Biofeedback und autogenen Techniken werden Erwachsene lernen, das Flucht-/Kampfsyndrom des sympathischen Nervensystems zu kontrollieren. Kinder werden solche Kontrolle auf prophylaktischer Basis lernen, vermutlich ohne Biofeedback-Apparaturen zu brauchen. Meditation und ähnliche Entspannungstechniken werden im Westen von der großen Allgemeinheit praktiziert werden. Jedem wird durch die Erziehung ein ausreichendes Wissen um die psychischen Faktoren körperlicher Krankheit und um die biochemischen Faktoren geistiger Erkrankungen vermittelt werden. Psychische Selbstheilung durch Meditation, autogenes Training oder Entspannungs- und Vorstellungstechniken wird üblich sein.

Die Kirlian-Techniken, die heute in der Sowjetunion zu diagnostischen Zwecken eingesetzt werden, werden sich im Westen immer mehr durchsetzen, sobald sich die Ausrüstung wirtschaftlich herstellen läßt und hinreichend erwiesen ist, daß hochfrequente Felder nicht gefährlicher sind als Röntgenstrahlen. Je weiter dieser Prozeß entwickelt und erforscht wird, desto deutlicher werden die Wissenschaftler erkennen, daß die unbekannten Energiefelder von geistigen Prozessen entscheidend beeinflußt werden.

Die Umwelten, in denen man den Geisteskranken behandelt, werden ihren institutionellen Charakter immer mehr verlieren. Vielleicht wird man die biochemischen Ursachen von Schizophrenie, krankhafter Depression und Autismus entdecken und ihrer durch prophylaktische Medikation Herr werden. Doch möglicherweise werden auch immer mehr Psychiater dafür optieren, nicht in eine akute schizophrene Phase einzugreifen, weil sie davon ausgehen, daß die Schizophrenie eine Überlebensstrategie ist, der Regenerationsprozeß eines Geistes, der unter unerträglichem Druck steht.

Sexuelle Beeinträchtigungen und Abweichungen werden

biologisch, manchmal auch in Verbindung mit Biofeedback behandelt werden. Neuere Befunde von Hormonanomalien bei Impotenz und Homosexualität werden vielleicht zu sehr wirksamen Behandlungsmethoden führen. Untersuchungen in der Pubertät könnten vielleicht manche Anomalie aufdecken. Ob Arzt oder Familie entscheiden, zur Vorbeugung von Homosexualität einzugreifen, wird von verschiedenen Faktoren abhängen. Obwohl zunehmend von der Gesellschaft akzeptiert, bekennen viele Homosexuelle, unglücklich zu sein, vor allem, wenn sie vierzig oder fünfzig werden. Schmerz wird durch elektrische Reizung des Gehirns, durch Akupunktur und erlernte innere Kontrolle gelindert werden. Wenn die gesetzlichen Einschränkungen gelockert werden, die für Experimente mit psychedelischen Drogen gelten, wird LSD-Therapie vermutlich in zunehmendem Maße für unheilbar kranke Patienten verwendet werden. Neue neurophysiologische Erkenntnisse mögen eine weitere Erprobung der LSD-Therapie an Alkoholikern, autistischen Kindern und psychopathischen Persönlichkeiten geraten erscheinen lassen.

Die genetischen Faktoren des Alkoholismus werden vermutlich ebenso wie die genauen Stoffwechselprozesse bei normalen wie alkoholischen Personen in den nächsten Jahren ermittelt werden. Vielleicht wird eine biochemische Analyse die Jugendlichen erkennen lassen, die eine Prädisposition zum Alkoholismus aufweisen, so daß ihnen eine alternative bewußtseinsverändernde Droge oder vollkommene Abstinenz verordnet werden kann. Frühzeitige EEG-Reihenuntersuchungen könnten anhand des Fehlens von Erwartungswellen die künftigen Soziopathen erkennen lassen. Bei rechtzeitiger Intervention kann ihnen vielleicht therapeutisch geholfen werden. Unter Umständen wird die Forschung aber auch zeigen, daß frühe emotionale Deprivation an der Entstehung solcher Anomalien entscheidend beteiligt ist – in diesem Falle müßten wirksame Vorbeugungsprogramme entworfen werden.

Psychochirurgie und elektrische Reizung des Gehirns werden mit der gebotenen Vorsicht zur Anwendung kommen. Auch hier könnte eine frühe Diagnose von Störungen wie etwa des episodischen Gewalttätigkeitssyndroms und der Schläfenlappenepilepsie ein so frühzeitiges medikamentöses oder chirurgisches Eingreifen ermöglichen, daß die noch vorhandene Plastizität des Gehirns unerwünschten Nebenwirkungen gegensteuern kann. Die Früherkennung schwerer Störungen wird der Gesellschaft wie dem Leidenden zum Nutzen gereichen. Wenn wir allmählich zu einem besseren Verständnis der neurologischen wie ökologischen Ursachen der sogenannten kriminellen Psyche gelangen, werden nicht mehr so viele Leben so tragisch vergeudet werden.

Unerheblich ist die Gefahr, daß der Mensch durch finstere Drogen, unterschwellige Gehirnwäsche, Hirnchirurgie oder elektrische Reizung kontrolliert werden könnte. Hören wir, was Seymour Kety dazu sagt: «Jeder, der genügend Einfluß besitzt, um eine ganze Bevölkerung dazu zu bringen, sich Elektroden in den Kopf pflanzen zu lassen, wäre schon am Ziel, bevor er einen einzigen Stromstoß abgegeben hätte.» Zwar stellt Jose Delgado fest, die elektrische Stimulation könnte möglicherweise ein meisterhaftes Instrument zur Kontrolle menschlichen Verhaltens werden, weist aber auch darauf hin, daß sich selbst Labortiere nur bis zu einem gewissen Grade beeinflussen lassen. Norman Dixon bezweifelt, daß eine ganze Nation durch unterschwellige Botschaften manipuliert werden könnte. In einem Experiment, in dem die unterschwellige Anweisung «Iß Roastbeef!» erteilt wurde, wurden die Versuchspersonen zwar hungriger als die Kontrollgruppe, als man ihnen aber gestattete, sich Sandwiches zu bestellen, äußerten sie keine Vorliebe für Brote mit Fleisch. Dixon meint, daß wir kaum erwarten dürfen, Ideologien zu verändern, wenn uns das noch nicht einmal mit Nahrungspräferenzen gelingt.

Es ist unwahrscheinlich, daß – wie manche Autoren prophezeien – die meisten Eltern ihre Kinder ständig in Tagesstätten unterbringen werden. Zum einen würde eine verkürzte Arbeitswoche die Zahl der Stunden, während derer eine solche Versorgung notwendig wäre, erheblich vermindern. Für Kinder, die in solchen Tagesstätten untergebracht sind, laufen bereits überall im Lande Versuchsprogramme, in denen eine verständnisvollere, in anderen Teilen der Welt längst bewährte Methode erprobt wird. Statt mit einem Team unpersönlicher Pflegefiguren sind diese Tagesstätten mit liebevollen Kindergärtnerinnen und Elternersatzfiguren ausgestattet, die den Kindern eine dauerhafte Beziehung und einen auch auf der Erwachsenenseite reaktionsbereiten Austausch bieten. Das Wissen um die entscheidende Bedeutung dieser menschlichen Interaktion wird zu einer größeren Beteiligung der Eltern an der Kindererziehung führen. Viele Väter sind besser als ihre Frauen geeignet, sich um die Kinder zu kümmern und sie mit Anregung zu versorgen. In einer Fallgeschichte wird berichtet, daß der Vater die Pflege eines vierjährigen Kindes übernahm, als die Mutter langwierig erkrankte. Unter seiner Fürsorge erreichte das Kind, das vorher als fast retardiert diagnostiziert worden war, einen überdurchschnittlichen IQ.
Der vorherrschende Trend der Gehirnrevolution ist ein wachsendes Interesse an Bewußtseinserweiterung, Kreativität, Gesundheit, Lernen, Problemlösung und intrinsisch belohnenden ekstatischen Erfahrungen. Dieses in allen gesellschaftlichen Bereichen zu beobachtende Phänomen ist von einigen Futurologen gründlich mißverstanden worden. Zu ihnen gehört auch Toffler, der es als eine Marotte abtut: «Der religiöse Eifer und das bizarre Verhalten einiger An-

hänger der Hippiekultur erklären sich möglicherweise nicht nur aus Drogenmißbrauch, sondern auch aus Gruppenexperimenten mit Reizentzug wie Reizüberflutung der Sinnesorgane. Das Absingen monotoner Mantras, der Versuch, die Aufmerksamkeit unter Ausschluß von Reizen aus der Außenwelt auf die inneren Körperempfindungen zu konzentrieren, sollen die unheimlichen und gelegentlich halluzinatorischen Wirkungen hervorrufen, die sich bei unzureichendem Reizangebot einstellen.»

Träumen, diese Schnellstraße zum Unbewußten, wird sich wachsenden Interesses erfreuen. Die zunehmende Faszination durch die Traumtechnologie des Senoistammes wird mit an Sicherheit grenzender Wahrscheinlichkeit seine experimentellen Früchte tragen. Vielleicht werden eines Tages die Kinder in der ganzen Welt ihre Traumberichte am Frühstückstisch ausbreiten.

Die parapsychologische Forschung wird sich zunehmend mit anderen wissenschaftlichen Disziplinen verflechten. Der energieorientierte Ansatz der sowjetischen Wissenschaft wird zum bestimmenden Forschungsmodell werden.

Mit jedem Monat, der vergeht, wird das Bedürfnis nach Ombudsmännern in der Wissenschaft dringlicher. Auf immer mehr Spezialgebieten werden immer mehr Daten zusammengetragen, die von immer weniger Menschen mit Kenntnissen auf all diesen Gebieten verarbeitet werden können. P.K. Anokhin wies seine Kollegen auf dem Gebiet der Gehirnforschung darauf hin, daß die Datenakkumulation «eine gefährliche Illusion von Fortschritt» schaffe.

Besonders in Amerika ist die Ausbildung von Wissenschaftlern sehr schmalspurig. Bezüge zu den Geisteswissenschaften fehlen völlig. Doch gerade gegenwärtig zeigt sich hier eine allmähliche Wandlung. Alles spricht dafür, daß die kommende Generation von Wissenschaftlern weit mehr Vertreter aufweisen wird, die sich sehr ernsthaft mit der philosophischen und metaphysischen Bedeutung ihrer Arbeit auseinandersetzen werden. Weit häufiger kommen Wissenschaftler heute zusammen, um die ethischen Aspekte solcher Entwicklungen wie Psychochirurgie, elektrischer Stimulation des Gehirns, genetischer Programmierung, Transplantation und Klon-Verfahren zu erörtern. Die Wissenschaft kann heute nicht mehr – wie jemand bemerkt hat – ihre Entdekkungen wie Findelkinder auf der Vortreppe der Gesellschaft aussetzen. Ihr kollektives Gewissen beginnt sich laut und deutlich Gehör zu verschaffen. Der bedeutende Wissenschaftler René Dubos sagt, heute wie einst zeige sich, daß «viele Wissenschaftler – unter ihnen die brillantesten und tüchtigsten – den heftigen Drang verspürten, der strengen Disziplin des Tatsachenwissens zu entfliehen und wieder die Intoxikation philosophischen Denkens zu erfahren».

Eine wachsende Zahl von Professoren und Legionen von Studenten erforschen veränderte Bewußtseinszustände, entweder aus Neugier oder in der Hoffnung auf Einsichten, die sie weiterbringen. Aus welchen Motivationen sie sich solchen Erfahrungen auch immer aussetzen mögen, ihre Einstellungen und Interessen werden davon nicht unbeeinflußt bleiben. Charles Bures, Philosophieprofessor am California Institute of Technology, meint, daß sich die Atmosphäre im Bildungswesen verändere. «Es gibt da eine spürbare Entkrampfung. Ich kann heute Kurse geben und Dinge sagen, die ich mir noch vor fünf Jahren unmöglich hätte erlauben können.» Bures warnt seine Studenten vor den Gefahren dessen, was er Einbettung nennt, und versucht sie dazu zu bringen, sich auch mit anderen Denkmodellen zu beschäftigen, damit sie nicht eines Tages so in ihre spezielle Forschungsarbeit vergraben sind, daß sie das Unerwartete und Radikale nicht mehr zur Kenntnis nehmen können.

Auch die Ausbildung von Psychologen wird sich möglicherweise verändern. Sigmund Koch, Professor für Psychologie und Philosophie an der Universität von Texas, hat gesagt, daß die Psychologie keine kohärente Wissenschaft sein könne. Wie Jerome Brunner vorgeschlagen hat, daß man die Aufgabenstellungen der allgemeinbildenden Schulen entflechten und mit anderen Disziplinen verknüpfen sollte, prognostiziert Koch die notwendige Auffächerung der Psychologie. «Etwas so Ehrfurchtsgebietendes wie der gesamte Bereich der Funktionen lebender Organismen kann kaum Gegenstandsbereich einer geschlossenen Disziplin sein», sagt Koch. «Um den Anfang mit einer notwendigen therapeutischen Bescheidenheit zu machen, sollten wir die Psychologie in *Psychologische Studien* umtaufen.» Koch glaubt, die wesentlichen Fragen der Psychologie ließen sich am besten «in Verbindung mit den einschlägigen natur- und geisteswissenschaftlichen Disziplinen ergründen». Biologische Psychologie würde Teil der Biologie sein, Psycholinguistik Teil der Linguistik und so fort. Der verstorbene Gordon Allport beklagte die – wie er es nannte – «Arroganz der psychologischen Theoriebildung». Er war davon überzeugt, es wäre besser, wenn man «zurückhaltend, eklektisch und demütig» wäre. «Unser Wissen ist ein Tropfen und unsere Unwissenheit ein Ozean.» Zahlreiche Psychologen bekennen, daß es wohl nie ganz gelingen werde, die Methoden der exakten Wissenschaften auf ihr Fachgebiet zu übertragen.

Zwar wird man die Technik von dem Piedestal herunterholen, auf dem sie einst als der künftige Erlöser der Menschheit thronte, doch wird sie in der Gehirnrevolution auch weiterhin eine wichtige Rolle spielen. Computer werden wichtiger denn je und sollten als Werkzeuge, nicht als Bedrohung verstanden werden. W. Grey Walter empfiehlt ihren vermehrten Einsatz in der Gehirnforschung: «Solche Maschinen werden schlecht und lächerlich gemacht..., ihnen wird übermenschliche Blödsinnigkeit und Böswilligkeit angedichtet.

Wie ein Kind, das von einem gereizten Hündchen in Schrekken versetzt wurde, sagt, es sei einem Bären begegnet, so neigen wir dazu, in diese gefügigen Sklaven unserer Labors unsere Gefühle von Schuld, Besorgnis, Minderwertigkeit und Bedeutungslosigkeit zu projizieren. Tatsächlich sind sie domestizierte Diener, dem Menschen so gewiß freundlich gesinnt wie Hunde und Pferde...»

Neuere Entwicklungen haben gezeigt, daß Computer mögliche Gehirnanomalien in einem Bruchteil der Zeit diagnostizieren, die der Spezialist braucht, um die Kilometer von EEG-Streifen mühselig zu interpretieren. Computer haben gelähmten Affen ermöglicht, künstliche Glieder (über implantierte Elektroden) zu bewegen. Individualisierte Computerprogramme ersetzen in einigen Grundschulen bereits den dort üblichen, verheerend gleichförmigen Unterricht.

Technologischer Fortschritt wird genetische Beratung und die Frühentdeckung von embryonalen Schäden ermöglichen. Trägerinnen der Niemann-Pickschen Krankheit können in Erfahrung bringen, ob die schlimme, tödliche Krankheit ihren Fötus bereits ereilt hat, und die Schwangerschaft abbrechen lassen.

Eine differenziertere Biofeedback-Apparatur wird neue Möglichkeiten der klinischen Anwendung eröffnen, so wird man beispielsweise den Versuch unternehmen können, die Histaminproduktion zu steuern. Man hat auch überlegt, ob Biofeedback den betreffenden Menschen nicht in die Lage versetzen könnte, die Blutversorgung eines bösartigen Tumors zu unterbrechen – eine Anwendung des Biofeedbacks, die zwar der gegenwärtige technologische Stand nicht erlaubt, die aber durchaus im Bereich des Möglichen liegt.

Doch zur Bewältigung der praktischen Probleme der Gesellschaft ist noch ein bißchen mehr erforderlich. Dazu meint der Architekt Ulrich Franzen: «Technologie ist ein nützliches Instrument, doch das Grundproblem ist – davon bin ich überzeugt – menschlicher Natur. Es ist überhaupt keine Frage, daß wir keine neue Technologie brauchen, um den Menschen vernünftige Wohnungen hinzustellen, sondern nur den Willen dazu. Wenn wir als Menschen sagen, daß ein großer Teil unserer Mitbürger besser dran und besser untergebracht sein soll, können wir es morgen früh schaffen. Wenn wir es wollen.»

Der Wunsch, utopischen Wandel herbeizuführen, muß aus dem Inneren der die Gesellschaft konstituierenden einzelnen kommen. Er wird kaum das Produkt jenes blasierten, überheblichen Bewußtseins III sein, das Charles Reich in *The Greening of America* postuliert. Eher wird es aus der Überzeugung erwachsen, daß die Sonne uns allen scheint. Teilhard de Chardin war davon überzeugt, die Menschen würden sich nicht als isolierte Mutanten, sondern nur in ihrer Gesamtheit fortentwickeln. «Die Erfüllung der Welt», so sagt er, «die Pforten der Zukunft, das Erscheinen des Übermenschlichen eröffnen sich nicht einigen Privilegierten oder einem auserwählten Volk unter den Völkern! Sie werden nur einen Fortschritt aller zulassen...»

Die Erziehung, die heute eine Revolution erlebt, wird sich radikal verändern. Wenn die Forschungsergebnisse über frühes Lernen einer größeren Öffentlichkeit zugänglich gemacht werden, wird der Widerstand gegen kognitive Vorschulerziehung weiter abnehmen und bald ganz zusammengebrochen sein. Die öffentlichen Schulen modifizieren ihre Curricula gegenwärtig dahingehend, daß auch jüngere Kinder erfaßt werden. Eltern, die sich der Aufgabe, ihre Kinder mit intellektueller Anregung zu versorgen, nicht gewachsen fühlen, werden ihre Zuflucht vermutlich bei Büchern suchen, wie sie einige Generationen zuvor Dr. Spock gelesen haben, um sich über Sauberkeitserziehung zu informieren. Der Horror, mit dem konservative Erzieher und Kinderpsychologen diese kognitive Interaktion betrachten, steht in keinem Verhältnis zu den Gefahren, die sie birgt. Die meisten Bücher und Psychologen, die für die intellektuelle Anregung des Kleinkindes eintreten, lassen keinen Zweifel daran, daß es nur in einer herzlichen, förderlichen Umwelt lernen wird und daß es Zwang unter allen Umständen zu vermeiden gilt. Betont werden stets die lustvollen Aspekte des Lernens.

Das Klassenzimmer verändert sich. In dem Maße, in dem die Lehrer sich zum offenen Unterricht bekehren, verschwinden allmählich die Bankreihen. Die anfänglichen Übertreibungen in der privaten Bewegung der freien Schulen scheinen sich gelegt zu haben. Ihre vernünftigen Aspekte sind im offenen Klassenzimmer bewahrt worden.

Endlich kommt die Erziehung zu ihrem Recht als ein von der breiten Masse wie von den Spezialisten als Kunst verstandener, zutiefst kreativer Prozeß, der gleichermaßen auf Spontaneität wie Planung beruht. Wie jede mit Erfolg betriebene Kunst ist offene Erziehung nicht formlos, sondern folgt einer unauffälligen Planung. Sehen wir, wie George Leonard die Veränderungen in *Education and Ecstasy* sieht: «Letztlich hat Leben nur eine Botschaft: ‹Ja!›, in unendlicher Zahl und Vielfalt wiederholt. Das menschliche Leben, das seit Jahrtausenden von der Kultur kanalisiert wird, beginnt gerade erst, die Verschiedenheit und Bandbreite dessen zum Ausdruck zu bringen, zu dem es fähig ist... Die Ekstase im Lernen – anstelle von Ungerechtigkeit, Leiden, Konfusion und Enttäuschung – zu bekräftigen und zur Leitschnur zu nehmen, heißt, einen kurzen Weg zu einer Erziehung, einer Gesellschaft einzuschlagen, die die ungeheuren Möglichkeiten des Menschen freisetzen würden.»

Jene Futurologen, die da meinen, der Mensch werde sich in Kürze ein größeres Gehirn anzüchten können, beweisen damit, wie erschreckend wenig sie von dem Gehirn wissen, das wir bereits haben. «Wir brauchen uns nicht nach größeren

Mengen grauer Materie zu sehnen. Wir verfügen bereits über genug Nerveneinheiten, um in ihren Permutationen jedes Teilchen von Eddingtons Universum aufzuzählen.» Marcus Johnson, ein Biophysiker an der John-Hopkins-Universität, sagt vom Gehirn: «Es ist ein perfektes Instrument. Es kann uns überall hinführen, wo wir hin möchten.»

Wo wir hin möchten…

Die populärwissenschaftlichen Propheten haben unterschätzt, wie fremdartig die Wahrheit sein kann. Das menschliche Gehirn, dieses «perfekte Instrument», dieser «ungeheure Elektronentanz», kann unser Sesam-öffne-Dich für ein Leben sein, das unendlich reicher ist, als wir je für möglich gehalten hätten. Die fließenden, befreienden, kreativen, heilenden Eigenschaften der veränderten Zustände können dem Bewußtsein einverleibt werden.

Wir stehen erst am Anfang der Erkenntnis, daß wir die Pforten der Wahrnehmung tatsächlich öffnen und aus der Höhle hinauskriechen können.